U0284462

VR、AR与MR

项目开发实战

向春宇 编著

清华大学出版社
北京

内 容 简 介

本书以 Unity 为基础平台，以实战为导向，以案例的形式分别介绍虚拟现实、增强现实与混合现实技术的项目开发。

本书内容可以分为 4 部分。其中，第 1~3 章讲述 Unity 的基础知识，从零开始引导读者了解 Unity 编辑器及其中的灯光、材质球，并以案例的形式介绍 UGUI 以及 2D 游戏的开发流程；第 4~6 章讲述虚拟现实技术，从什么是虚拟现实到台式机中虚拟现实的应用，再到 HTC Vive 中虚拟现实的应用，以案例讲解典型虚拟现实技术的项目开发；第 7~9 章讲述增强现实技术与如何在 Unity 中发布安卓程序，从 EasyAR 到 Vuforia，对这两种较为流行的 AR SDK 进行学习，达成基本的图片识别到文字识别、云识别，以及接入百度翻译和有道词典等功能；第 10、11 章讲述混合现实技术，从现阶段的混合现实技术的实现方式到实际项目开发的全过程，学习三星 Gear VR 头盔的接入以及如何在 Gear VR 中利用 Vuforia 技术实现混合现实。

本书适合虚拟现实、增强现实、混合现实技术的从业人员和对虚拟现实等技术感兴趣的读者阅读参考，也可作为培训机构以及大中专院校相关专业学生的实训教材。

图书在版编目（CIP）数据

VR、AR 与 MR 项目开发实战 / 向春宇编著.—北京：清华大学出版社，2018（2021.2重印）
ISBN 978-7-302-50290-6

Ⅰ．①V… Ⅱ．①向… Ⅲ．①虚拟现实 Ⅳ．①TP391.98

中国版本图书馆 CIP 数据核字（2018）第 112457 号

责任编辑： 王金柱
封面设计： 王　翔
责任校对： 闫秀华
责任印制： 丛怀宇

出版发行： 清华大学出版社
　　网　　　址：http://www.tup.com.cn，http://www.wqbook.com
　　地　　　址：北京清华大学学研大厦 A 座　　　　　邮　　编：100084
　　社　总　机：010-62770175　　　　　　　　　　邮　　购：010-62786544
　　投稿与读者服务：010-62776969，c-service@tup.tsinghua.edu.cn
　　质　量　反　馈：010-62772015，zhiliang@tup.tsinghua.edu.cn
印　装　者： 北京国马印刷厂
经　　销： 全国新华书店
开　　本： 190mm×260mm　　**印　张：** 23.5　　**字　数：** 602 千字
版　　次： 2018 年 8 月第 1 版　　**印　次：** 2021 年 2 月第 5 次印刷
定　　价： 79.00 元

产品编号：075823-01

推荐序一

很有幸在此为向先生的这本书作序，我和朋友们从事三维仿真行业近 20 年，多少见证了中国 VR 虚拟现实技术发展的过程，从早期的全景图、Web3D、CAVE，到近期火热的 VR/AR 的普及性应用大潮。我们看到了这期间国内外许多厂商各自的技术与产品，也通过各种技术开发了很多项目。VR 的发展经历了从早期的稚嫩与高冷，到现在的成熟与普及，我们既见证了国内虚拟现实技术应用行业的成长，也看到了自己的成长。

从 HTC VIVE 为代表的 VR 硬件设备的成熟，到 AR Kit 等软件的逐步普及，都表明了现在是 VR/AR 技术开发最好的时代，现在能够踏入 VR/AR 开发领域的朋友都是时代的幸运儿。在具备了硬件、软件、应用需求后，如何开始这个"XR 之旅"呢？向先生这本书就是很好的敲门砖。各位朋友只要认真按照书中的章节进行训练学习，我相信都能够掌握一定的 VR/AR/MR 开发技能，应对初中级项目开发需求也没有太大的问题。我个人认为，对于应用型软件的学习，没有什么特别的窍门，除了对软件本身功能的应用掌握之外，还需要大量的练习。不仅是书中的案例，更重要的是大量的真实案例的制作，你会在制作过程中遇到各种各样的问题，这些问题就是你进步的台阶，解决了这些问题，你就逐步迈上了成功的高台。

当然，在朋友们按捺不住要启动软件开始学习制作之前，我还有一些经验要告诉大家，那就是"工夫在诗外，处处皆修行"。掌握各类软件的功能并能熟练操作，还仅仅是开始。大师的作品无一不是高超的技艺与深厚的社会生活观察与积累的结晶，特别是在 AR 这种将虚拟元素与真实场景相结合的应用开发中，对社会生活的理解能力尤为突出和重要。所以更多的 VR/AR/MR 学习对象在我们的生活中，在你观察周围的眼睛里。

沈西南

2018 年 4 月 9 日

推荐序二

这本书中囊括了 Unity 引擎、VR、AR 和 MR 的开发知识，是一本非常全面的书籍。

初识向先生的时候，我们有着共同的 VR 技术爱好，他对前沿科技有着更加广泛的兴趣和涉猎，特别是 VR、AR 和 MR，这使得他可以将这些技术融会贯通成 XR。而 XR 正是未来发展的一种趋势，市场需要懂 XR 的人才，特别是一些创新型公司，对前沿科技的敏感度极高，这样的人才在这样的公司必将大有作为。

如果你耐心阅读向先生的这本书，此书必然不会辜负你。很多事情其实都是要务实的，从量变到质变，一步一个脚印，一个人可以跟着这本书走很远的路。向先生用心创作了这本书，书中有经典实用的案例，希望读者可以跟随向先生完成这些案例，从实践中真正掌握 XR 的知识技能。

在生活和工作中 XR 都有广泛的应用，抓住这些机会实践书中所学的知识，读者一定会得到更多收获。希望读者可以主动和本书互动起来，让书中的字符在您的脑海中活色生香，有的时候是读者和作者一起赋予这些文字生命力的。

另外，学习中非常重要的是要坚持，我知道坚持是一件说起来容易，却很难做到的事情。这本书有一定的厚度，读者难以一次性把它读完，但可以坚持每天读一部分，实践一部分，用半个月或者一两个月的坚持来学习它。这是我在这里特别要嘱托读者朋友的，因为有的朋友其实并没有把一本书很好地利用起来，就是因为缺乏实践和坚持。

读者完全可以把向先生和这本书当作自己的朋友，把本书的问题或者见解发到游戏论坛，我和向先生都经常混迹一些游戏开发论坛，我们期待大家能够有一些反馈。

最后，希望大家有好的阅读体验，能够在这本书中得道，能够在现实生活和工作中受益，如果你喜欢这本书，请一定要推荐给身边的亲朋好友。我在此衷心祝愿大家在开发者的道路上成为一个真正的修士，能够体悟修炼的意义，最终修成正果。

胡良云

2018 年 3 月 3 日

前　言

近几年来，以虚拟现实技术为代表的黑科技得以迅猛发展，增强现实与混合现实技术也日益被大众所熟知。这些新兴技术使得人们的生活方式正在慢慢地发生改变。小到生活中支付宝推出的 AR 红包，大到国家性的虚拟仿真系统，均体现出这些技术变得越来越重要且运用的场景越来越广泛。

本书的缘起有三，其一是对自己日常积累的知识进行总结归纳，方便日后的复习巩固；其二是由于圈中好友胡良云先生等人与清华大学出版社编辑诚邀编写一本关于虚拟现实、增强现实与混合现实实战类的由浅入深的书籍，以帮助广大的爱好者进行学习，我觉得这是一件很有意义的事情，于是应承了下来；其三是近年来虚拟现实、增强现实与混合现实日益火爆，希望了解进而学习这些技术的人越来越多。正是基于以上三点原因，本人开始尝试写作本书。

本书以浅显易懂的思想贯穿始终，尽量将一些专业知识用简单、贴近生活的语言进行描述。对于知识点，先介绍其含义及用法，再以案例的形式加以巩固，达到融会贯通的效果，从而使读者可以举一反三，将知识点运用到其他案例中。由于本类技术的特殊性，因此书中配备了大量的图片，以图片辅助文字的方式让读者更好地掌握知识点，逐步跟着案例进行练习。传统的本类书籍一般只有少量的代码注释，更加注重实现的理论而轻视代码讲解，使得读者往往不能真正地理解。而本书中涉及的大量代码均有非常详尽的解释，从代码中的每一行注释到每一个新函数的功能介绍，务求让读者在理解实现理论的基础上清晰明了地理解代码。由于本书是从初学者的角度来讲解知识点的，因此无论读者是否有相关经验，都较为容易理解。

在项目中负责各个环节的人员都可以从本书中获取需要的知识。美工人员可以从本书中学习 Unity 编辑器的基础知识及如何在 Unity 编辑器中调制出更好的效果，程序员可以从本书中学习虚拟现实、增强现实与混合现实的制作方法，在校的学生可以通过本书进行系统学习。在学习的道路上永远不迟，"Better late than never"，三四十岁才开始学习并取得成功的案例比比皆是，只要付诸行动，就一定会有所收获，或早或晚。

在学习本书的过程中，可能一些软件的版本已经更新，但是软件本身的使用方式与核心功能不会有大的变化。学习本书时，不仅要学会书中的内容，更重要的是学会思维方法，建议先学习前 3 章，掌握 Unity 的基础知识后，再学习 VR、AR、MR 三大部分。本书中的脚本是由 C#语言编写的，若在学习过程中感觉理解 C#代码比较吃力，建议先学习 C#语法基础。南怀瑾先生在其书中提到一种思想，即"先把自己变成一个空杯子、空的宝瓶，接受人家的清水也好，牛奶也好，甘露也好，先装满，再回来进行制作"。学习本书也一样，希望读者先把杯子倒干净，变成空杯子，然后跟着案例一起制作，在制作完成后多想想为什么这么做、在做的过程中使用了哪些技术与知识点、这些知识点还能做其他的什么功能、这个案例是否还有其他的实现方法。如此这般才能将知识学习扎实。

从本书开始构思到完成花费了大半年光阴，从开始计划的 6 章写到了最终的 11 章。虽已竭尽全力，但由于水平有限，其中难免有疏漏之处，还望各位读者批评指正。若在学习本书的过程中遇到问题或有建议，可以通过电子邮件联系我（tjdonald@163.com）。

本书配套素材及源代码下载地址：**https://pan.baidu.com/s/1JoMxsnsnbv4_vd4DRO_NkA**（注意区分数字与字母大小写），还可以扫描下面的二维码进行下载。

若下载有问题，请电子邮件联系 booksaga@126.com，邮件标题为"求代码，VR、AR 与 MR 项目开发实战"。

最后，感谢父母的支持与理解、对小女生活的悉心照料，让我没有了后顾之忧，能全身心地投入工作中。感谢妻子王一茹对我写作本书的全力支持，在我低迷的时候，为我加油呐喊，在我迷茫的时候，让我坚持本心。如今我的女儿已经两岁了，希望她能健康快乐的成长。感谢公司（重庆威视真科技）对我的大力支持，同时还要感谢公司中一起奋斗的好同事、好朋友。

向春宇
2018 年 5 月

目　录

第 1 章
◄Unity快速入门►

由于 Unity 拥有强大的跨平台能力和快速上手的特性，因此被广泛应用到游戏、虚拟仿真（Virtual Reality，VR）、增强现实（Augmented Reality，AR）、混合现实（Mixed Reality，MR）等方向。Unity 是全球应用广泛的 VR 开发平台，91%以上的 HoloLens 应用使用 Unity 制作。无论是 VR、AR 还是 MR 都可以依赖 Unity 高度优化的渲染管线与编辑器的快速迭代能力来将 XR 创意带入现实之中。

腾讯公司出品的火遍全国的王者荣耀、暴雪娱乐出品的炉石传说、HTC VIVE 中的实验室（The Lab）等优秀的作品都是使用 Unity 3D 开发的。

1.1 关于 Unity

Unity 是一款全球领先的行业软件，它提供的强大平台可以创建令人非常着迷的 2D、3D、VR、AR、MR 的游戏和应用程序，如图 1-1 所示。Unity 还拥有强大的图形引擎和功能齐全的编辑器，能够快速地实现我们的创作意图，也可以很容易地在个人电脑、游戏机、网页、安卓或苹果的移动设备、家庭娱乐系统、嵌入式系统或者头盔现实装备上运行。

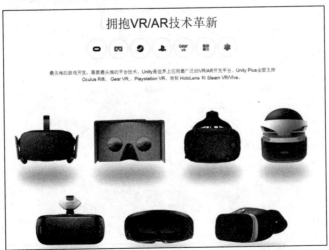

图 1-1　Unity 强大的开发平台

Unity 远远超过了一般意义上的引擎，能够帮助我们更加快捷地取得成功。开发者完全可以利用 Unity 编辑器的可扩展性自定义检视面板和属性绘制器，大大加快设计与美术工作的流程。Unity 为我们提供了开发高质量应用的所有工具，提高开发者的效率，所提供的工具与资源包括 Unity 应用商店、Unity 云编译、Unity 数据分析、Unity 广告运营、Unity Everyplay 录屏以及分享等。

全球数以百万计的开发者在使用 Unity，2016 年第一季度，全球玩家有近 20 亿部移动设备下载使用Unity制作的游戏或应用程序。目前，全球排名前 1000 位的免费游戏有 34%是使用 Unity 开发的，同时 Unity 也位于日益增长的虚拟现实市场的前沿，大约有 90%的三星 Gear VR 游戏、86%的 HTC VIVE 应用和 53%的 Oculus Rift 使用 Unity 制作。

Unity 的国外客户包括可口可乐、迪士尼、乐高、微软、美国国家航空航天局等，在中国的客户有腾讯游戏、完美世界、巨人网络、网易游戏、西山居等。

1.2　安装与激活

1.2.1　Unity 的下载与安装

Unity 分为 Personal（个人版）、Plus（加强版）、Pro（专业版）与 Enterprise（企业定制版）。其中，个人版为免费版本，加强版每月需花费 35 美元，专业版每月需花费 125 美元。如果公司的年收入或启动资金超过 10 万美金，就不能使用个人版。如果公司的年收入或启动资金超过 20 万美元，就不能使用加强版。而 Pro 版本可以不受年收入或启动资金的限制。其中的详细对比如图 1-2 所示。

订阅详情		Personal	Plus	Pro	Enterprise
加速包	⑦		免费(价值190美元)	免费(价值190美元)	
完整引擎功能	⑦	✓	✓	✓	✓
全平台支持	⑦	✓	✓	✓	✓
更频繁支持	⑦	✓	✓	✓	✓
无折扣促卖	⑦	✓	✓	✓	
启动画面	⑦	Made with Unity启动画面 ⑦	自定义动画 ⑦	自定义动画 ⑦	自定义动画 ⑦
年收入/启动资金	⑦	10万美元	20万美元	无限制	无限制
Unity云构建	⑦	标准队列 ⑦	优先级队列 ⑦	同时进行的构建 ⑦	专用的构建代理 ⑦
Unity Analytics分析	⑦	个人版 ⑦	加强版 ⑦	专业版 ⑦	自定义 ⑦
Unity Multiplayer多人联网	⑦	20位同时在线的玩家 ⑦	50位同时在线的玩家 ⑦	200位同时在线的玩家 ⑦	定制化的Multiplayer多人联网 ⑦
Unity IAP应用内购	⑦		✓	✓	✓
Unity Ads广告	⑦	✓	✓	✓	✓
测试版的获取	⑦		✓	✓	✓
编辑器皮肤	⑦		✓	✓	✓
性能报告	⑦		✓	✓	✓
管理席位	⑦		✓	✓	✓
Asset Kits	⑦		折扣20%	折扣40%	折扣40%
Unity认证开发者课程	⑦		1个月访问权	3个月访问权	3个月访问权
访问源码	⑦			$	$
企业级技术支持	⑦			$	$

图 1-2　各版本 Unity 对比

Unity 的官方下载地址为 https://store.unity.com/。选择自己需要的版本，在此以 Unity Personal 版本为例进行介绍。选择订阅 Personal 版本，在跳转的页面中显示目前 Unity 的版本为 5.5.2，对系统的要求为 Windows 7 以上或者 Mac OS X 10.8 以上，对电脑的配置要求为显卡支持 DX9 或 DX11。若用户使用的是 Windows 系统，直接单击 Download Installer 进行下载；若用户使用的是 Mac 系统，选择 Choose Max OS X 切换下载内容，如图 1-3 所示。

图 1-3　Unity 下载页面

目前，Unity 支持 Windows 系统和 Mac 系统，本节将为读者展示在 Windows 系统下的安装过程。下载完成之后，可以看见 Unity 5.5.2f1 的安装文件，双击安装文件即可进入安装界面。单击"Next"按钮，将进入安装说明界面，如图 1-4 所示。

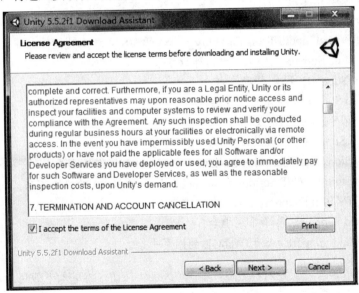

图 1-4　安装说明

安装之前，请仔细阅读安装须知，明确无误之后勾选"I accept the terms of the License Agreement"，并单击"Next"按钮进入下一步。

选择需要安装的架构，如 64 位或 32 位，单击"Next"按钮进入下一步。建议选择与自身系统一致的架构。

此时，进入 Unity 安装包的组件选择界面，如图 1-5 所示。除了安装 Unity 的主程序之外，还可以选择安装一些说明文档、平台发布支持、案例等工具。下面介绍一下这些可以选择的组件。

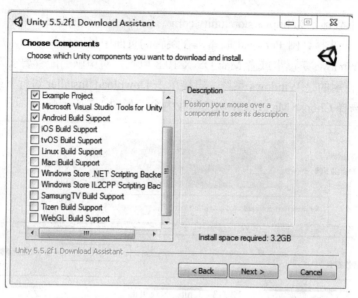

图 1-5　选择安装内容

- Unity 5.5.2f1：Unity 主程序，必须安装。
- Documentation：Unity 文档。
- Standard Assets：Unity 自带的标准资源，建议安装。
- Example Project：官方项目案例，建议安装。
- Microsoft Visual Studio Tools for Unity：微软的 VS 开发工具插件，建议安装。
- Android Build Support：安卓平台，建议安装。
- iOS Build Support：苹果移动平台。
- tvOS Build Support：苹果电视平台。
- Linux Build Support：Linux 平台。
- Mac Build Support：苹果电脑平台。
- Windows Store .NET Scripting Backend：基于.NET 的微软商店。
- Windows Store IL2CPP Scripting Backend：基于 IL2CPP 的微软商店。
- Samsung TV Build Support：三星电视平台。
- Tizen Build Support：泰泽系统平台。
- WebGL Build Support：基于 WebGL 的网页平台。

　　根据不同的需求选择完安装内容之后，单击"Next"按钮，将进入下载目录及 Unity 安装目录选择界面，如图 1-6 所示。

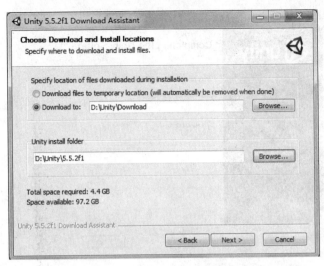

图 1-6　下载及安装目录选择

选中"Download to"单选按钮并单击右侧的"Browse..."按钮可以自定义上一步所选组件的下载路径，单击"Unity install folder"下方的"Browse..."按钮可以自定义 Unity 的安装目录。强烈建议将 Unity 的安装路径指定为非中文目录。

单击"Next"按钮，将进行下载和安装，如图 1-7 所示。

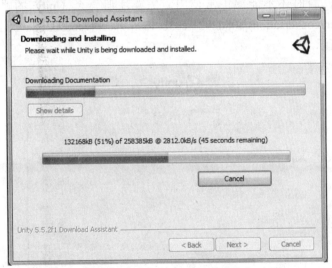

图 1-7　下载与安装进度

耐心等待下载和安装完成，最后完成的界面如图 1-8 所示。界面中的"Launch Unity"默认被勾选，单击"Finish"按钮，Unity 将会自动被打开。

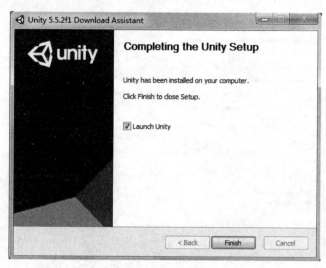

图 1-8　安装完成界面

1.2.2　Unity 的激活

当 Unity 安装完成时，用户打开 Unity 程序会发现界面中显示"License Error"。这意味着 Unity 没有被激活，暂时还不能够正常使用。需要注册一个 Unity 的账号，注册地址为 Https://id.unity.com/en/conversations/a08d2921-eb3b-4605-99cc-47eb090328a900df?view=register，注册界面如图 1-9 所示。

图 1-9　注册界面

需要注意的是，密码的长度要大于 8 位且包含大小写字母及数字，单击"Create a Unity ID"按钮后，将进入验证邮箱环节。此时，登录注册时的邮箱会收到一封来自"Unity Technologies"名为"Welcome to your new Unity ID"的邮件，如图 1-10 所示。单击"Link to confirm email"链接将完成整个 Unity 的注册。出现如图 1-11 所示的界面，表示注册成功。

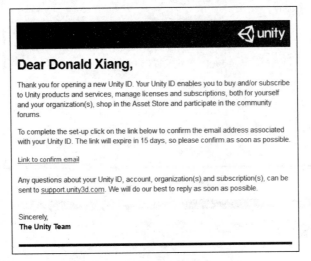

图 1-10 验证邮箱

图 1-11 注册完成

打开 Unity 程序，单击右上方的"SIGN IN"按钮，如图 1-12 所示。进入登录界面，输入刚刚注册的电子邮箱账号与密码，单击"SIGN IN"按钮。进入如图 1-13 所示的激活界面，单击"Re-Activate"按钮。进入版本选择环节，分为加强版、专业版和个人版本，如图 1-14 所示。下面将分别介绍各个版本的激活方式。

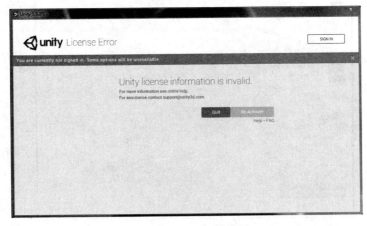

图 1-12 Unity 初始界面

图 1-13　激活界面

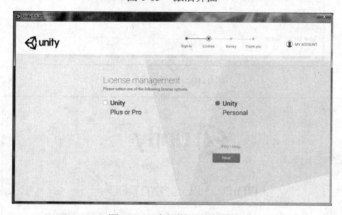

图 1-14　选择激活的版本

1. 激活加强版、专业版

打开 Unity 下载网站 https://store.unity.com/，单击右上方的头像按钮进行登录。待登录成功，网页跳转回下载页面时，选择需要的版本 Plus or Pro。以 Plus 加强版为例进行介绍，专业版与之类似。进入订单选择界面，如图 1-15 所示。

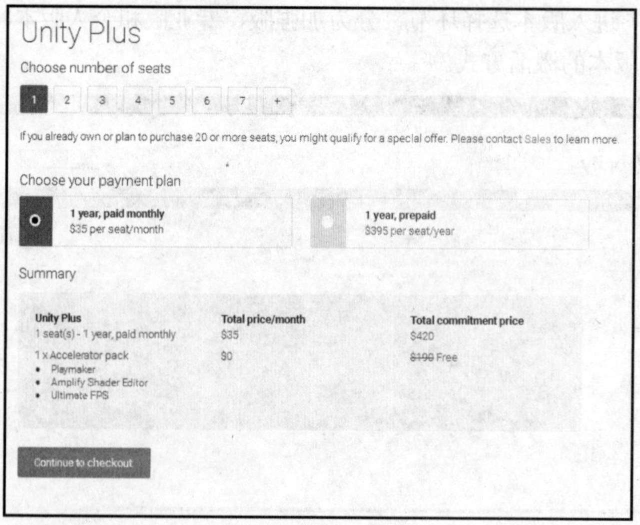

图 1-15　订单界面

确认订单信息并单击“Continue to checkout”按钮，进入支付环节。首先确认用户信息，如图 1-16 所示，完善并确认用户信息无误后，单击“Continue to payment”按钮。接着选择支付方式并查看支付信息，如图 1-17 所示，完成后单击“Pay now”按钮。若支付成功，则会生成一个序列号。

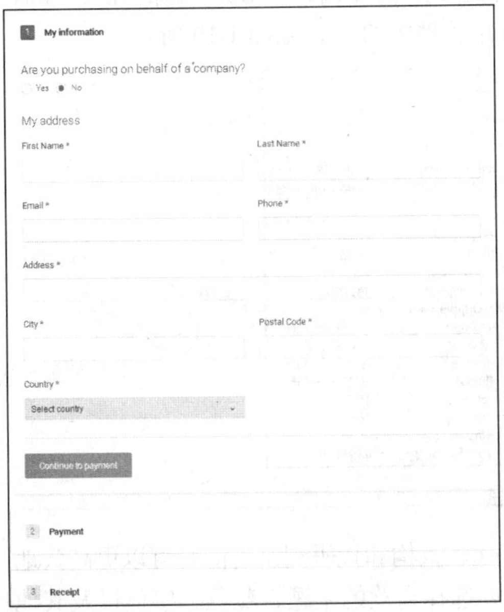

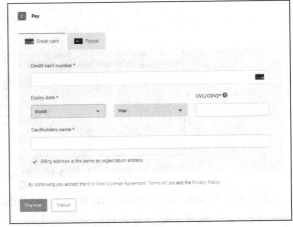

1 My information
Are you purchasing on behalf of a company?
Yes
No
My address
First Name *
Last Name *
Email *
Phone *
Address *
City *
Postal Code *
Country *
Select country
Continue to payment
2 Payment
3 Receipt

图 1-16　用户信息

2 Pay
Credit card
Paypal
Credit card number *
Expiry date *
CVC/CVV2*
Month
Year
Cardholders name *
Billing address is the same as organization address
By continuing you accept the End User License Agreement, Terms of Use and the Privacy Policy.
Pay now
Cancel

图 1-17　支付方式

选中图 1-14 中的“Plus or Pro”单选按钮，然后输入序列号，即可完成激活。

2. 激活个人版

选中图 1-14 中的“Personal”单选按钮，单击“Next”按钮，进入许可证协议界面，再次确认用户的情况，如图 1-18 所示。

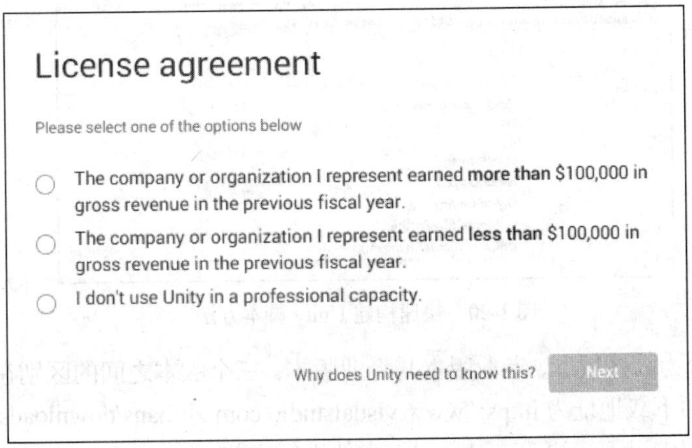

License agreement
Please select one of the options below
The company or organization I represent earned more than $100,000 in gross revenue in the previous fiscal year.
The company or organization I represent earned less than $100,000 in gross revenue in the previous fiscal year.
I don't use Unity in a professional capacity.
Why does Unity need to know this?
Next

图 1-18　许可证协议界面

勾选第一项或者第三项，单击“Next”按钮，进入调查页面。对每个调查问题进行选择，然后单击“OK”按钮，即可完成激活。

1.2.3 Unity 的好搭档 Visual Studio

Visual Studio 为 Unity 引擎提供了优质的调试体验。通过在 Visual Studio 中调试 Unity 游戏来快速确定问题，例如设置断点并评估变量和复杂的表达式。可以调试在 Unity 编辑器或 Unity Player 中运行的 Unity 游戏，甚至调试 Unity 项目中外部管理的 DLL，如图 1-19 所示。

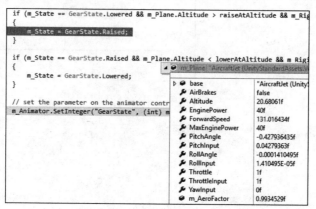

图 1-19　断点调试

通过利用 Visual Studio 提供的功能（如 IntelliSense、重构和代码浏览功能）可以更高效地编写代码，完全按照想要的方式自定义编码环境，例如选择喜欢的主题、颜色、字体以及其他所有设置。此外，使用 Unity 项目资源管理器了解并创建 Unity 脚本无须在多个 IDE 之间来回切换。使用"实现 MonoBehaviours 和快速 MonoBehaviours"向导在 Visual Studio 中快速构建 Unity 脚本方法，如图 1-20 所示。

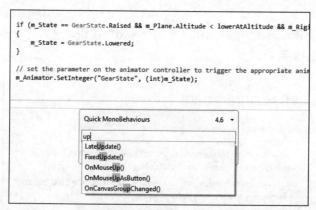

图 1-20　快速构建 Unity 脚本方法

Visual Studio 分为社区版本、专业版本与企业版本。三个版本之间的区别在官方网站上有详细的说明，官方网站下载地址为 https://www.visualstudio.com/zh-hans/downloads/，可以选择需要的版本进行下载，双击已下载的 Visual Studio 文件进行安装。

1.3 Unity 编辑器

1.3.1 项目工程

启动 Unity 后，会让用户选择打开已有的项目工程还是创建一个新的项目工程，如图 1-21 所示。默认界面为让用户选择一个已经存在的工程文件，这里会列出创建的所有项目工程文件。如果列表中没有，可以单击界面右上方的"OPEN"按钮，选择需要打开的工程文件夹路径。

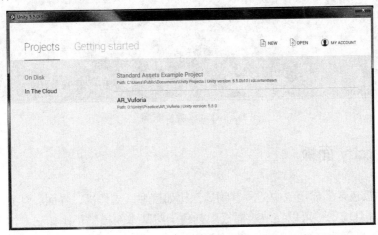

图 1-21 选择项目工程

当然，也可以新建一个空的项目工程，单击图 1-21 中的"NEW"按钮，跳转到新建工程界面，如图 1-22 所示，在该界面输入项目的名称及项目工程文件的路径。需要注意的是，项目工程最好存放到非中文路径中。单击"Create project"按钮即可创建一个项目工程文件。

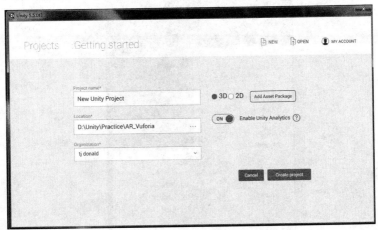

图 1-22 创建新项目工程

当项目工程文件创建完成之后，Unity 会自动打开这个工程。可以看到，Unity 编辑器分为五大面板，分别为 Hierarchy 层级面板、Scene 场景面板、Inspector 检视面板、Project 项目面板和 Game 游戏面板，如图 1-23 所示。

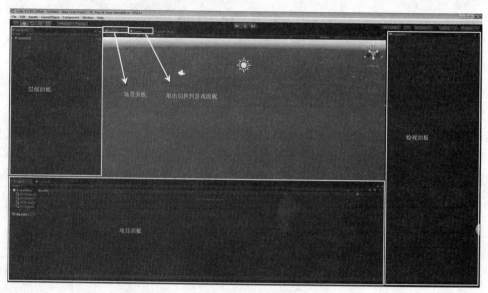

图 1-23　Unity 界面布局

1.3.2　Hierarchy 面板

Hierarchy 面板包含当前场景中的所有物体，比如模型、摄像机、界面、灯光、粒子等。这些将构成我们的项目场景，可以在层级面板中创建一些基本的模型，比如立方体、球体、胶囊体、地形等，也可以创建灯光、声音、界面等。

下面学习如何创建一个立方体。单击层级面板右上方的"Create"按钮或在层次面板内右击，从弹出的快捷菜单中选择"3D Object"，再选择子菜单中的"Cube"命令即可完成创建，如图 1-24 所示。

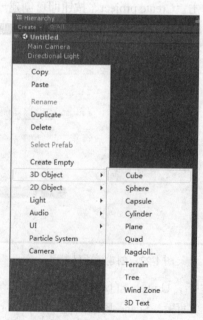

图 1-24　创建立方体

还可以在层级面板中改变物体的父子层级，例如选中 A 物体，将其拖曳到 B 物体上，此时 A 物体就变成了 B 物体的子物体，如图 1-25 所示，而图 1-26 中的两个物体就不是父子关系。

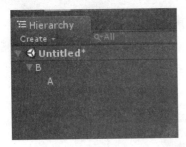

图 1-25　父子关系

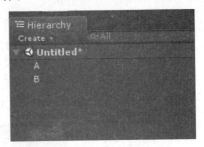

图 1-26　平级关系

1.3.3　Scene 面板

Scene 场景视图用于显示项目中的场景信息，在这个面板中可以对项目场景中的组件进行调整，如图 1-27 所示。我们将使用场景视图来选择和定位环境、玩家、相机、敌人以及其他游戏对象。在场景视图操作对象是最重要的功能之一，所以需要能够迅速操作它们。为此，Unity 提供了常用的按键操作。

● 按住鼠标右键进入飞行模式，并按 WASD 键（Q 和 E 键为上下）进入第一人称预览导航。
● 选择任意游戏对象后按 F 键，这会让选择的对象最大化显示在场景视图中心。
● 按 Alt 键并单击鼠标左键拖曳，围绕当前轴心点动态观察。
● 按 Alt 键并单击鼠标中键拖曳来平移观察场景视图。
● 按 Alt 键并点鼠标右键拖曳来缩放场景视图，和鼠标滚轮滚动作用相同。

图 1-27　Scene 视图

提示 当单击图 1-27 右上方的锁时，将不能进行旋转操作，直至再次单击。

以上是对 Scene 面板的操作，那么在 Scene 面板中如何完成对模型的移动、旋转、缩放等操作呢？这就用到了变换工具栏，如图 1-28 所示，分别为平移视角、对象移动、对象旋转、对象缩放、对 UI 界面的操作。

- 平移视角按钮，在 Scene 视图中平移视角，不对模型等产生影响。
- 对象移动按钮，对选中的对象进行移动。
- 对象旋转按钮，对选中的对象进行旋转。
- 对象缩放按钮，对选中的对象进行缩放。
- 对 UI 界面操作的按钮，仅针对 UI 界面进行移动、旋转、缩放操作。

图 1-28　变换工具栏

1.3.4　Inspector 面板

我们已经知道了当前场景中的所有对象都在 Hierarchy 面板中罗列，那么这些对象的详细信息在什么地方查看和修改呢？就是在 Inspector 检视面板中。在检视面板中显示当前选中的对象，包括所有的附加组件和属性的详细信息。显示在检视面板的任何属性都可以直接修改，即使脚本变量也可以修改，而无须修改脚本本身。

每个物体或者每类物体在检视面板中显示的内容都不尽相同，下面以一个 Cube 为例来学习检视面板，图 1-29 中的内容从上到下依次为：

- 当前选中物体（Cube）的名称。
- 当前选中物体（Cube）的标签和所在层级。
- Transform: 用以修改模型的位置、角度、比例信息。
- Cube（Mesh Filter）：模型的网格信息。
- Box Collider: 模型的碰撞体。
- Mesh Renderer: 模型网格渲染器，可以控制物体是否接受或者产生阴影，指定模型材质球等功能。
- Materials: 模型所使用的材质球。

在每一个组件右上方均有一个问号图标，单击这个问号可以链接到官方网站的用户手册中，其中详细地介绍了该组件。问号右边有一个齿轮状的图标，单击这个图标之后弹出一个菜单，可以对这个组件进行操作。以"Transform"组件为例进行介绍，如图 1-30 所示。

图 1-29　检视面板

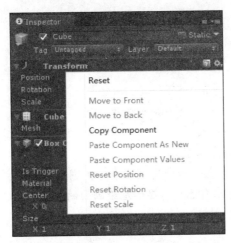

图 1-30 对 "Transform" 组件进行操作

- Reset: 重置这个组件。
- Move to Front: 将这个组件在检视面板中上移, 以提高执行顺序。
- Move to Back: 将这个组件在检视面板中下移。
- Copy Component: 复制这个组件。
- Paste Component As New: 粘贴复制的组件。
- Paste Component Values: 粘贴复制的组件中的值, 只对同一类组件有效。
- Reset Position: 重置物体的位置。
- Reset Rotation: 重置物体的旋转角度。
- Reset Scale: 重置物体的缩放比例。

1.3.5 Project 面板

在 Project 项目面板的左侧显示作为层级列表的项目文件夹结构。通过单击从列表中选择一个文件夹, 其内容会显示在面板右侧。各个资源以标示它们类型的图标显示(脚本、材质、子文件夹等), 图标可以使用面板底部的滑动条来调节大小, 如果滑块移动到最左边, 将重置为层级列表显示。滑动条左侧的面板显示当前选择的项, 如果是正在执行的搜索, 将显示选择项的完整路径, 如图 1-31 所示。

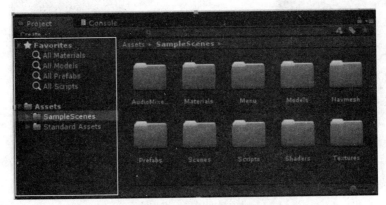

图 1-31 Project 项目面板

项目面板中常见的资源有模型、材质球、贴图、脚本、动画、字体等。在项目面板的左上角单击"Create"按钮，会出现一个下拉菜单，可以创建项目的相关资源，如图 1-32 所示。下面介绍其中一些比较常用的命令。

- Folder：创建一个文件夹，用于资源分类。
- C# Script：创建 C#的脚本。
- Javascript：创建 Javascript 的脚本。
- Shader：创建一个着色器，专门用来渲染 3D 图形的一种技术。通过 Shader 可以自己编写显卡渲染画面的算法，使画面更漂亮、更逼真。
- Scene：游戏场景。
- Prefab：预制体，场景中对象的克隆体。
- Audio Mixer：声音混合器。
- Material：材质球。
- Lens Flare：镜头光晕效果。
- Render Texture：渲染贴图。
- Lightmap Parameters：灯光贴图参数设置。
- Sprites：用于 UI 的精灵图。
- Animator Controller：动作控制器。

图 1-32 "Create"下拉菜单

在项目面板的右侧右击，会弹出如图 1-33 所示的快捷菜单。下面介绍其中一些比较常用的命令。

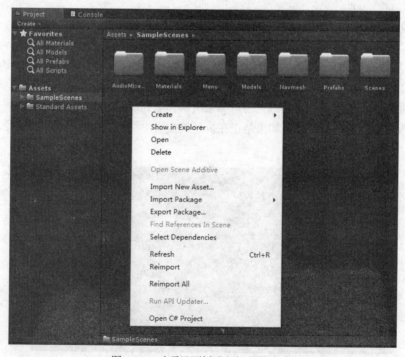

图 1-33 对项目面板进行操作的命令

- Create: 创建资源。
- Show in Explorer: 打开当前资源的文件夹。
- Open: 打开当前选择的文件。
- Delete: 删除当前选择的文件。
- Import New Asset...: 导入新的资源，资源格式不限。
- Import Package: 导入一个 Unity 包，格式为 ".unitypackage"。
- Export Package...: 导出选择的 Unity 包。
- Select Dependencies: 选择与当前文件有依赖的内容。
- Refresh: 刷新面板。

1.3.6 Game 面板

游戏视图面板是从相机渲染的，表示最终的、发布的项目，必须使用一个或多个相机来控制，当玩家玩游戏时，实际看到的是如图 1-34 所示的效果。可以在 Scene 面板中选中相机进行移动、旋转或者控制视角来修改游戏面板中显示的内容，也可以选中相机在其 Inspector 中修改 Transform 属性来修改显示的内容。

图 1-34　游戏视图面板

在 Game 视图面板上方有 3 个控制按钮，分别为开始程序、暂停程序和逐帧运行游戏按钮，如图 1-35 所示。

- 开始程序按钮: 用以开始当前程序。
- 暂停程序按钮: 用以暂停已开始的程序。
- 逐帧运行游戏按钮: 每单击一下播放一帧。

图 1-35　控制按钮

1.4 创建第一个程序

1.4.1 设置默认的脚本编辑器

Unity 的底层是使用 C++开发的，但是对于 Unity 的开发者而言，只允许使用脚本进行开发。Unity 5.0 之后支持的脚本包括 C#、Javascript，取消了对 Boo 语言的支持，包括文档、教程等方面，同样也取消了"创建 Boo 脚本"的菜单项，但是如果工程中包含 Boo 脚本，还是能够正常工作的。本书的范例全部使用 C#语言编写。

首先检查脚本编辑器的类型是不是 Visual Studio，单击编辑器菜单栏中的"Edit"按钮，再单击下拉菜单中的"Preferences...."按钮，进入参数设置界面，单击"External Tools"，进入外部设置界面，如图 1-36 所示。查看第一项"External Script Editor"外部脚本编辑器选中项是否为 Visual Studio，若不是，则单击"Browse..."选择 Visual Studio 的安装路径。

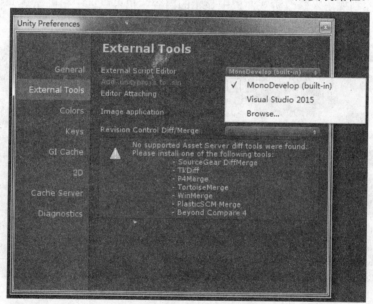

图 1-36　外部脚本编辑器

1.4.2 Hello Unity

下面一起来学习一个基础的案例，当按键盘上的空格键时，就会在控制台输出"Hello Unity"文字。

步骤 01　新建一个名为"Hello Unity"的工程文件，创建方法可参考 1.3.1 节。

步骤 02　在 Project 面板中新建一个 C#脚本文件，将其命名为"Hello Unity"，如图 1-37 所示。创建脚本的方式可参考 1.3.5 节。

图 1-37 新建 C#脚本文件

步骤 03 双击打开 "Hello Unity" 脚本，在该脚本中编写一段代码：

```csharp
using System.Collections;
using System.Collections.Generic;
using UnityEngine;

public class HelloUnity : MonoBehaviour
{

    // Use this for initialization
    void Start () {
    }
    // Update is called once per frame
    void Update () {

        //Input.GetKeyDown----判断是否按下链盘上的按键
        //KeyCode.Space ------空格键
        //当按下键盘中的空格键时
        if (Input.GetKeyDown(KeyCode.Space))
        {
            //控制台输入 "Hello Unity"
            Debug.Log("Hello Unity");
        }
    }
}
```

该脚本继承自 MonoBehaviour，不能使用关键字 new 创建，因此没有构造函数。Start 函数从字面即可看出是开始的意思，可以简单把它理解为一个初始化函数；Update 函数在每一帧都会被执行。这段代码的意思是，每一帧检查用户有没有按下键盘上的空格键，如果有按下，就在控制台输出 "Hello Unity"。

步骤 04 将"Hello Unity"脚本拖曳到 Hierarchy 面板中的 Main Camera 上,选中 Main Camera,然后在 Inspector 面板中检查有没有 "Hello Unity" 脚本,如图 1-38 所示。

步骤 05 检验成果。单击运行程序,按键盘上的空格键,在 Console 控制台面板中就能够看到 "Hello Unity",如图 1-39 所示。

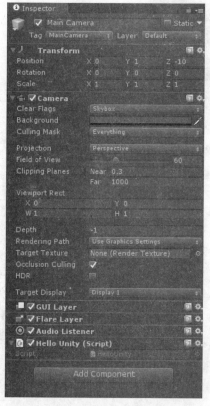

图 1-38　检查是否挂载脚本成功

图 1-39　控制台输出

步骤 06 程序基本完成,只需要保存场景文件即可。单击菜单栏中的 "File" 菜单项,在打开的下拉菜单中单击 "Save Scenes" 命令,保存场景文件。将路径设为 Assets,文件名改为 "Hello Unity"。此时,在 Project 面板中可以看见一个名为 Hello Unity 的 C#脚本和一个名为 "Hello Unity" 的场景文件,如图 1-40 所示。

图 1-40　创建的场景文件

1.5　了解 Unity 2017 的新特性

2017 年 10 月，Unity 官方发布了 Unity 2017.2 版本。Unity 2017.2 引入了新的 2D 世界建筑工具，支持新的 XR 平台，由于 Unity 与 Autodesk 之间的独家合作，因此可以更快地在 Maya /3ds Max 与 Unity 之间导入和导出。Unity 2017.2 的更新包括对 Timeline 和 Cinemachine 的更新，以及对 ARCore、ARKit、Vuforia 和 Windows 混合现实沉浸式耳机的支持。

- 2D：Unity 2017.2 提供了一套完整的 2D 工具，包括新的 2D Tilemap 功能，用于快速创建和迭代循环，以及用于智能、自动构图和跟踪的 Cinemachine 2D。
  Cinemachine 工具可用于轻松管理相机，其中包含大量设置相机镜头的功能，能够在 Unity 游戏或应用中像拍电影那样管理游戏相机。
  Tilemap 使得在 Unity 中创建迭代级别的设计非常简单，因此艺术家和设计者在构建 2D 游戏世界时能够快速搭建原型。
- XR：Unity 2017.2 提高了对新 XR（增强现实和虚拟现实）平台的支持水平。在 2017 年的游戏开发者大会（GDC）上，Unity 发布了 XR Foundation Toolkit（XRFT），该软件被定义为 XR 开发人员的框架，同时允许任何人投身到 XR 开发中。当前，市面上有很多 VR/AR 设备，如 Oculus Rift、HTC Vive、PSVR 以及微软的 HoloLens 等。XRFT 的宗旨为：对接所有硬件，以便开发者能够在任意平台构建 VR/AR/MR 体验。
- 平台支持：将继续支持 Google 的 ARCore SDK 和 Apple 的 ARKit 通过 Unity 的 ARKit 插件。将继续构建一个可扩展、可自定义的 AR 开发工作流程在 AR 平台上，并为 Windows 混合现实提供新的支持，使虚拟现实开发人员能够接触到广泛的受众。
- 性能：2017.2 还为 VR 创作者带来了更多的功能，极大地提升和优化了性能。现在，所有使用 DX11 的集成 PC 平台都可以使用立体声实例。这种渲染的提升将有助于优化硬件的使用，允许开发人员构建更好的游戏和体验。另一个新功能是为谷歌 VR 提供视频异步重播，在 Daydream 视图上提供更高质量的视频体验。
- 对 FBX 格式的优化：Unity 和 Autodesk 一直在共同努力，大大提高了对 FBX 的支持。这种合作使 Unity 能够直接在 FBX SDK 源代码上工作，加速了在工具之间的平滑无损的双向工作流开发。现在，所有用户都可以轻松地以高保真的方式在 Maya / Max 和 Unity 之间来回传送场景。新的 2017.2 FBX 导入/导出包包括一个自定义的 Maya 插件，并提供这些功能：支持 GameObject 层次结构、材质、纹理、Stingray PBS 着色器和动画自定义属性。

关于 Unity 2017.2 中新特性的详细说明与使用方法可以参考官方网站给出的资料，资料地址为 https://blogs.unity3d.com/cn/2017/10/12/unity-2017-2-is-now-available/。

第 2 章
◄Unity基础知识►

拥有丰富的资源是 Unity 能够便捷开发不可或缺的元素，其中官方提供了许多教程来帮助用户学习，这些教程在官方网站上都能够找到，也提供了很多案例可以进一步用于实践，这些案例可以在 Asset Store 资源商店中进行下载。同时，在 Asset Store 中可以找到所有与 Unity 相关的资源，例如 3D 模型、动作、声音、着色器、完整项目解决方案、粒子系统、编辑器扩展、脚本、题图和材质等。

本章将重点学习 Unity 的基础知识，其中包括如何在 Asset Store 中找到合适的资源以及资源的导入、将建模软件中的模型导入 Unity 编辑器的流程以及 Unity 5 版本之后推出的"Physically-Based Rendering"基于物理渲染的着色器和 Unity 的光照系统等。

2.1　官方案例

2.1.1　打开官方案例

启动 Unity 程序，选择"Standard Assets Example Project"项目。进入 Unity 中，在 Project 面板中打开"SampleScenes"的目录，再在子目录中选择"Scenes"目录，就会出现 12 个场景文件，如图 2-1 所示。

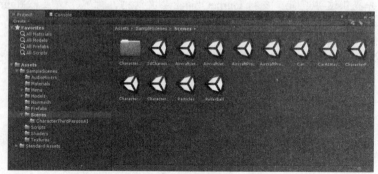

图 2-1　Scenes 目录中包含的场景

2.1.2　运行案例

　　打开一个名为"Car"的场景，这是一个赛车游戏。我们发现在 Hierarchy 面板中有很多预制体、模型及 UI 界面、粒子效果。单击顶部的运行程序，一辆车出现在屏幕中间，可以通过 WSAD 键或者上下左右箭头键控制方向和前进后退，使用空格键进行刹车。控制汽车时会产生类似烧胎的烟雾粒子效果，在快速转弯的时候会有漂移的效果，可玩性很高，如图 2-2 所示。

图 2-2　"Car"场景

　　在程序运行时，可以单击如图 2-2 所示左上方的摄像头图标进行不同视角的切换，分别是 "CarCameraRig"汽车视角、"Free Look Camera Rig"自由视角、"CCTV Camera"比赛转播视角。也可以通过摄像头下方的图标来对整个游戏进行重置。单击右上方的"MENU"按钮或者按键盘中的 Esc 键召唤主菜单，在不同的游戏场景间进行切换，如图 2-3 所示。

图 2-3　主菜单

- 2D：二维游戏。
- Characters：角色游戏，其中的场景包括以下几种。
  - First Person Character：第一人称角色场景。
  - Third Person Character：第三人称角色场景。
  - Third Person AI Character：第三人称智能角色场景。
  - Rolling Ball：滚动的球场景。

- Particles: 展示粒子效果的场景，可以通过图 2-4 下方的左右图标来切换不同的粒子效果。其中的粒子效果包括以下几种。
  - Explosion: 爆炸粒子效果。
  - Fire Complex: 火球粒子效果。
  - Fire Mobile: 多个火球的粒子效果。
  - Dust Storm: 沙尘暴粒子效果。
  - Steam: 蒸汽粒子效果。
  - Hose: 喷水的粒子效果。
  - Fireworks: 烟花的粒子效果。
  - Flare: 闪光的粒子效果。

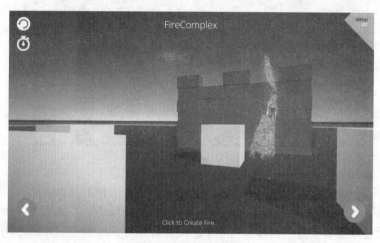

图 2-4　粒子效果场景

- Vehicles: 各种交通工具的场景。其中场景有以下几种。
  - Car AI: 智能漫游汽车。
  - Car: 汽车驾驶。
  - Jet Plane: 2 轴喷气式飞机。
  - Propeller Plane: 4 轴螺旋桨飞机。
  - Jet Plane AI: 智能 2 轴喷气式飞机。
  - Propeller Plane AI: 智能 4 轴螺旋桨飞机。
- Unity3d.com/learn: 可以链接到 Unity 官方网站的学习频道。

2.1.3　平台设置与发布

现在所有的操作与游戏都是在 Unity 的编辑器中完成的，当我们的游戏需要给用户或者其他人分享时，就需要对项目进行打包发布，而发布的第一步就是确定需要发布到什么平台上，针对不同的平台进行的设置是不同的，这里以发布到 Windows 平台为例进行介绍。

步骤 01　单击菜单栏的 "File" 菜单项，在其下拉菜单中单击 "Build Settings" 命令打开 "Build Setting" 界面，在其中可以选择各个平台和游戏场景，如图 2-5 所示。

图 2-5　构建设置界面

步骤 02　确认 12 个游戏场景都在 "Scenes In Build" 栏中，若没有，则在 Project 面板中找到并选中所有的游戏场景，拖曳到 "Scenes In Build" 栏中。

步骤 03　确认在 "Platform" 栏中，Unity 的图标位于 "PC,Mac & Linux Standalone" 项中，意味着当前选择的平台为这一项，若没有，则选择这一项，并单击左下方的 "Switch Platform" 按钮进行平台切换。

步骤 04　单击 "Player Settings…" 玩家设置按钮，在 Inspector 面板中会出现设置选项，如图 2-6 所示。下面罗列一些常用的设置。

- Company Name：公司名称。
- Product Name：产品名称。
- Default Icon：程序的默认图标。
- Default Cursor：默认的鼠标图标。
- Default Is Full Screen：默认全屏。
- Run In Background：后台运行。

步骤 05　单击图 2-5 中右下角的 "Build" 按钮，在弹出界面中选择路径，把文件命名为 "Sample"，并单击 "保存" 按钮，程序就会自动打包发布。在发布完成之后，我们会在发布的路径下发现两个新文件，一个为 "Sample.exe" 可执行文件，也是程序入口；另一个为 "Sample_Data" 文件夹，是程序中所使用的所有资源文件，这两者缺一不可，如图 2-7 所示。至此，发布就完成了。

图 2-6　发布设置

图 2-7　发布后文件

2.2　Asset Store 资源商店

2.2.1　Asset Store 简介

Asset Store 资源商店是 Unity 中十分强大的功能，其中拥有很多由 Unity 官方技术人员和其他开发人员创建的免费或者商业收费的资源。这当中包含三维模型、动画、音频、完整的项目案例、编辑器的扩展、粒子系统、脚本、服务、着色器、贴图和材质球等内容。而且这些资源只需要在 Unity 编辑器中进行简单的页面访问和资源下载并导入项目中，就能够直接使用。在一些项目中可以直接从 Asset Store 中找到合适的美术资源、脚本等内容，使得开发更加方便快捷。当然，一些比较好的资源也可以上传到 Asset Store 中，进行定价销售或者免费供其他开发人员使用。

打开 Asset Store 的方法很简单，在 Unity 编辑器的菜单栏单击"Window"命令，在其下拉菜单中找到并单击"Asset Store"命令即可，或者直接使用 Ctrl+9 组合键的方式来打开，如图 2-8 所示。

图 2-8　Asset Store 资源商店

在页面的上方是搜索框的位置，可以输入任意需要的资源。例如，在项目中需要一座小屋，就可以在搜索框中输入关键字"House"。发现会有各种各样的资源被罗列出来，其中有的资源比较老旧，有的是免费的，有的是收费的，必须对这些资源进行筛选，方便查找，如图 2-9 所示。

- MAXIMUM PRICE: 价格区间。
- FREE ONLY: 仅搜索免费资源。
- PAID ONLY: 仅搜索付费资源。
- MINIMUM RATING: 资源的评分。
- SUPPORTED UNITY VERSION: 被支持的 Unity 版本, 最好选择与当前版本号差距不大的版本, 以防止不兼容的问题。
- PACKAGES ONLY: 仅搜索资源包。
- LISTS ONLY: 仅搜索列表。
- MAXIMUM SIZE: 被搜索文件的大小范围。
- RELEASED: 发布时间范围。
- UPDATED: 文件的更新时间范围。

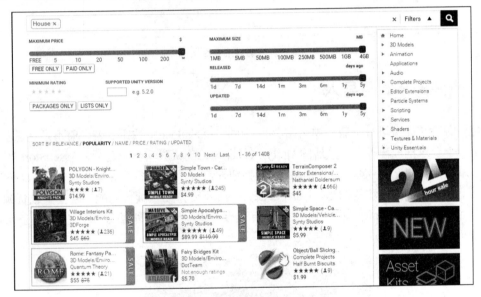

图 2-9　搜索资源

在这里单击"FREE ONLY"按钮, 就会筛选出所有的免费资源, 找到"Medieval Toon House"(中世纪桃花心木房子) 资源, 如图 2-10 所示。

图 2-10　找到中世纪桃花心木房子

单击这个资源, 就会进入该资源的详细介绍页面, 其中包括该资源的下载按钮、资源的缩略图展示、适用的 Unity 版本、资源的大小、支持的 Unity 平台类型、资源的目录结构等信息, 如图 2-11 所示。

图 2-11　资源的详细介绍页面

2.2.2　资源的下载与导入

选定资源后，即可进行下载。单击图 2-11 中的"Download"按钮。若当前不是登录状态，则会弹出一个登录框，输入之前注册的 Unity 账号即可。确认成功登录之后，Asset Store 界面右上角会显示用户信息。再次单击"Download"按钮，会弹出服务条款界面，单击"Accept"按钮后开始下载。这里需要注意的是，Unity Asset Store 不支持断点续传功能，若在下载资源的过程中出现网络异常或者 Unity 被关闭，就得重新开始下载。当等待资源被下载完成后，就会被自动导入 Unity 编辑器中，如图 2-12 所示。

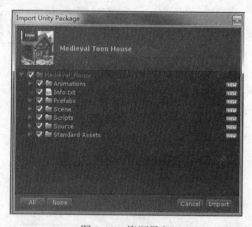

图 2-12　资源导入

在图 2-12 中可以看到资源包的名称、目录结构、编辑器中是否已经存在等信息。可以通过目录左边的复选框来选择是否导入该部分内容，除非特殊的信息，例如资源包案例等内容，一般选择默认就行了。在确认导入内容后，就可以单击"Import"按钮进行导入了。我们会在 Project 工程面板中发现新导入的资源，如图 2-13 所示。在"Assets/Medieval_House/Scene"路径下可以打开 Sample_Scene 场景文件。

图 2-13　新导入的资源

到这一步，资源的下载与导入就差不多了，但是还存在一个问题：如果在其他项目工程中使用这个资源包，是否需要重新在资源商店进行下载？其实只需要在 Asset Store 界面中单击左上方的"Toggle Download Manager"按钮（见图 2-14），进入当前账号已经下载过的资源列表（见图 2-15），在列表中找到需要的资源。若该资源在本机被下载过，则可以单击"Import"按钮进行导入；若本机是第一次下载该资源，则可以单击"Download"按钮，进行下载和导入工作。

图 2-14　单击"Toggle Download Manager"按钮

图 2-15　已经下载过的资源列表

还有另一种情况，本机之前下载过该资源，当使用上述方法导入时，却发现电脑不能联网，或者 Asset Store 打不开。此时可以找到下载资源的本机保存路径，手动导入 Unity 编辑器中。在 Windows 系统中，保存路径为 C:\Users\用户名\AppData\ Roaming\Unity\Asset Store-5.x\开发者公司名\插件名\。例如，之前下载的 House 资源包为"C:\Users\Administrator\AppData\Roaming\Unity\Asset Store-5.x\Night Forest\3D ModelsEnvironmentsFantasy"下名为"Medieval Toon House"的 unitypackage 文件。可以把该资源文件拖曳到 Unity 编辑器中的 Project 面板中进行导入，也可以在 Project 面板内右击，选择"Import Package"命令，再单击"Custom Package..."命令，指定资源包的路径进行加载。

2.3　模型文件准备

2.3.1　建模软件中模型的导出设置

Unity 中使用到的模型资源可以从多种多样的 3D 建模软件中导入，其中包括 Maya、Cinema

4D、3ds Max、Cheetah3D、Modo、Lightwave、Blender、SketchUp 等。可以导入 Unity 编辑器中的 Mesh 文件主要分成两大类：

- 导出的 3D 文件，其格式如 ".FBX" ".OBJ"。
- 3D 建模软件，例如 3D Max 的 ".Max" 文件、Blender 的 ".Blend" 文件。

既然这两大类文件都能被 Unity 所使用，我们应该怎么取舍呢？下面来比较两类文件的优缺点。

（1）对于导出的 3D 文件，Unity 能够读取 ".FBX" ".3DS" ".OBJ" 格式文件，优点如下：

- 仅仅导出用户所需要的内容。
- 用户可以反复地对内容进行修改。
- 生成的文件比较小。
- 支持模块化的处理方式。
- 支持众多的 3D 建模软件，即使是不被 Unity 支持的 3D 建模软件。

其缺点如下：

- 当用户使用这种导出的格式时，如果需要反复修改，就需要反复地从 3D 建模软件中导出，这会很烦琐。
- 不容易做到版本控制，可能把导出文件和 Unity 中正在使用的文件弄混淆。

（2）对于 3D 建模软件的原生格式，例如 Max、Maya、Blender、C4D 等所产生的 ".Max" ".Blender" ".MB" 等格式，在 Unity 中的优点如下：

- 当用户保存修改的文件之后，Unity 会自动更新。
- 比较容易被掌握。

其缺点如下：

- 文件中可能包含一些用户不需要的内容，例如灯光、摄像机等。
- 保存的文件会很大，使得 Unity 变得很慢。
- 在电脑中必须安装所用到的原生格式的软件。

通过上面两类文件优缺点的比较，在这里使用第一种方式中的使用 3ds Max 导出 ".FBX" 文件进行讲解。首先了解什么是 FBX 格式。FBX 是 Autodesk 公司出品的一款用于跨平台的免费三维创作与交换格式的软件，用户能够通过 FBX 访问大多数三维供应商的三维文件。FBX 文件格式支持所有主要的三维数据元素以及二维音频和视频媒体元素。FBX 文件导入 Unity 编辑器中可以包含的内容有：

- 所有的位置、旋转、缩放及轴心、名字等信息。
- 网格信息，包括网格顶点的颜色、法线、UV 等信息。
- 材质球信息，包括贴图和颜色，也可以导入多维材质球。
- 各种动画。

在了解这些基本信息之后，可以着手从 3ds Max 中导出 ".FBX" 文件，很简单，只需要以下几步。

步骤 01 设置 3ds Max 的系统单位为 cm，如图 2-16 所示。

步骤 02 物体的坐标轴中心对齐世界坐标轴中心，如图 2-17 所示。选中物体，单击"Affect Pivot Only"（仅影响轴）按钮，再单击"Align to World"按钮对齐世界坐标。

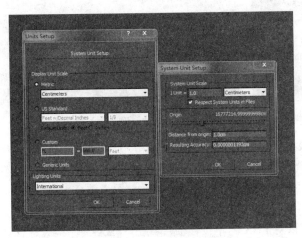

图 2-16 单位设置

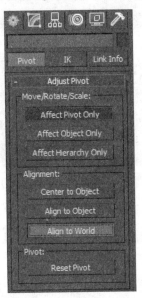

图 2-17 对齐世界坐标

步骤 03 因为 3ds Max 中的坐标系与 Unity 编辑器中的坐标系不是同一种坐标系，所以需要在 Max 中对物体的轴进行旋转操作。选中物体，单击"Affect Pivot Only"按钮（见图 2-17），再右击旋转按钮，在弹出的对话框的"X："文本框中输入 90，如图 2-18 所示。把 X 轴旋转 90°，这样就能确保在 Unity 中物体的初始旋转角度为 0。

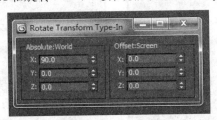

图 2-18 轴向旋转

步骤 04 把模型转换为可编辑的多边形，如图 2-19 所示。

步骤 05 选择需要导出的物体或者导出场景中的所有物体，导出格式选择".FBX"格式，在导出的设置中按照需求进行设置，如图 2-20 所示，主要包含"包含""高级选项""信息"三方面内容。

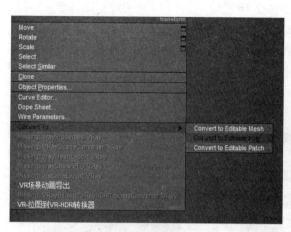

图 2-19　可编辑多边形　　　　　　　　　　　图 2-20　FBX 导出

在"包含"选项中，只要根据模型的实际情况进行选择即可。一般情况下，不需要使用 Max 中的摄影机与灯光，所以"摄影机"与"灯光"两个复选框可以取消勾选。需要强调的是，最好勾选"嵌入的媒体"复选框，确保贴图资源会一起导出，如图 2-21 所示。

在"高级选项"选项中，可以对 FBX 的单位、轴、界面、FBX 文件格式进行设置。其中单位设置为默认的"厘米"，轴设置为与 Unity 轴向一致的"Y 向上"，界面与文件格式保持默认即可，如图 2-22 所示。

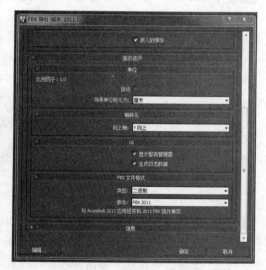

图 2-21　"包含"选项　　　　　　　　　　图 2-22　"高级选项"选项

最后一项"信息"保持默认即可。至此，Max 中导出 FBX 模型流程完毕。接下来介绍在 Unity 中导入 FBX 模型并对导入进行设置。

2.3.2　Unity 中模型的导入设置

在 2.3.1 小节中导出了一个 FBX 格式的模型。这一节学习将 FBX 文件导入 Unity 编辑器中并进行设置。

导入 Unity 编辑器的方法有两种,一种是直接将 FBX 文件拖曳到编辑器中的 Project 面板中;另一种是在编辑器中右击 Project 资源面板,在弹出的快捷菜单中单击 "Import New Asset..." 命令进行导入,如图 2-23 所示。

在 FBX 文件被导入后,选中该 FBX 文件中的模型,在 Inspector 面板中对模型进行设置与预览,如图 2-24 所示。若预览视图中的模型没有显示贴图资源,则可能是贴图资源没有被导入,可以单击图 2-23 中的 "Refresh" 命令进行刷新,这样贴图资源就会被导入。

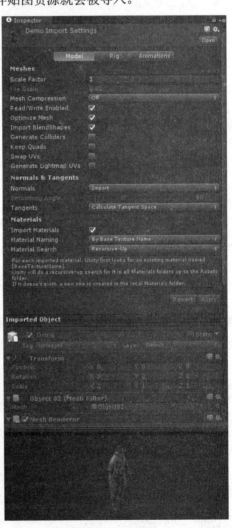

图 2-23　单击 "Import New Asset..." 命令　　　　图 2-24　导入设置

在 Inspector 面板中的导入设置分为三类:Model(模型)、Rig(动画类型绑定)、Animations(动画)。下面先从模型中的选项开始讲解。

- Scale Factor（缩放因子）：Unity 中默认一米为游戏世界中的一个单位。
- File Scale（文件缩放）：设置模型的缩放，一般保持默认。
- Mesh Compression（网格压缩）：通过这个选项改变网格的面数，但是网格有可能出错，一般保持默认"OFF"选项。
- Read/Write Enabled（模型读写开启）：建议开启。
- Optimize Mesh（优化网格）：建议开启。
- Import BlendShapes（导入表情控制器）：例如用 Maya 制作的 BlendShapes 或者 Max 制作的 Morpher 动画表情。
- Generate Colliders（生成碰撞）：若勾选此复选框，则会在模型上自动加上"Mesh Collider"网格碰撞组件，建议关闭。
- Keep Quads（保留四边形）：建议关闭。
- Swap UVs（交换 UV）：若灯光贴图识别的 UV 通道不正确，则可以勾选此复选框交换第一和第二通道 UV。
- Generate Lightmap UVs（生成灯光贴图的 UV）：建议关闭。
- Normals（法线）：法线的方式。
  - Import：到模型文件中导入，默认选项，建议使用。
  - Calculate：计算发现，配合 Smoothing Angle 计算。
  - None：禁用法线。
- Tangents（切线）：定义如何计算切线。
  - Import：从文件中导入，只有法线已从文件中导入时，此选项才能被启用。
  - Calculate：计算法线，默认选项。
  - None：关闭切线和法线，不再支持法线贴图着色器。
- Import Materials：是否从文件导入材质球，一般保持勾选状态。
- Material Naming：材质球的命名方式。
  - By Base Texture Name：使用导入的材质球中的漫反射贴图的名字命名，若没有漫反射贴图，则使用导入的材质球的名字命名。
  - From Model's Material：使用导入材质的名字做材质球的名字，建议使用。
  - Model Name + Model's Material：使用导入的模型名加导入的模型材质球名命名。
- Material Search：查找材质球的方式。
  - Local Materials Folder：Unity 仅在局部材质球文件夹中搜索，例如和模型文件夹在同一个文件夹下的材质球子文件夹。
  - Recursive-Up：递归向上搜索，Unity 将递归向上搜索直至 Assets 文件夹，建议使用。
  - Everywhere：任意地方，Unity 将搜索整个工程文件。

接着将介绍第二项"Rig"，如图 2-25 所示。Rig 可以依据用户导入的物体指定或者创建一个"Avatar"控制器，从而对其制作动画。如果模型是一个人形的角色，那么可以选择"Humanoid"与"Create From This Model"选项，创建一个匹配骨骼的"Avatar"。若模型不是人形的角色，则选择"Generic"选项。

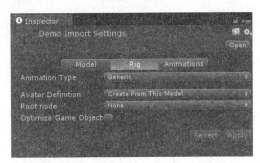

图 2-25　"Rig" 选项

- Animation Type: 动画类型。
  - None: 没有动画。
  - Legacy: 旧版的动画系统，使用 "Animation" 组件播放。
  - Generic: 通用动画系统，使用 "Animator" 组件控制播放。
  - Humanoid: 人形动画系统，使用 "Animator" 组件控制播放。

第三项为 "Animations" 动画选项，若 FBX 文件中没有动画，则为提示信息，如图 2-26 所示；若有动画，则为其设置选项，如图 2-27 所示。

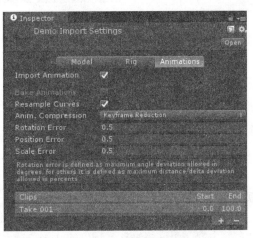

图 2-26　没有动画的提示信息　　　　　　图 2-27　有动画时的设置选项

- Import Animation: 导入动画。
- Bake Animations: 烘焙动画，这个选项只对 Maya、3ds Max、Cinema4D 文件有效。
- Resample Curves: 曲线重复采样，默认勾选。
- Anim.Compression: 动画压缩方式。
  - Off: 关闭动画压缩，导入时不减少帧数，保留最高的精确度。但是降低了执行效率，文件和使用的内存将变大，不建议使用。若想获得较高的精度，则可以选择第二项 "Keyframe Reduction"。
  - Keyframe Reduction: 减少关键帧，建议使用。
  - Optimal: 使用 Rig。
- Rotation Error: 旋转角度误差，定义多少旋转曲线将会被降低，值越小，精度越高。建议使用默认值。

- Position Error: 位置误差，定义多少位置曲线将会被降低，值越小，精度越高。建议使用默认值。
- Scale Error: 缩放误差，定义多少缩放曲线将会被降低，值越小，精度越高。建议使用默认值。

我们可以使用"Animations"选项最下方的窗口进行动画预览，如图 2-28 所示，单击左上方的播放按钮进行预览。

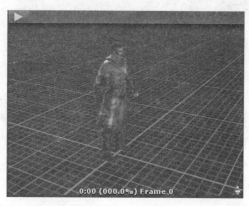

图 2-28　动画预览

2.4　Unity 材质介绍

2.4.1　材质球、着色器之间的关系

对于 Unity 材质，有两样东西是许多初学者弄不清楚或者非常容易混淆的，一个是"Material"材质球，另一个是"Shader"着色器。

"Material"用于定义显示什么样的模型，包括这个模型使用什么样的纹理信息、模型的颜色信息等内容，而这些纹理、颜色的应用方式和类型则是由"Shader"进行定义的。举一个简单的例子，我们需要展示一个木质的柜子，首先要考虑的是使用什么样的"Shader"，这个"Shader"是否支持我们需要的漫反射贴图、法线贴图、环境光贴图、高光贴图、法线贴图及高光贴图的强度调整以及颜色的调整等。当确认需要的"Shader"之后，就可以创建一个"Material"，指定使用这个"Shader"，再对其中的各种贴图信息、颜色信息进行赋值。可以这样理解，材质球就是着色器的载体，而着色器用于配置该如何设置图形硬件进行渲染。

2.4.2　Unity 标准着色器

Unity 已经给用户内置了许多不同的"Shader"，而 Unity 5 之后重点推出了一种新的渲染方式——基于物理的渲染（Physically Based Rendering，PBR）。与之对应的是一套基于物理着色（Physically Based Shading，PBS）的多功能、多用处的"Shader"。这就是"Standard Shader"（标准着色器），用于取代传统的着色器。在 Unity 中有两个标准着色器，一个是"Standard"

标准着色器标准版，另一个是"Standard（Specular Setup）"标准着色器高光反射版。我们可以看看官方网站提供的一个案例场景，其中所有的材质球都使用了标准着色器，如图 2-29 所示。

图 2-29　材质球使用了标准着色器

我们就其中的"Standard Shader"（标准着色器）进行讲解，首先在 Project 面板中右击，新建一个材质球，默认的着色器就是标准着色器，如图 2-30 所示。这里对其中的一些重要参数进行说明。

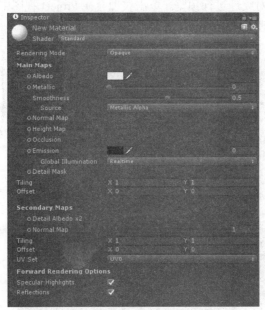

图 2-30　标准着色器

- Shader: 着色器的选择，新建材质球的默认着色器就是标准版着色器。
- Rendering Mode: 渲染模式选择。
  - Opaque: 不透明模式。
  - Cutout: 透明模式，在这种模式下，没有半透明的过渡，纹理要么是完全透明的，要么是完全不透明的，适合使用在头发、碎布、衣服上。
  - Fade: 透明模式，此模式下的纹理是淡入淡出的效果，其高光和反射也会是淡入淡出的效果。
  - Transparent: 透明模式，此模式下的透明度是根据纹理贴图的透明通道自动生成的，高光和反射也会完整保留。

- Albedo：物体表面的基本纹理和颜色信息。
- Metallic：金属感，可以通过贴图和数值来区分金属或者非金属以及金属的程度。
- Smoothness：平滑度，控制物体是否光滑。值越大，物体越光滑；值越小，物体越粗糙。
- Source：平滑度的控制来源。
  - Albedo Alpha：Albedo 的透明通道。
  - Metallic Alpha ：金属度的透明通道。
- Normal Map：法线贴图。
- Height Map：高度图，用于表现高低信息，法线只能表现光照时的强弱，而高度图可以增加物理位置上的前后。
- Occlusion：遮挡贴图，用以控制物体明暗关系以及强度。
- Emission：自发光颜色，例如在制作一些自发光的灯带时，我们就可以调整这个颜色，默认黑色为关闭自发光。

在了解基本的参数意义之后，可以学习一下官方场景案例中非常逼真且细节丰富的木头材质球，如图 2-31 所示。可以看到，简单的木头也是用很多纹理贴图合成的，在查看这些纹理时，可以按住 Ctrl 键单击纹理对纹理进行预览。单击纹理会在 Project 视图中指向该纹理贴图，双击纹理时会在外部打开此纹理。此案例会在资料中提供下载。

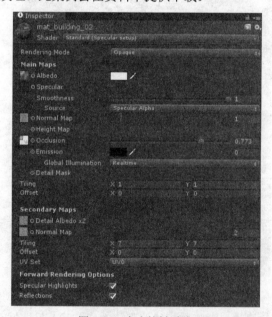

图 2-31　木头的材质球

2.5　Unity 的光照

2.5.1　灯光的类型

我们知道灯光是游戏场景中不可或缺的部分，可以用来模拟手电筒、太阳、月亮等，起着照明、烘托气氛、物体表现等很重要的作用。在 Unity 中为用户提供了 4 种常用的灯光，分别是

"Directional Light"（方向光）、"Point Light"（点光源）、"Spot Light"（聚光灯）、"Area Light"（区域光），下面分别讲述这几种光源。

（1）"Directional Light"是场景中主要的光源之一，如图 2-32 所示。这种光源放在场景中的任何位置，场景中的物体都会被照亮。不论物体与方向光的距离远近，都不会对光线产生衰减。只有旋转方向光的时候，灯光的方向才会受到影响。在一般情况下，每一个 Unity 的场景中都会有方向光，作为场景中的主光源，场景中的阴影也是由其产生的。方向光可以用来模拟场景中的太阳光与月光。例如，场景中的日出日落效果就是通过调整方向光的角度、光线强度、光线颜色来实现的。

图 2-32　场景中的 Directional Light

（2）"Spot Light"如图 2-33 所示。光源被约束在一个圆形的范围内，而且光线是有方向性和衰减性的。圆锥形范围外的物体将极少受此灯光的影响，而且光线在这个圆锥形范围内会慢慢地变弱。这种灯光一般用来模拟人造光源，例如在场景中配合脚本控制灯光的开关及角度可以完美地模拟汽车的远光灯、近光灯，也可以用来模拟手电筒、家中的床头灯等。

图 2-33　场景中的 Spot Light

（3）"Point Light"如图 2-34 所示。点光源是位于空间中的一个点，并向各个方向均匀地发光。我们可以把点光源想象成一个球形的物体，越接近球形中心，光线越强；越接近球形边缘，光线越弱。在场景中，可以用来模拟家中的灯泡、汽车的尾灯、爆炸等。

图 2-34　场景中的 Point Light

（4）"Area Light"如图 2-35 所示。此种光源只有在烘焙了的情况下才能起作用，它的范围是可以自定义的矩形框，并带有指定的方向。光源的强度会随着物体的距离而衰减，这种光源的阴影比上面的三种光源的阴影更加柔和，可以模拟小面积的光源，比点光源更加逼真。

图 2-35　场景中的 Area Light

接下来介绍如何创建和设置这些灯光的参数。可以在 Hierarchy 面板中单击"Create"按钮，在下拉菜单中的"Light"选项中选择需要创建的灯光类型，在 Inspector 面板中设置参数。这里以"Spot Light"聚光灯为例进行介绍，如图 2-36 所示，其他类型的灯光参数也是大同小异。

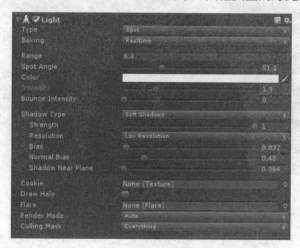

图 2-36　灯光设置

- Type: 灯光的类型。
    - Spot: 聚光灯。
    - Directional: 方向光。
    - Point: 点光源。
    - Area（baked only）: 区域光。
- Baking: 作用方式。
    - Realtime: 实时光照，烘焙场景时将不被烘焙。
    - Baked: 烘焙光照。
    - Mixed: 混合光照。
- Range: 光照范围。
- Spot Angle: 光照角度。
- Color: 光照颜色。
- Intensity: 光照强度。
- Bounce Intensity: 灯光二次反弹强度。
- Shadow Type: 阴影类型。
    - No Shadows: 不产生阴影。
    - Hard Shadows: 硬阴影。
    - Soft Shadows: 软阴影。
- Strength: 阴影的浓度。
- Resolution: 阴影质量设置，分为游戏设置中的低、中、高、非常高 4 种等级质量。
- Bias: 阴影的偏移值。
- Normal Bias: 偏移值，调整位置和定义阴影。
- Shadow Near Plane: 定义接近地面呈现的阴影裁切。
- Cookie: 设置一张贴图，以贴图的透明通道为蒙板，灯光照射到地面就会产生对应的光影效果。
- Draw Halo: 是否显示光晕。
- Flare: 光斑，例如镜头光晕。
- Render Mode: 渲染的模式。
    - Auto: 自动。
    - Important: 重要，逐像素渲染，比较消耗性能，常用于场景中一些比较重要的效果。
    - Not Important: 不重要，以顶点、对象方式进行渲染，渲染速度比较快。
- Culling Mask: 灯光遮罩，可以选择某些 "Layers" 层级，不受灯光影响。

2.5.2　环境光与天空盒

在 Unity 中，除了 2.5.1 小节中所提到的常用的 4 种灯光外，还有一种比较常见的全局灯光设置 "Ambient"（环境光），可以用来调整场景中光线的整体亮度、颜色等。设置环境光有三个选项，如图 2-37 中的 "Ambient Source"（环境光来源）所示。

图 2-37　环境光

- Skybox：天空盒，在这种模式下，我们可以通过调整"Ambient Intensity"（环境光强度）来提亮或调暗场景，但环境光的颜色还是保持天空盒的颜色。
- Gradient：渐变模式，在这种模式下，用户可以选择三种不同的颜色，以这三种颜色的渐变构成环境光。三种颜色的含义分别为"Sky Color"（天空色）、"Equator Color"（地平面色）、"Ground Color"（大地的颜色），如图 2-38 所示。我们可以通过调整三种颜色来改变整个环境光，如图 2-39 所示。

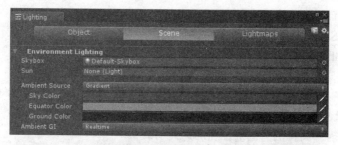

图 2-38　渐变模式

图 2-39　Gradient 渐变模式

- Color：颜色模式，在这种模式下，用户可以自定义环境光颜色及强度，其效果如图 2-40 所示。

图 2-40　Color 模式

提示　由于本书是黑白印刷，无法区分色彩，因此要区分色彩的图可参考下载文件中的图片。

在场景中，天空盒也是不可或缺的部分。介绍天空盒之前，必须先说说天空盒材质。在 Unity 中，天空盒材质可以大致分为三种类型："6 Sided"（6 面贴图）、"Cubemap"（立方体贴图）、"Procedural"（合成贴图）。创建方式为新建材质球，选择材质球的着色器为"Skybox"，然后选择不同的类型，如图 2-41 所示。下面介绍常用的两种天空盒材质球：6 Sided 和 Cubemap。

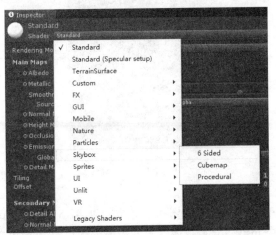

图 2-41　创建天空盒材质球

● 6 Sided

步骤 01　导入 6 张用于制作天空盒的贴图，如图 2-42 所示（素材路径为 2/2.5.2/素材/Skybox . unitypackage）。

步骤 02　选中 6 张贴图，在 Inspector 面板中，将纹理循环模式从"Repeat"改为"Clamp"，否则贴图的边缘颜色将会不匹配，如图 2-43 所示。

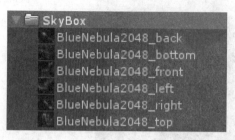

图 2-42　天空盒贴图

图 2-43　天空盒贴图设置

步骤 03　将 6 张贴图贴入材质球的对应位置，如图 2-44 所示。

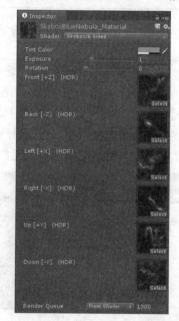

图 2-44　设置天空盒材质

● Cubemap

步骤 01　导入一张适合的高动态范围图（素材路径为 2/2.5.2/素材/CubeMap.hdr）。

步骤 02　选中贴图，在 Inspector 面板中设置贴图的形状为 "Cube"（立方体）、"Wrap Mode"
（纹理循环模式）为 "Clamp"，如图 2-45 所示。

步骤 03　将贴图贴入材质球的对应位置，如图 2-46 所示。

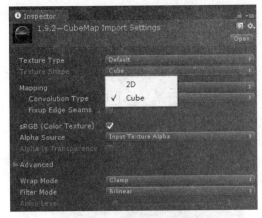

图 2-45　设置贴图类型

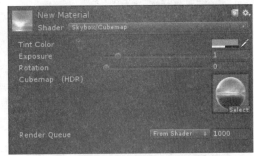

图 2-46　设置贴图

接着就可以在场景中使用新建的天空盒材质球了。在 Unity 中，设置天空盒时有两种方式：一种是针对整个场景的天空盒（全局天空盒），另一种是针对某个单独相机的天空盒（针对相机的天空盒）。二者的区别在于，若使用前者，则不论使用场景中的哪个相机观看都是同一个天空，而后者针对不同的相机，观看的天空可能是不一样的。

● 全局天空盒

打开菜单栏上的"Window"→"Lighting"面板，在 Skybox 选项中选择新建的天空盒材质球，如图 2-47 所示。

图 2-47　指定天空盒材质球

● 针对相机的天空盒

步骤 01 在 Hierarchy 面板中选中需要添加天空盒的相机，在 Inspector 面板中将"Camera"组件的"Clear Flags"选项选为"Skybox"，如图 2-48 所示。

步骤 02 单击 Inspector 面板中最下方的"Add Component"(添加组件)按钮，选择"Rendering"→"Skybox"选项，如图 2-49 所示。也可以直接在文本框中输入"Skybox"。

图 2-48　设置相机的清除标识

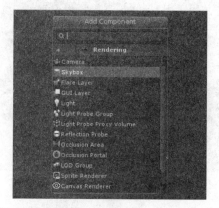

图 2-49　添加 Skybox 组件

步骤 03　将天空盒材质球赋给 "Skybox" 组件中的 "Custom Skybox" 选项，如图 2-50 所示。

图 2-50　设置 Skybox 组件

第 3 章

◀ UGUI入门 ▶

在应用程序中，界面是程序与用户之间的桥梁。用户可以通过界面来完成程序中的交互，在界面的引领下，用户可以更方便地操作整个程序。所以界面在整个程序中占有非常重要的地位，往往友好的界面会让用户对应用产生好感；相反，糟糕的界面会导致用户的流失。

Unity 给大家提供了两套非常完善的图形化界面解决方案：GUI 与 UGUI 系统。其中，GUI 系统现在主要运用在快速调试与拓展编辑器中，而 UGUI 运用在应用界面的展示中。UGUI 为大家提供了一些常用的控件，包括文本显示、图片显示、按钮、复选框、滑动条、滚动条、下拉菜单、输入框、滚动视窗等，利用这些控件可以快速搭建界面。

本章将学习 UGUI 提供的基础控件，使用基础控件搭建用户登录界面，并结合第 2 章的知识制作一款火爆全球的 2D 游戏 "FlappyBird"，通过这个案例了解 2D 游戏制作流程。

3.1　UGUI 控件

3.1.1　基础控件 Text

"Text" 是界面中常用的控件之一，用于文字的显示。Unity 中的 "Text" 可以对字体、大小、颜色、对齐方式等进行设置。创建方式是在 Hierarchy 面板中，单击"Create"→"UI"→"Text"。创建完成之后，会发现在 Hierarchy 面板多出两个物体——"Canvas"用于存放 UI 的画布以及"EventSystem"（UGUI 的事件控制系统）。我们创建的"Text"是"Canvas"的子物体，如图 3-1 所示。

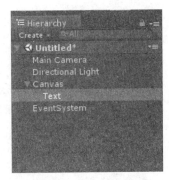

图 3-1　创建 "Text"

选中创建的 "Text" 控件，在 Inspector 面板中显示控件有三个组件，分别为 "Rect Transform" "Canvas Renderer" 和 "Text（Script）"。我们就其中控制文字的 "Text（Script）" 组件进行说明，如图 3-2 所示。

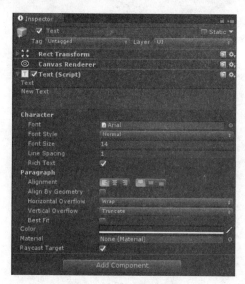

图 3-2　Text 的属性面板

- Text：文本显示的内容。
- Font：文本的字体。
- Font Style：文字的风格。
  - Normal：正常字体。
  - Bold：粗体字。
  - Italic：斜体字。
  - Bold And Italic：加粗加斜字体。
- Font Size：字体大小。
- Line Spacing：文本的行距。
- Rich Text：是否作为富文本。勾选此复选框后，可以通过文本的内容来设置字体颜色、风格等。例如，在文本框内输入 Hello<i>Unity</i>，意味着 "Hello" 为粗体字，"Unity" 为斜体字，如图 3-3 所示。

Hello*Unity*

图 3-3　富文本

- Alignment：文字对齐方式。分为两组，第一组依次为左对齐、左右居中对齐、右对齐；第二组为上对齐、上下居中对齐、下对齐。
- Align By Geometry：是否对齐几何边框。
- Horizontal Overflow：文字内容在水平方向超出边框处理方式。
  - Wrap：不做处理。
  - Overflow：让文本不局限于几何框内，按水平方向继续显示。
- Vertical Overflow：文字内容在垂直方向超出边框的处理方式。
  - Truncate：截断，不显示超出部分。

- Overflow：让文本不局限于几何框内，按照垂直方向继续显示。
- Best Fit：是否自适应，若勾选，则忽略字体大小设置。
- Color：字体颜色。
- Material：字体的材质球。
- Raycast Target：能否被射线检测。

3.1.2 基础控件 Image

"Image"图片用于展示一个非交互的图像，可以用来制作图标、背景等。其创建方式为在 Hierarchy 面板中单击"Create"→"UI"→"Image"。接着在 Inspector 面板中对"Image（Script）"组件进行设置，如图 3-4 所示。

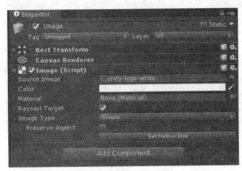

图 3-4　Image 组件

- Source Image：图片来源。需要指出的是，这里的图片必须是"Sprite"格式。制作"Sprite"格式的图片方法如下。

步骤 01 导入需要的图片。

步骤 02 在该图片的属性面板中将"Texture Type"贴图格式选择为"Sprite"，如图 3-5 所示。

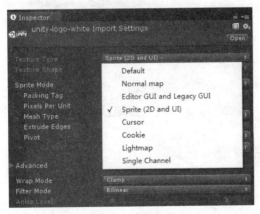

图 3-5　设置图片

- Color：指定图片的颜色。
- Material：指定图片的材质球。
- Raycast Target：能否被射线检测。

● Image Type: 图片显示的方式。

■ Simple: 一般的方式。

■ Sliced: 切片模式。制作图片的切片方法为: 在图片的属性面板中单击 "Sprite Editor" 按钮, 在弹出的界面中可以看见图片的 4 个边界分别有 4 个绿色的点, 在图片范围内拖动绿色的点, 就会形成绿色的线。在 4 条绿色的线框中间会呈现一个九宫格, 如图 3-6 所示。这意味着对 Image 进行缩放时, 九宫格内的左上角、右上角、左下角、右下角的内容不会被拉伸。切割好之后, 单击图 3-6 右上方的 "Apply" 应用按钮。

图 3-6 制作图片切片

■ Tiled: 平铺模式。

■ Filled: 填充模式。我们可以使用这种模式制作图片显示的动画, 例如游戏中的血条、技能的冷却等, 如图 3-7 所示。

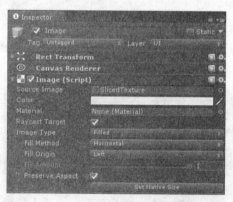

图 3-7 填充模式

◆ Fill Method: 填充的方式。

★ Horizontal: 水平方向填充。

★ Vertical: 垂直方向填充。

★ Radial 90: 以 90 度的半径进行填充。

★ Radial 180: 以 180 度的半径进行填充。

◆ Fill Origin: 填充的起点。

◆ Fill Amount: 填充的进度。从 0 到 1, 当值为 0 时, 图片将不会显示; 当值为 1 时，图片全部显示出来。例如，选择水平方向填充，填充的起点为左边，从 0 到 1 拖动进度值时，图片就会从左到右慢慢显示出来。

◆ Preserve Aspect：确保图片以原始比例显示。

◆ Set Native Size：设置图片为原始大小。

3.1.3 基础控件 Button

"Button"是场景使用频率非常高的可交互性控件，其创建方式是在 Hierarchy 面板中单击"Create"→"UI"→"Button"。创建好之后，可以看到在"Canvas"下多了一个名为"Button"的物体，在其属性面板中有"Image（Script）"和"Button（Script）"组件。在"Button"物体下还有一个子物体"Text"，在其属性面板中有"Text（Script）"组件。可以理解为"Button"控件是由一个"Image"控件、一个"Text"控件以及可交互的组件"Button（Script）"组成的，如图 3-8 所示。

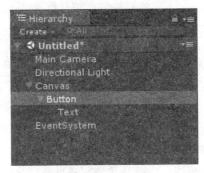

图 3-8 Button 组件

"Image（Script）"组件和"Text（Script）"组件在之前的内容中已经介绍了一些，下面介绍"Button"控件的交互核心"Button（Script）"组件，如图 3-9 所示。

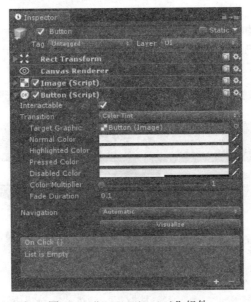

图 3-9 "Button（Script）"组件

- Interactable: 可交互性,若此复选框未被勾选,则 "Button（Script）"组件将不起作用。
- Transition: 过渡方式选项。
  - Color Tint: 颜色过渡。
    - Target Graphic: 改变颜色的目标图片,默认为同一物体上的 "Image（Script）"组件。
    - Normal Color: 当按钮处于一般状态下的颜色。
    - Highlighted Color: 高光颜色,即鼠标划过按钮时的颜色。
    - Pressed Color: 当按钮被按下时的颜色。
    - Disabled Color: 当按钮被禁用时的颜色,即取消勾选 "Interactable "时按钮的颜色。
    - Color Multiplier: 颜色的增强系数。
    - Fade Duration: 褪色持续的时间,即一种颜色到另一种颜色的时间。以秒为单位。
  - Sprite Swap: 不同的 Sprite 精灵图片之间切换过渡。
    - Highlighted Sprite: 鼠标划过时的按钮图片。
    - Pressed Sprite: 鼠标按下时的按钮图片。
    - Disabled Sprite: 按钮禁用时的按钮图片。
  - Animation: 播放不同的动画进行过渡。
    - Normal Trigger: 当按钮处于一般状态下的动画名称。
    - Highlighted Trigger: 高光颜色,即鼠标划过按钮时的动画名称。
    - Pressed Trigger: 当按钮被按下时的动画名称。
    - Disabled Trigger: 当按钮被禁用时的动画名称。
- Navigation: 不同可交互组件之间键盘导航切换设置,可以使用键盘中的方向键来选择控件。
  - None: 不使用键盘导航。
  - Horizontal: 水平导航。
  - Vertical: 垂直导航。
  - Automatic: 自动导航设置。
  - Explicit: 手动指定上下左右导航到的控件。
- Visualize: 在 Scene 视图中显示出控件之间的导航信息,如图 3-10 所示。

图 3-10　控件之间的导航

- On Click(): 按钮被单击时所触发的事件。在这里介绍三种使用的方法。

（1）通过编辑器指定需要实现的方法

步骤 01 在 Hierarchy 面板中新建一个 "Button"控件,方法为单击 "Create" → "UI" →

"Button"。

步骤 02 在 Project 面板中创建一个文件夹,名为"Scripts",方法为单击"Create"→"Folder",用来存放脚本。在文件夹中创建一个名称为"ButtonClickTest"的 C#脚本,创建方法为单击"Create"→"C# Script",如图 3-11 所示。

图 3-11 创建脚本

步骤 03 将"ButtonClickTest"脚本拖曳至新建的"Button"上面。

步骤 04 双击打开脚本,在该脚本中编写一段代码:

```csharp
using System.Collections;
using System.Collections.Generic;
using UnityEngine;

public class ButtonClickTest : MonoBehaviour {

    // Use this for initialization
    void Start () {

    }
    // Update is called once per frame
    void Update () {

    }
    public void ClickTest()
    {
        Debug.Log("使用第一种方法,按钮被单击了");
    }
}
```

我们新建了一个名为"ClickTest"的函数,其访问修饰符为"Public"(公有的)。在函数中有一条输出到控制台的命令,我们可以将其改为任意按钮被单击后想要执行的命令,例如打开车灯、更改图片等。若函数被执行,则在控制台中输出"使用第一种方法,按钮被单击了"的字样。现在需要思考的问题是按钮被单击之后怎么才能触发这个函数。

步骤 05 返回 Unity 编辑器,在"Button"属性面板中的"Button(Script)"属性中,单击"On Click()"栏下方的加号,如图 3-12 所示。

步骤 06 将"Button"拖曳到"On Click()"栏中的"None(Object)",单击"No Function"项,选择"ButtonClickTest"→"ClickTest()",如图 3-13 所示。这个步骤的含义

为：当发生单击事件后，执行"Button"这个物体上面的"ButtonClickTest"脚本中的"ClickTest()"函数。需要特别注意的是，在脚本编辑的过程中，"ClickTest()"函数的访问修饰符必须为"Public"（公共的），否则在指定执行函数时，列表中将不会罗列出来。

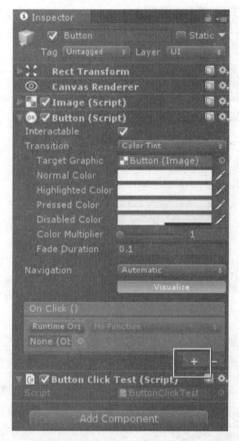

图 3-12　添加 OnClick 需要触发的内容

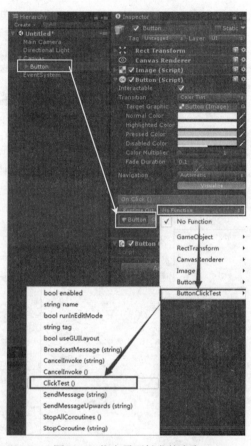

图 3-13　指定需要触发的内容

步骤 07 设置好需要执行的函数后，单击运行游戏，控制台就会输出如图 3-14 所示的内容。

图 3-14　输出的内容

（2）通过程序动态指定需要执行的内容

步骤 01 创建一个新的"Button"控件。

步骤 02 新建一个名为"ButtonClickTwo"的 C#脚本，并把这个脚本拖曳到新建的"Button"控件上。

步骤 03 双击打开脚本，在该脚本中编写一段代码：

```
using UnityEngine;
```

```
using UnityEngine.UI;

public class ButtonClickTwo : MonoBehaviour {

    private Button Btn;

    void Start () {

        //获取 Btn
        Btn = this.GetComponent<Button>();
        //为 Btn 的单击添加一个监听
        Btn.onClick.AddListener(ButtonClick);
    }

    private void ButtonClick()
    {
        Debug.Log("使用第二种方法，按钮被单击了");
    }
}
```

①我们声明了一个私有的"Button"变量"Btn"，引入"Button"所在的命名空间"using UnityEngine.UI;"。在 Start()函数中为"Btn"赋值，赋值的方式为"this.GetComponent<Button>()"。其含义为在这个脚本所挂载的物体上获取"Button"组件。

②为"Btn"添加一个监听事件，指定按钮被单击后需要执行的方法"Btn.onClick.AddListener(ButtonClick)"。在程序中，"ButtonClick()"就是单击按钮后需要执行的方法。

步骤 04 保存脚本，返回 Unity 编辑器。单击运行游戏，控制台就会输出如图 3-15 所示的内容。

图 3-15 输出的内容

（3）通过实现接口的方式实现

步骤 01 创建一个新的"Button"控件。

步骤 02 新建一个名为"ButtonClickThree"的 C#脚本，并把这个脚本拖曳到新建的"Button"控件上。

步骤 03 双击打开脚本，在该脚本中编写一段代码：

```
using System;
using System.Collections;
using System.Collections.Generic;
```

```
using UnityEngine;
using UnityEngine.EventSystems;
public class ButtonClickThree : MonoBehaviour,IPointerClickHandler {

    public void OnPointerClick(PointerEventData eventData)
    {
        Debug.Log("使用第三种方法，按钮被单击了");
    }
}
```

在脚本中添加接口"IPointerClickHandler"，并添加接口的命名空间"using UnityEngine.EventSystems;"。然后实现接口（可以通过快捷键 Ctrl+.的方式快速实现接口），也就是"OnPointerClick"函数，即可往这个函数内添加需要操作的命令。

当按钮被单击时就会触发"OnPointerClick"函数。

步骤 04 保存脚本，返回 Unity 编辑器。单击运行游戏，控制台就会输出如图 3-16 所示的内容。

图 3-16　输出的内容

3.1.4　基础控件 Toggle

"Toggle"控件也是场景中使用频率很高的一个可交互的控件。按照字面意思解释为"开关、触发器"，但是在场景中能做的不仅仅是这些，比如能够利用其特性制作多个状态按钮之间的切换等。

先创建一个"Toggle"，在 Hierarchy 面板中单击"Create"→"UI"→"Toggle"，在"Canvas"的子物体中就能看见名为"Toggle"的控件。在图 3-17 中能够看到"Toggle"控件由三部分组成，第一部分是"Toggle"自身的"Toggle（Script）"组件，第二部分是复选框"Background"，第三部分是负责显示文字的"Label"。

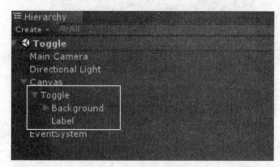

图 3-17　Toggle 控件

在"Toggle"控件中，最重要的组成部分是自身的"Toggle（Script）"组件，如图 3-18 所示。组件中有一些参数在介绍"Button"控件时已经讲过，这里就不再重复。下面介绍"Toggle

（Script）" 所特有的一些参数。

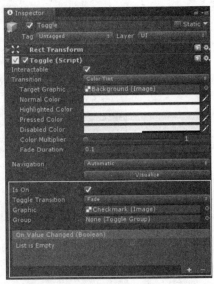

图 3-18　"Toggle（Script）" 组件

- Is On：控件当前是否为选中状态。
- Toggle Transition：切换过渡方式。
  - None：没有切换效果。
  - Fade：切换时，"Graphic" 指定的内容淡入淡出。
- Graphic：指定一个 "Image" 作为复选框的图片。
- Group：为此控件指定一个带有 "Toggle Group" 组件的物体。若将此控件加入组中，则控件将处于该组的控制之下。在同一个组中，只能有一个 "Toggle" 控件处于选中状态。

步骤 01　在 "Canvas" 的层级下，新建一个 "Create Empty" 空物体并改名为 "Group"。

步骤 02　在空物体的属性面板中，通过 "Add Component" 添加一个名为 "Toggle Group" 的组件，如图 3-19 所示。

图 3-19　"Toggle Group"

步骤 03 在空物体"Group"的层级下，新建两个"Toggle"组件，如图 3-20 所示。

步骤 04 选中两个"Toggle"，在其"Toggle（Script）"组件中的"Group"中，选择新建的空物体"Group"，如图 3-21 所示。

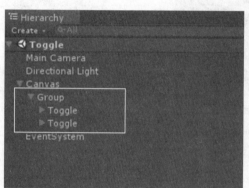

图 3-20　新建 Toggle 组件

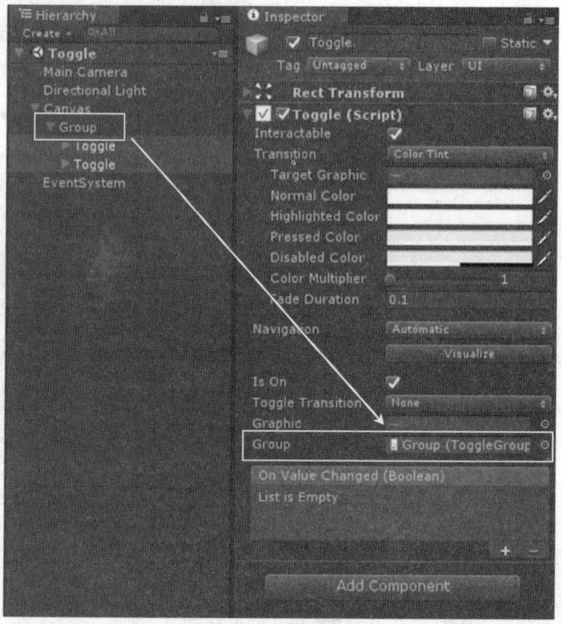

图 3-21　指定 Group

步骤 05 将第二个"Toggle"组件属性中"Toggle（Script）"组件的"Is On"取消勾选，默认为未选中状态。

步骤 06 运行程序，会发现第一个"Toggle"为选中状态，第二个为未选中状态。若单击第二个"Toggle"，则第二个"Toggle"将会为选中状态，而第一个"Toggle"变为未选中状态。

在"Toggle Group"组件中，除了能控制"Toggle"选中状态的单一性之外，还能让组中"Toggle"都处于不被选中的状态，如图 3-22 所示。若勾选"Allow Switch Off"（是否允许关闭）复选框，则单击当前已被选中的"Toggle"将会被设为未选中状态；若不勾选此复选框，则单击当前已被选中的"Toggle"将还是被选中状态，不会有什么改变。

图 3-22　Toggle Group

- On Value Changed（Boolean）：当"Toggle"的状态发生改变时触发的事件。这里事件的添加分为通过手动指定需要触发的事件和从程序动态地添加需要触发的事件两种情况。手动指定触发事件的方法与"Button"指定触发事件的方法类似，就不多做介绍了，这里介绍一下动态添加的方法。

步骤 01 新建一个名为"SetToggle"的 C# 脚本，拖曳到 Hierarchy 面板中之前创建的"Toggle"控件上。

步骤 02 双击打开脚本，在该脚本中编写一段代码：

```
using System;
using System.Collections;
using System.Collections.Generic;
using UnityEngine;
//Toggle 所在的命名空间
using UnityEngine.UI;
public class SetToggle : MonoBehaviour {
    /// <summary>
    ///  Toggle
    /// </summary>
    private Toggle toggle;
    /// <summary>
    ///  声明一个字符串，用以记录 Toggle 的状态
    /// </summary>
    private string toggleState;
    void Start()
    {
        //指定 Toggle
        toggle = this.GetComponent<Toggle>();
        //动态添加事件
        //当 Toggle 的状态发生改变时触发 ToggleChanged 函数
        toggle.onValueChanged.AddListener(ToggleChanged);
    }
    /// <summary>
    /// Toggle 状态改变时被触发
    /// </summary>
    /// <param name="arg0">当前 Toggle 的状态，true 为被选中，false 为未选中</param>
    private void ToggleChanged(bool arg0)
    {
        //三元表达式
        //若 arg0 为 true，则 toggleState= "被选中"
        //若 arg0 为 false，则 toggleState= "未被选中"
        toggleState = arg0 ? "被选中" : "未被选中";
        //控制台输出
        Debug.Log("当前 Toggle 的状态为  " + toggleState);
    }
}
```

步骤 03 保存脚本，返回 Unity 编辑器。单击运行游戏，在场景视图中单击脚本所挂载的"Toggle"组件，控制台就会输出如图 3-23 所示的内容。

图 3-23　输出的内容

3.1.5　基础控件 Slider

"Slider"滑动条控件是 Unity 中一种可交互的控件，如图 3-24 所示。用户通过拖动鼠标来选择预定范围内的数值。可以利用这个控件在程序中实现调整音量大小、难度设置等功能。

图 3-24　"Slider"控件

"Slider"控件的创建方式为在 Hierarchy 面板中单击"Create"→"UI"→"Slider"，在"Canvas"的子物体中就能看见名为"Slider"的控件。在图 3-25 中能够发现"Slider"是由四部分组成的，第一部分是"Slider"自身，第二部分是滑动条的背景图片，第三部分是为滑动条滑动后的填充部分，第四部分为滑动条的控制手柄。

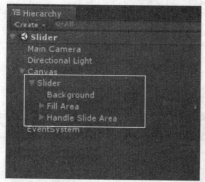 

图 3-25　进度条展示

我们就"Slider"控件属性中核心的"Slider（Script）"组件进行重要参数的说明，如图 3-26 所示。

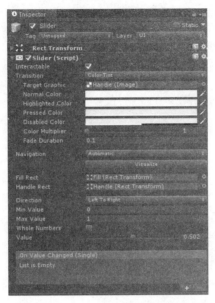

图 3-26 "Slider（Script）"组件

- Fill Rect：填充的图形，用作滑动条填充区域的图形。
- Handle Rect：手柄的图像，用作滑动条手柄的图形。
- Direction：滑动条的方向。
  - Left To Right：从左到右滑动。
  - Right To Left：从右到左滑动。
  - Bottom To Top：从下到上滑动。
  - Top To Bottom：从上到下滑动。
- Min Value：最小值，例如滑动方向为默认的从左到右，滑动条的控制手柄处于最左侧时的值。
- Max Value：最大值，例如滑动方向为默认的从左到右，滑动条的控制手柄处于最右侧时的值。
- Whole Numbers：是否为整数值。当被限制为整数时，滑动条将以整数值调整。
- Value：当前控制手柄的数值，最左端为 Min Value，最右端为 Max Value。这个数值可以控制手柄的位置，通过控制手柄也可以控制该数值。
- On Value Changed（Single）：当手柄滑动产生数值变化时触发的事件。可以通过手动指定触发内容和通过程序动态指定触发内容。这里以动态指定为例进行介绍，操作如下：

步骤 01 新建一个名为 "SetSlider" 的 C#脚本，拖曳到 Hierarchy 面板中之前创建的 "Slider" 控件上。

步骤 02 双击打开脚本，在该脚本中编写一段代码：

```
using System;
using System.Collections;
using System.Collections.Generic;
using UnityEngine;
```

```
//Slider 组件所在的命名空间
using UnityEngine.UI;

public class SetSlider : MonoBehaviour {
    /// <summary>
    /// 声明一个 Slider
    /// </summary>
    private Slider slider;
     void Start ()
    {
        // 指定 Slider
        slider = this.GetComponent<Slider>();
        //动态添加事件
        //当 Slider 的数值发生改变时触发 OnValueChanged 函数
        slider.onValueChanged.AddListener(OnValueChanged);
     }
    /// <summary>
    /// 数值发生改变时执行
    /// </summary>
    /// <param name="arg0">当前 Slider 的数值</param>
    private void OnValueChanged(float arg0)
    {
        Debug.Log("当前滑动条的数值为 " + arg0);
    }
}
```

步骤 03 保存脚本，返回 Unity 编辑器。单击运行游戏，在场景视图拖动 "Slider" 组件的控制手柄，控制台就会输出如图 3-27 所示的内容。

图 3-27 输出的内容

3.1.6 基础控件 InputField

"InputField"输入域控件是 Unity 中与用户交互的重要手段,可以提供文本输入功能,如图 3-28 所示。我们可以利用这个控件在程序中实现用户的登录、聊天等功能。

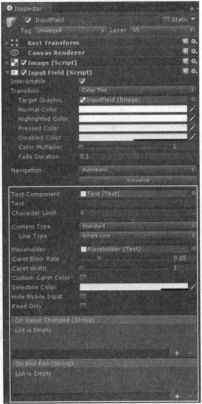

图 3-28 "InputField"控件

"InputField"的创建方式为在 Hierarchy 面板中单击"Create"→"UI"→"InputField",在"Canvas"的子物体中就能看见名为"InputField"的控件。在图 3-29 中能够发现"InputField"是由三部分组成的,第一部分是"InputField"自身,第二部分是默认文字,如图 3-28 所示的"Enter text...",第三部分是用户输入的文字"Text"。

在"InputField"控件中,两个负责显示文字的子物体"Placeholder"与"Text"都属于"Text"控件类型,在之前已经讲过,这里不再重复。最重要的是自身的"InputField(Script)"组件,如图 3-30 所示。下面讲讲该组件所特有的参数与使用方法。

● Text Component: 文本组件,用于显示输入的文字信息的组件。
● Text: 文本,用户输入的文字信息。
● Character Limit: 字数限制,控制用户可以输入的字数。当"Character Limit"为 0 时,表示字数将不受限制。

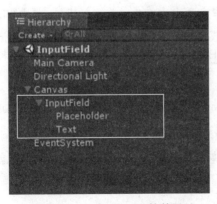

图 3-29 "InputField"控件展示　　　图 3-30 "InputField(Script)"组件

- Content Type: 内容的类型，定义用户输入文本的类型。
    - Standard: 标准类型，任何字符都可以输入。
    - Autocorrected: 自动校正类型。
    - Integer Number: 整数类型，仅允许输入整数。
    - Decimal Number: 十进制类型，仅允许输入整数和小数。
    - Alphanumeric: 字母数字类型，仅允许输入字母和数字，符号与中文都不能输入。
    - Name: 名字类型，此类型下输入的第一个字母将会被大写。
    - Email Address: 邮箱地址类型，在此类型下只允许输入数字、字母以及最多一个 @符号且不能输入中文。
    - Password: 密码类型，此类型下输入的所有文字信息将用 "*" 号隐藏，如图 3-31 所示。

图 3-31　密码类型

    - Pin: 在此类型下，仅允许输入整数，并且输入的整数将用 "*" 号隐藏。
    - Custom: 自定义类型。
- Line Type: 换行方式。
    - Single Line: 所有输入的文本都在一行。
    - Multi Line Submit: 允许输入的文本多行显示，当文本超出边界时换行。
    - Multi Line NewLine: 允许输入的文本多行显示，当文本超出边界时换行或者当用户使用 "Enter" 键时换行。
- Placeholder: 占位符，这是一个由用户指定的 "Text（Script）" 组件类型。可以用以提醒用户这个文本输入框需要输入的内容。当用户输入文本后，占位符中的内容将会消失。
- Caret Blink Rate: 定位符闪烁率，指定位符闪烁的速度，用来提醒用户输入文本。数值越大，闪烁频率越快。
- Caret Width: 定位符宽度，指定位符显示的宽度，数值越大，定位符越宽。
- Custom Caret Color: 是否自定义定位的颜色。
- Selection Color: 指定选择输入文本的背景颜色。
- Hide Mobile Input: 隐藏移动输入，当用户输入时，在屏幕键盘中不显示已输入的文本。
- Read Only: 控件是否为只读控件。
- On Value Changed(String): 当 "InputField" 中文本发生变化时触发的事件，其中 "String" 为文本中内容。
- On End Edit（String）: 当用户输入完毕按 Enter 键提交时或 "InputField" 组件未被选中时所触发的事件，其中 "String" 为文本中的内容。

On Value Changed（String）与 On End Edit（String）均可通过手动指定触发内容和通过程序动态指定触发内容。这里以动态指定为例进行介绍，操作如下：

步骤 01 新建一个名为 "SetInputField" 的 C#脚本，拖曳到 Hierarchy 面板中之前创建的 "InputField" 控件上。

步骤 02 双击打开脚本，在该脚本中编写一段代码：

```
using System;
using System.Collections;
using System.Collections.Generic;
using UnityEngine;
//InputField 所在的命名控件
using UnityEngine.UI;

public class SetInputField : MonoBehaviour {
    /// <summary>
    /// InputField
    /// </summary>
    private InputField inputField;
     void Start ()
    {
        //指定 InputField
        inputField = this.GetComponent<InputField>();

        //动态添加事件

        //当输入的值发生改变时触发 OnValueChanged 函数
        inputField.onValueChanged.AddListener(OnValueChanged);
        //当完成输入时触发 OnEndEdit 函数
        inputField.onEndEdit.AddListener(OnEndEdit);
     }
    /// <summary>
    /// 当完成输入时触发
    /// </summary>
    /// <param name="arg0">用户输入的文本内容</param>
    private void OnEndEdit(string arg0)
    {
        Debug.Log("OnEndEdit  "+arg0);
    }
    /// <summary>
    /// 当用户输入时触发
    /// </summary>
    /// <param name="arg0">用户输入的文本内容</param>
    private void OnValueChanged(string arg0)
    {
        Debug.Log("OnValueChanged    "+arg0);
    }
}
```

步骤 03 保存脚本，返回 Unity 编辑器。单击运行游戏，在场景视图中的"InputField"组件内输入"Unity"字样，控制台就会输出如图 3-32 所示的内容。

图 3-32　输出的内容

3.2　UGUI 开发登录界面

3.2.1　登录界面介绍

通过 3.1 节的学习，对 Unity 的 UGUI 界面有了一定的认识。在本节中通过一个实际案例深入学习 UGUI 系统。这个案例就是经常用到的登录界面，如图 3-33 所示。本案例中所用的所有 UI 资源及工程文件均可从本书提供的下载资源中获取。

在登录界面中设置了三种登录的方式，分别为账号密码登录、游客登录以及扫描二维码登录，如图 3-34 所示。二维码登录的方式为：扫描登录背景右上方的二维码图标进行页面的跳转。

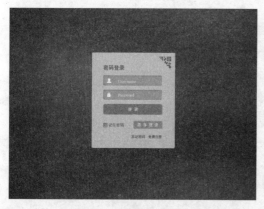

图 3-33　登录界面

图 3-34　二维码登录界面

在二维码登录页面中，需要实现的功能相对比较容易。

在密码登录页面中，需要实现的功能有：

- 账号、密码的输入以及选中时的高亮效果。
- 验证输入的账号密码是否匹配，并做弹窗提醒。
- "记住密码"复选框的创建。
- 若为游客登录，则创建游客登录须知界面。
- 创建"忘记密码""免费注册"按钮以及控制台输出。
- 切换到二维码登录界面。

从以上的功能分析中得出制作方法，可以把整个界面分为 4 个模块：

- 界面背景。
- 密码登录界面。
- 游客登录须知弹出框。
- 二维码登录界面。

3.2.2 创建登录界面背景

在 3.2.1 小节已经分析了界面中的几个模块，本节就从背景的创建开始制作。

步骤 01 新建一个名为"UISample"的工程。

步骤 02 将下载资源"3/3.2"文件夹中名为"UI"的文件夹放入工程文件的"Asset"文件夹内，并将"UI"文件夹内所有贴图的属性设置为"Sprite（2D and UI）"。

步骤 03 在 Unity 编辑器的"Project"面板中新建一个名为"Scenes"的文件夹，用来存放场景。

步骤 04 保存当前场景，方式为单击菜单栏中的"File"→"Save Scenes"，快捷键为 Ctrl+S，将场景命名为"LoginUI_1"并存入新建的"Scenes"文件夹内。

步骤 05 在"Game"视图中，设置显示比例为 16:9，如图 3-35 所示。

步骤 06 在"Hierarchy"面板中创建一个"Image"控件作为整个界面的背景，并命名为"BG_01_Image"。将其属性中"Image（Script）"组件的"Source Image"指定为"BG_01"图片。

步骤 07 将"Rect Transform"组件中的"Anchor Presets"锚点预设，设置为自适应全屏。其设置方法为，单击"Anchor Presets"锚点预设图标，在弹出的界面中按住 Alt 键，单击右下角的自适应全屏，如图 3-36 所示。

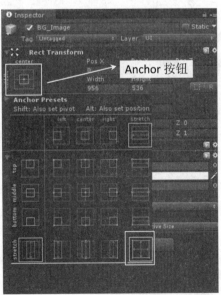

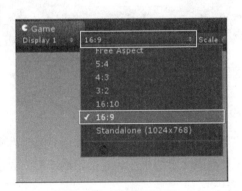

图 3-35　设置显示比例　　　　　图 3-36　设置 Anchor 模式

步骤 08 在"Hierarchy"面板中创建一个名为"BG_02_Image"的"Image"控件，并设置为"BG_01_Image"控件的子物体。此时的层级关系如图 3-37 所示，此控件可以作为登录窗口背景。将其属性中"Image（Script）"组件的"Source Image"指定为"BG_02"图片，将"Image Type"设置为"Sliced"（切片模式）。

步骤 09 在"Project"中找到名为"BG_02"的图片。在其属性面板中单击"Sprite Editor"对图片进行切片处理，其处理结果如图 3-38 所示。在制作 UI 的过程中会反复使用到这种切片的方式，这样的好处在于原始图片的尺寸一般比较小，而且切片出来的图片能够在不同的地方使用，可重复性非常强，避免了资源的浪费。

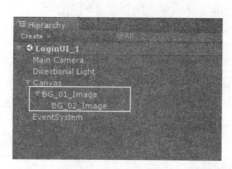

图 3-37　层级关系

图 3-38　切片

步骤 10 在"BG_02_Image"控件的"Rect Transform"组件中设置其组件的大小为"250×285"，如图 3-39 所示。

将以上步骤完成之后，在"Game"视窗内的效果如图 3-40 所示，界面中的背景部分已经完成。

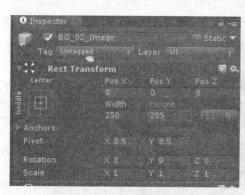

图 3-39　设置组件尺寸

图 3-40　效果展示

3.2.3　创建用户名与密码界面

在 3.2.2 小节中已经创建了登录界面的背景。根据 3.2.1 小节的分析，把登录界面分为 4 个模块。现在介绍第二个密码登录模块，模块中包含登录界面中的用户名、密码输入框、登录按钮与记住密码的复选框。

步骤 01 在 "Hierarchy" 面板中创建一个 "Empty" 空物体。把空物体命名为 "PassWordPage"，并设置为 "Canvas" 的子物体。将其属性 "Rect Transform" 组件中的 "Anchor Presets" 进行锚点预设，设置为自适应全屏。

步骤 02 创建一个 "InputField" 文本输入框，用以输入用户名，命名为 "UserName"，并设置为空物体 "PassWordPage" 的子物体。

步骤 03 设置 "UserName" 控件的位置及大小信息，设置参数如图 3-41 所示。

步骤 04 选择 "UserName" 控件属性中 "Image（Script）" 的 "Source Image" 为图片 "InputFieldBackground"，"Color" 颜色值为 "R:138，G:146，B:163，A:255"，"Image Type" 为 Sliced。

步骤 05 设置 "UserName" 控件属性中 "InputField（Script）" 的 "Highlighted Color" 与 "Pressed Color" 颜色值为 "R:138，G:146，B:163，A:255"。

步骤 06 设置 "UserName" 的子物体 "Placeholder" 的位置及大小信息，设置参数如图 3-42 所示，并设置其 "Text（Script）" 属性中 "Text" 内容为 "UserName"，用以显示输入框的默认提示信息。

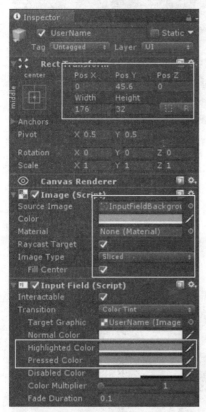

图 3-41　设置 "UserName"

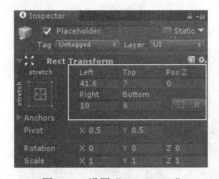

图 3-42　设置 "Placeholder"

步骤 07 设置 "UserName" 的子物体 "Text" 的位置及大小信息，设置参数与 "Placeholder" 物体一致。

步骤 08 创建一个 "Image" 控件，命名为 "Icon"，并设置为 "UserName" 物体的子物体，用以显示输入框的提示图片。设置其属性 "Image（Script）" 中的 "Source Image"

为名为"UserName_Icon"的图片，并设置控件的大小及位置信息，如图 3-43 所示。

步骤 09 创建一个"Image"控件，命名为"Line"，并设置为"UserName"物体的子物体，用以分割提示图片与输入框的文字。设置其属性"Image（Script）"中的"Source Image"为名为"Input_01"的图片，"Color"为"R:0，G:0，B:0，A:255"的纯黑色，并设置控件的大小及位置信息，如图 3-44 所示。

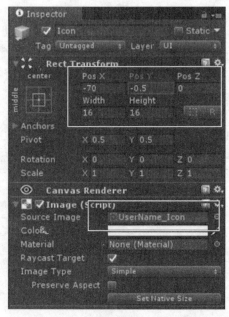

图 3-43　设置"Icon"

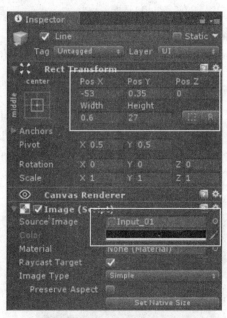

图 3-44　设置"Line"

截至这一步，用户名输入框的内容已经完成，在"Hierarchy"面板中的层级如图 3-45 所示。

步骤 10 创建密码输入框，其实密码输入框与用户名输入框的样式一样。我们可以选中"UserName"物体，按 Ctrl+D 组合键复制一份出来，重命名为"PassWord"，设置属性"InputField（Script）"中"Content Type"的类型为"Password"，用"*"来代替显示用户输入的密码信息，并设置密码输入框的位置信息，参数如图 3-46 所示。

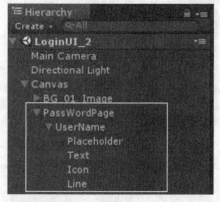

图 3-45　层级展示

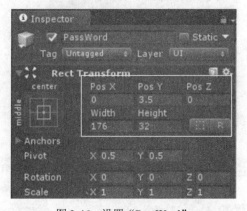

图 3-46　设置"PassWord"

步骤 11 更改输入框的默认提示信息，设置"PassWord"的子物体"Placeholder"属性中"Text

（Script）"组件的"Text"内容为"PassWord"。

步骤 12 更改输入框的提示图片，设置"PassWord"的子物体"Icon"属性中"Image（Script）"组件中的"Source Image"为"Password_Icon"图片。

步骤 13 创建登录的按钮，在"Hierarchy"面板中创建一个"Button"控件，设置为"PassWordPage"的子物体并命名为"Login_Btn"，将其"Image（Script）"组件中的"Source Image"设置为"UISprite"，将"Color"按钮颜色设置为"R:49，G:108，B:159，A:255"，并设置控件的大小及位置信息，设置参数如图 3-47 所示。

步骤 14 设置按钮的显示文字，选择"Login_Btn"的子物体"Text"，设置其"Text（Script）"组件中的"Text"内容为"登录"。"Alignment"文字对齐方式为上下居中、左右居中对齐，如图 3-48 所示。

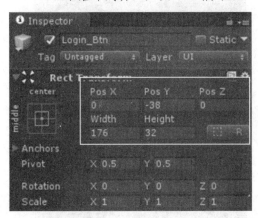

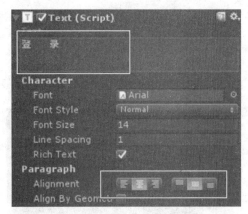

图 3-47 设置"Login_Btn"　　　　图 3-48 设置"Login_Btn"的子物体 Text 的 Text 组件

步骤 15 创建记住密码的复选框，在"Hierarchy"面板中创建一个"Toggle"控件，设置为"PassWordPage"的子物体，并调整控件的大小及位置信息，设置参数如图 3-49 所示。

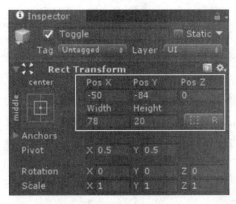

图 3-49 设置"Toggle"

步骤 16 选择"Toggle"的子物体"Background"，并设置属性中的"Image（Script）"组件的"Color"（颜色）为"R:47，G:104，B:153，A:255"。

步骤 17 选择"Toggle"的子物体"Label"，并设置属性中"Text（Script）"组件的"Text"内容为"记住密码"。

步骤 18 创建本页的标题显示文字，在 "Hierarchy" 面板中创建一个 "Text" 控件，命名为 "Title"，设置为 "PassWordPage" 的子物体，调整控件的大小及位置信息，设置参数如图 3-50 所示，并设置属性中的 "Text（Script）" 组件的 "Text" 内容为 "密码登录"。

步骤 19 创建游客登录按钮，在 "Hierarchy" 面板中找到并复制 "Login_Btn" 物体，命名为 "GuestLogin_Btn"。将其 "Image（Script）" 组件中的 "Color" 按钮颜色设置为 "R:117，G:178，B:231，A:255"，并设置控件的大小及位置信息，设置参数如图 3-51 所示。设置其子物体 "Text" 属性 "Text（Script）" 中的 "Text" 文本的显示内容为 "游客登录"，"Font Size"（字体大小）为 10。

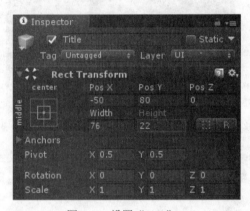

图 3-50 设置 "Title"

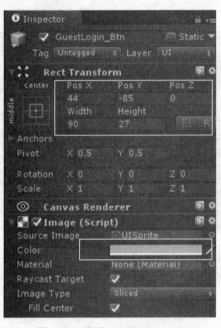

图 3-51 设置 "GuestLogin_Btn"

步骤 20 创建免费注册的按钮，在 "Hierarchy" 面板中创建一个 "Text" 控件，命名为 "Register"，设置为 "PassWordPage" 的子物体。在 "Register" 属性面板中添加 "Button" 组件，调整控件的大小及位置信息，设置参数如图 3-52 所示。设置 "Text（Script）" 组件中的 "Text" 显示内容为 "免费注册"，对齐方式为 "左右居中、上下居中" 对齐，"Color"（颜色）为纯黑色，"Font Size"（字体大小）为 10。

步骤 21 创建忘记密码的按钮，在 "Hierarchy" 面板中找到并复制 "Register" 物体，命名为 "ForgetPwd"，设置 "Text（Script）" 组件中的 "Text" 显示内容为 "忘记密码"，调整控件的大小及位置信息，设置参数如图 3-53 所示。

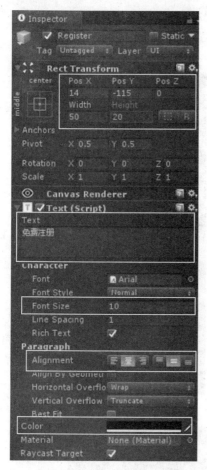

图 3-52 设置"Register"

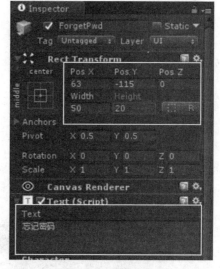

图 3-53 设置"ForgetPwd"

步骤 22 创建切换到二维码登录界面的按钮,在"Hierarchy"面板中创建一个"Button"控件,设置为"PassWordPage"的子物体并命名为"SwitchToQRCodePage",将其"Image(Script)"组件中的"Source Image"设置为"Switch_QR",并设置控件的大小及位置信息,设置参数如图 3-54 所示。在其属性中添加"Button"组件。

到这步,密码登录模块已经制作完毕,在"Hierarchy"面板中的层级关系如图 3-55 所示。在"Game"视图中的显示效果如图 3-56 所示。

图 3-54　设置"SwitchToQRCodePage"

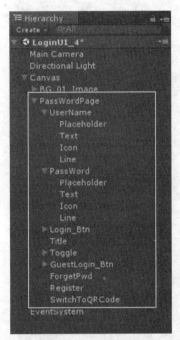

图 3-55　展示层级关系

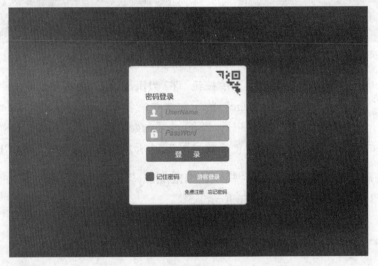

图 3-56　界面展示

3.2.4　验证用户名与密码

在 3.2.3 小节中，已经创建好密码登录的页面，其中包括账号输入框、密码输入框、登录按钮与记住密码的复选框。在本小节中将进行单击登录按钮后用户名与密码的验证工作。

步骤 01 创建用于存放脚本的文件夹，在"Project"面板中创建"Folder"并命名为"Scripts"。

步骤 02 创建用于控制登录的脚本，在"Project"面板中创建"C# Script"，命名为
"LoginControl"。将该脚本放入"Scripts"文件夹内，并拖曳到"Hierarchy"面
板中的"PassWordPage"物体上。

步骤 03 预设正确的用户名和密码，编辑"LoginControl"脚本，双击打开该脚本。

```
using System.Collections;
using System.Collections.Generic;
using UnityEngine;

public class LoginControl : MonoBehaviour
{
    /// <summary>
    /// 预设用户名
    /// </summary>
    public string UsernameStr;
    /// <summary>
    /// 预设密码
    /// </summary>
    public string PasswordStr;
}
```

步骤 04 在"Hierarchy"面板中选择"PassWordPage"物体，并在"LoginControl"组件中
输入我们需要预设的"UsernameStr"用户名与"PasswordStr"密码。这里设置用
户名为"Unity"、密码为"123"，如图 3-57 所示。

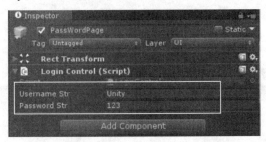

图 3-57 设置"PassWordPage"脚本

步骤 05 判断输入的用户名和密码是否与预设的一致，继续编辑"LoginControl"脚本。

```
using System;
using System.Collections;
using System.Collections.Generic;
using UnityEngine;
using UnityEngine.UI;

public class LoginControl : MonoBehaviour
{
    /// <summary>
```

```
/// 预设用户名
/// </summary>
public string UsernameStr;
/// <summary>
/// 预设密码
/// </summary>
public string PasswordStr;
/// <summary>
/// 登录按钮
/// </summary>
public Button LoginButton;
/// <summary>
/// 账号输入框
/// </summary>
public InputField UsernameInput;
/// <summary>
/// 密码输入框
/// </summary>
public InputField PasswordInput;
/// <summary>
/// 注册按钮
/// </summary>
public Button RegisterBtn;
/// <summary>
/// 忘记密码按钮
/// </summary>
public Button ForgetPwdBtn;
/// <summary>
/// 程序运行时执行，只执行一次
/// </summary>
void Awake()
{
    //动态添加登录按钮单击后触发的函数 LogionBtnClick
    LoginButton.onClick.AddListener(LogionBtnClick);
    //动态添加注册按钮单击后触发的函数 RegisterClick
    RegisterBtn.onClick.AddListener(RegisterClick);
    //动态添加忘记密码按钮单击后触发的函数 RegisterClick
    ForgetPwdBtn.onClick.AddListener(ForgetPwdClick);
}
/// <summary>
/// 单击忘记密码时触发
/// </summary>
private void ForgetPwdClick()
{
```

```
        Debug.Log("忘记密码");
    }
    /// <summary>
    /// 单击注册时触发
    /// </summary>
    private void RegisterClick()
    {
        Debug.Log("免费注册");
    }
    /// <summary>
    /// 每一帧都会执行
    /// </summary>
    void Update()
    {
        //判断用户名、密码的输入框内容是否为空

        //如果用户名输入框及密码输入框中均输入了内容
        if (!String.IsNullOrEmpty(UsernameInput.text)
&& !String.IsNullOrEmpty(PasswordInput.text))
        {
            //打开登录按钮的可交互性，此时登录按钮可以单击
            LoginButton.interactable = true;
        }
        //用户名输入框或者密码输入框内容为空
        else
        {
            //关闭登录按钮的可交互性，此时登录按钮不可被单击
            LoginButton.interactable = false;
        }
    }
    //当用户单击登录按钮时执行这个函数
    private void LogionBtnClick()
    {
        //判断用户名输入框及密码输入框内容是否与预设内容一致

        //如果一致
        if (UsernameInput.text == UsernameStr && PasswordInput.text == PasswordStr)
        {
            //控制台输出"登录成功"
            Debug.Log("登录成功");
        }
        //如果不一致
        else
        {
```

```
            //控制台输出"你输入的密码和账户名不匹配"
            Debug.LogError("你输入的密码和账户名不匹配");
        }
    }
}
```

步骤 06 指定 "PassWordPage" 物体属性中 "LoginControl" 组件的 "Login Button" （登录按钮）、 "Username Input" （用户名输入框）、 "Password Input" （密码输入框）、 "Register Btn" （免费注册按钮）、 "ForgetPwd Btn" （忘记密码按钮）这几个参数，如图 3-58 所示。

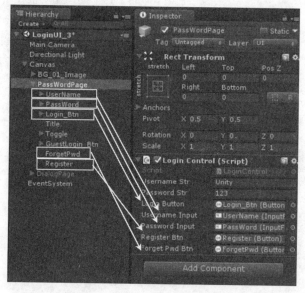

图 3-58 设置 "LoginControl" 脚本

步骤 07 验证脚本程序是否正确。

● 运行程序，"Game" 视图中的登录按钮处于不可交互状态，按钮不能被单击，如图 3-59 所示。

● 当用户名输入框及密码输入框均有输入的内容时，登录按钮处于可交互状态，如图 3-60 所示。

图 3-59 不可交互

图 3-60 可交互

- 当输入的用户名或密码与预设不一致时，控制台输出错误，内容为"你输入的密码和账户名不匹配"，如图 3-61 所示。
- 当输入的用户名或密码与预设一致时，控制台输出"登录成功"，注意区分大小写，如图 3-62 所示。
- 单击免费注册时，控制台输出"免费注册"。
- 单击忘记密码时，控制台输出"忘记密码"。

图 3-61　不匹配　　　　　　　　　　图 3-62　登录成功

3.2.5　游客登录设置

现在很多游戏都设置有游客登录的选项。在这里我们设定，若使用游客登录，将弹出一个提示框，提示用户尽快绑定账号，以保证账号安全，如图 3-63 所示。

图 3-63　界面展示

步骤 01 创建一个 UI 拦截层，防止鼠标单击事件单击到弹出的提示框下层的按钮。这里创建拦截层的方式使用最简单的一种。创建一个全屏自适应的"Image"控件，对这个控件不用指定任何"Sprite"精灵。在"Hierarchy"面板中单击"Create"→"UI"→"Image"，将创建的 Image 控件命名为"DialogPage"并设置为"Canvas"的子物体。

步骤 02 设置"DialogPage"物体属性中"Rect Transform"组件的"Anchor Presets"（锚点预设）为全屏自适应，设置"Image（Script）"组件的"Color"（颜色）为（R:255，G:255，B:255，A:0），让"Image"不再显示。

步骤 03 创建提示框的背景图片，在"Hierarchy"面板中单击"Create"→"UI"→"Image"，将创建的背景图片命名为"Dialog_BG"并设置为"DialogPage"的子物体。

步骤 04 设置"Dialog_BG"物体属性"Image（Script）"组件中的"Source Image"为"Background"，并设置该物体的大小与位置，设置参数如图 3-64 所示。

步骤 05 创建弹出框的提示文字，在"Hierarchy"面板中单击"Create"→"UI"→"Text"，将提示文字命名为"Dialog_Tip"并设置为"DialogPage"的子物体。

步骤 06 设置"Dialog_Tip"物体属性"Text（Script）"组件中的"Text"文本内容为"提示：使用游客登录后，请尽快绑定一个账号，以保证账号安全。"，并设置该物体的大小与位置，设置参数如图 3-65 所示。

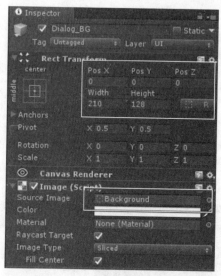

图 3-64 设置"Dialog"

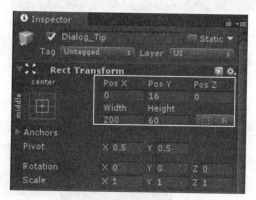

图 3-65 设置"Dialog_Tip"

步骤 07 创建游客登录按钮，复制"PassWordPage"物体中的子物体"Login_Btn"，将其设置为"DialogPage"的子物体，并命名为"Dialog_Login"。

步骤 08 设置"Dialog_Login"物体的大小与位置，设置参数如图 3-66 所示。

步骤 09 创建取消按钮，复制"Dialog_Login"并命名为"Dialog_Cancel"，然后设置该物体的大小与位置，设置参数如图 3-67 所示。设置其子物体"Text"属性"Text（Script）"的"Text"文本显示内容为"取消"。

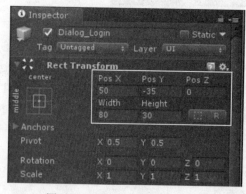

图 3-66 设置"Dialog_Login"

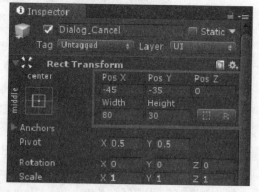

图 3-67 设置"Dialog_Cancel"

至此提示框制作完毕，在"Hierarchy"面板中的层级如图 3-68 所示。

图 3-68　展示层级关系

步骤 10　完成游客登录的功能。

● 将 "DialogPage" 物体设置为隐藏，在一般模式下不可见，如图 3-69 所示。

图 3-69　设置 "DialogPage" 状态

● 创建一个 C#脚本，命名为 "GuestLogin"，放入 "Scripts" 文件夹内，双击打开并编辑该脚本。

```csharp
using System;
using System.Collections;
using System.Collections.Generic;
using UnityEngine;
//UGUI 所在命名空间
using UnityEngine.UI;
public class GuestLogin : MonoBehaviour {
    /// <summary>
    /// 游客登录按钮
    /// </summary>
    private  Button guestloginBtn;
    /// <summary>
    /// 提示框
    /// </summary>
    public GameObject GuestLoginGo;
    /// <summary>
    /// 提示框中取消按钮
    /// </summary>
    public Button CancelBtn;
    /// <summary>
    /// 提示框中登录按钮
```

```
/// </summary>
public Button LoginBtn;
void Awake()
{
    // 指定游客登录按钮为本脚本所挂载物体自身的按钮
    guestloginBtn = this.GetComponent<Button>();
    // 当单击游客登录按钮时，触发 GuestLoginBtnClick 函数
    guestloginBtn.onClick.AddListener(GuestLoginBtnClick);
    // 当单击提示框中的取消按钮时，触发 CancelBtnClick 函数
    CancelBtn.onClick.AddListener(CancelBtnClick);
    // 当单击提示框中的登录按钮时，触发 LoginBtnClick 函数
    LoginBtn.onClick.AddListener(LoginBtnClick);
}
/// <summary>
/// 单击提示框中的登录按钮时，控制台输出"游客登录成功"
/// </summary>
private void LoginBtnClick()
{
    Debug.Log("游客登录成功");
}
/// <summary>
/// 单击提示框中的取消按钮时，隐藏提示框
/// </summary>
private void CancelBtnClick()
{
    GuestLoginGo.SetActive(false);
}
/// <summary>
/// 单击游客登录按钮时，显示提示框
/// </summary>
private void GuestLoginBtnClick()
{
    GuestLoginGo.SetActive(true);
}
}
```

● 将新建的"GuestLogin"脚本拖曳到"GuestLogin_Btn"物体上，并设置参数，设置内容如图 3-70 所示。

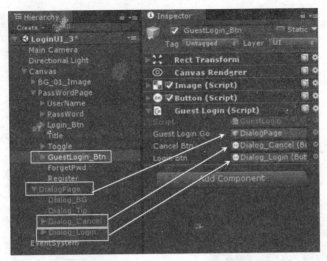

图 3-70　设置 "GuestLogin" 脚本

步骤 11 验证脚本程序是否正确。

● 运行程序，单击 "游客登录" 按钮，弹出提示框。
● 单击提示框中的 "登录" 按钮，控制台输出 "游客登录成功"。
● 单击提示框中的 "取消" 按钮，提示框将会被隐藏。
● 当提示框显示时，密码登录界面的按钮不可被单击。

3.2.6　创建二维码登录界面

前面已经创建了密码登录界面，并实现了密码登录的功能。本小节开始创建二维码的登录界面。

步骤 01 在 "Hierarchy" 面板中创建一个 "Empty"（空物体），把空物体命名为 "QRCodePage"，并设置为 "Canvas" 的子物体。将其属性 "Rect Transform" 组件中的 "Anchor Presets"（锚点预设）设置为自适应全屏。

步骤 02 创建二维码图片，在 "Hierarchy" 面板中创建一个 "Image"，设置为 "QRCodePage" 的子物体，并将这个 "Image" 命名为 "QRCode"。设置其属性 "Image（Script）" 中的 "Source Image" 为名为 "QRCode" 的图片，并设置控件的大小及位置信息，如图 3-71 所示。

步骤 03 创建切换到密码登录页面的按钮，在 "Hierarchy" 面板中创建一个 "Image"，设置为 "QRCodePage" 的子物体，并将这个 "Image" 命名为 "SwitchToPwd_Image"。设置其属性 "Image（Script）" 中的 "Source Image" 为名为 "Switch_Desktop" 的图片，设置控件的大小及位置信息，如图 3-72 所示，并在其属性面板中添加 "Button" 组件。

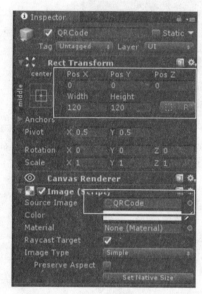

图 3-71　设置"QRCode"　　　　　　图 3-72　设置"SwitchToPwd_Image"

步骤 04　创建扫一扫的图标，在"Hierarchy"面板中创建一个"Image"，设置为"QRCodePage"
的子物体，并将这个"Image"命名为"QR"。设置其属性"Image（Script）"中
的"Source Image"为名为"QR_Icon"的图片。设置控件的大小及位置信息，如
图 3-73 所示。

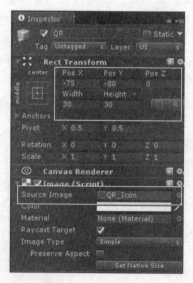

图 3-73　设置"QR"

步骤 05 创建扫一扫的文字描述，在"Hierarchy"面板中创建一个"Text"控件，命名为
"QR_Text"，设置为"QRCodePage"的子物体。设置其属性"Text（Script）"
中的"Text"显示文字内容为"扫一扫登录"，"Font Size"（字体大小）为11，
并设置控件的大小以及位置信息，如图3-74所示。

步骤 06 创建本页面的标题文字，在"Hierarchy"面板中创建一个"Text"控件，命名为"Title"，
设置为"QRCodePage"的子物体。设置其属性"Text（Script）"中的"Text"显
示文字内容为"手机扫码，安全登录"，"Font Size"（字体大小）为16，并设
置控件的大小及位置信息，如图3-75所示。

图3-74 设置"QR_Text"

图3-75 设置"Title"

步骤 07 创建二维码登录页面的免费注册按钮，在"Hierarchy"面板中找到并复制"Register"
物体，命名为"Register"，设置为"QRCodePage"
的子物体。

步骤 08 创建密码登录按钮，复制上一步中创建的
"Register"物体，命名为"SwitchToPwd_Text"。
设置属性中"Text（Script）"的"Text"显示
内容为"密码登录"，并设置控件的大小及位
置信息，如图3-76所示。

二维码登录界面制作完毕，在"Hierarchy"面板中的层
级关系如图3-77所示。在"Game"视图中的显示效果如图
3-78所示。

图3-76 设置"SwitchToPwd_Text"

| 图 3-77 层级展示 | 图 3-78 界面展示 |

3.2.7 二维码登录与密码登录切换

在前面几节中，界面已经被创建完成。本小节将制作二维码登录界面与密码登录界面之间的切换。

步骤 01 创建用于切换的脚本，在 "Project" 面板中创建 "C# Script"，命名为 "LoginType Switch"，将该脚本放入 "Scripts" 文件夹内。

步骤 02 编辑 "LoginTypeSwitch" 脚本，双击打开该脚本。

```csharp
using UnityEngine;
using UnityEngine.UI;

public class LoginTypeSwitch : MonoBehaviour
{
    /// <summary>
    /// 密码登录界面
    /// </summary>
    public GameObject PasswordPage;
    /// <summary>
    /// 二维码登录界面
    /// </summary>
    public GameObject QRCodePage;
    /// <summary>
    /// 切换到二维码的按钮
    /// </summary>
    public Button SwitchToQR;
    /// <summary>
    /// 切换到密码登录的图片按钮
    /// </summary>
    public Button SwitchToPwd_Image;
```

```
/// <summary>
/// 切换到密码登录的文字按钮
/// </summary>
public Button SwitchToPwd_Text;
void Start()
{
    //初始化时，隐藏二维码登录界面
    QRCodePage.SetActive(false);
    // 单击切换到密码登录的图片按钮时，触发 ShowPasswordPage 函数
    SwitchToPwd_Image.onClick.AddListener(ShowPasswordPage);
    // 单击切换到密码登录的文字按钮时，触发 ShowPasswordPage 函数
    SwitchToPwd_Text.onClick.AddListener(ShowPasswordPage);
    // 单击切换到二维码的按钮时，触发 ShowQRCodePage 函数
    SwitchToQR.onClick.AddListener(ShowQRCodePage);
}
/// <summary>
/// 切换到二维码页面
/// </summary>
private void ShowQRCodePage()
{
    //密码登录页面隐藏
    PasswordPage.SetActive(false);
    //二维码登录页面显示
    QRCodePage.SetActive(true);
}
/// <summary>
/// 切换到密码登录页面
/// </summary>
private void ShowPasswordPage()
{
    //二维码登录页面隐藏
    QRCodePage.SetActive(false);
    //密码登录页面显示
    PasswordPage.SetActive(true);
}
}
```

步骤 03 创建一个空物体，用以挂载切换脚本。在 "Hierarchy" 面板中创建一个 "Empty"，
命名为 "LoginTypeSwitch"，在属性面板中添加上一步创建的脚本。

步骤 04 设置脚本中涉及的参数，如图 3-79 所示。

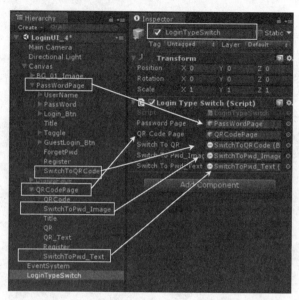

图 3-79　设置"LoginTypeSwitch"脚本

步骤 05 验证脚本程序是否正确。

- 运行程序，二维码登录界面被隐藏。
- 单击密码登录界面右上方的按钮后，如图 3-80 所示，密码登录界面被隐藏，二维码登录界面显示。
- 单击二维码登录界面中右上方的按钮或者右下方的密码登录文字，如图 3-81 所示。二维码登录界面将被隐藏，密码登录界面将显示。

图 3-80　密码界面

图 3-81　二维码登录界面

3.3　Unity 2D 开发 FlappyBird 案例

3.3.1　FlappyBird 简介及设计

FlappyBird 是一款操作功能简单但可玩度很高的游戏，在游戏中，玩家必须控制一只胖乎乎的小鸟跨越由各种不同长度水管所组成的障碍。上手容易，但是想通关却不简单。尽管没有精致的动画效果，没有有趣的游戏规则，没有众多关卡，却大火了一把，下载量突破 5000 万次。

操作指南：在 "FlappyBird" 这款游戏中，玩家只需要用鼠标左键来操控，单击屏幕，小鸟就会往上飞，不断地单击就会不断地往高处飞。若不单击，则会快速下降。所以玩家要控制小鸟一直向前飞行，然后注意躲避途中高低不平的管子。

- 在游戏开始后，单击屏幕，要记住需要有间歇地单击鼠标，不要让小鸟掉下来。
- 尽量保持平和的心情，点的时候不要下手太重，尽量注视着小鸟。
- 游戏的得分是，小鸟安全穿过一个柱子且不撞上就是 1 分。当然，撞上就直接结束游戏，只有一条命。

在本案例中需要实现的功能如下。

- 开始游戏的界面，如图 3-82 所示。单击图中的 "TAP" 按钮开始游戏。

图 3-82　开始界面展示

- 制作天空背景及地面背景的循环展示功能。
- 单击控制小鸟的飞行。
- 由程序动态添加水管障碍物，如图 3-83 所示。

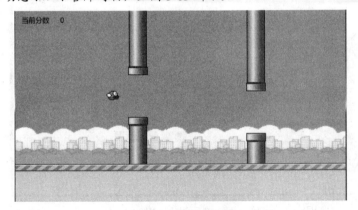

图 3-83　游戏过程展示

- 添加小鸟的分数以及死亡判断功能。
- 制作小鸟死亡、游戏结束的界面以及重新开始的功能，如图 3-84 所示。

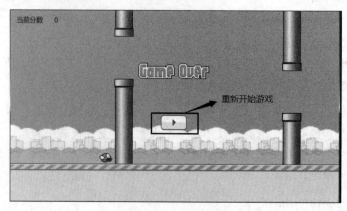

图 3-84　重新开始游戏

本案例旨在让读者了解 Unity 中的另一大功能——2D 游戏的制作，通过本案例可以学习：

- 动态控制材质球的 UV 运动。
- Sprite 的单击事件。
- 2D 碰撞体、2D 触发器、2D 刚体等的使用。
- Prefab 的制作及 Prefab 的动态加载。
- 场景的动态加载。

案例中所用的资源及工程文件均在下载资源的 3/3.3 文件夹内。

3.3.2　背景图片的 UV 运动

通过 3.3.1 小节的分析，本小节开始创建项目工程及制作背景图片的 UV 运动。

步骤 01　在创建项目工程的流程中需要注意的一点是，选择为 2D 项目，如图 3-85 所示。

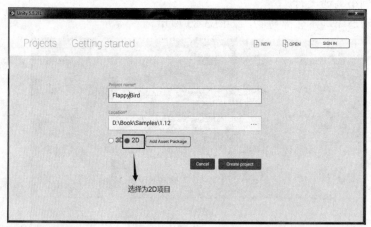

图 3-85　创建工程

在 Unity 中设置项目为 2D 项目除了上述方法外，还可以在 Unity 编辑器中进行设置，选择菜单栏中的"Edit"→"Project Settings"→"Editor"，在"Inspector"面板中选择"Default Behavior Mode"为"2D"，如图 3-86 所示。

建议使用第一种方法。若使用第二种方法，则工程中导入的图片格式不会自动转换成"Sprite"。

步骤 02 设置 Unity 编辑器中的"Lighting"灯光烘焙选项。

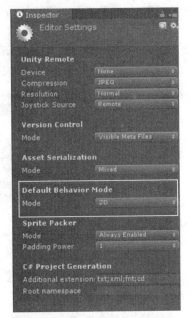

- 打开创建好的项目工程，选择菜单栏"Window"→"Lighting"，打开灯光烘焙菜单。
- 设置"Ambient Source"（环境光来源）为"Color"。
- 设置"Ambient Color"（环境光颜色）为"R:0.6，G:0.6，B:0.6"。

步骤 03 在 Unity 编辑器的"Project"面板中创建一个名为"Textures"的文件夹。用于存放图片资源，将下载资源中本案例的图片放入该文件夹内，地址为（3/3.3/素材/Texture）。在 Game 视图中设置游戏比例为"16:9"。

步骤 04 在"Project"面板中创建一个名为"Materials"的文件夹，用以存放所有新建的材质球。

图 3-86 工程模式设置

- 在该文件夹内创建一个名为"Bg_Sky"的材质球，用于展示背景中的天空材质。设置材质球的"Shader"为"Legacy Shaders/Diffuse"，设置材质球的图片为"bg_sky"。
- 创建一个名为"Bg_Ground"的材质球，用于展示背景中的地面材质。设置材质球的"Shader"为"Legacy Shaders/Diffuse"，设置材质球的图片为"bg_ground"。

步骤 05 在"Hierarchy"面板中创建一个名为"BG"的空物体，用以存放所有背景图片。将物体"BG"的"Transform"属性进行重置，确保物体的位置旋转为 0、缩放比例为 1。

步骤 06 在"BG"物体下创建一个名为"Bg_Sky"的"Plane"，用以显示天空。

- 设置其"Transform"属性，参数如图 3-87 所示。
- 指定材质球为"Bg_Sky"，并设置材质球的"Tiling"参数，如图 3-88 所示。

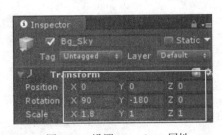

图 3-87 设置 Transform 属性

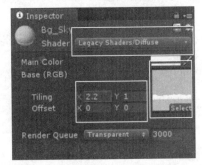

图 3-88 设置材质球

步骤 07 在"BG"物体下创建一个名为"Bg_Ground"的"Plane"，用以显示背景中的地面。

- 设置其"Transform"属性，参数如图 3-89 所示。在"Position"属性中，设置 Z 轴为-5，用于让本物体处于"Bg_Sky"物体的前方，遮挡住"Bg_Sky"物体的下半截画面。
- 指定材质球为"Bg_Ground"，并设置材质球的"Tiling"参数，如图 3-90 所示。

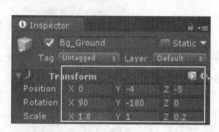

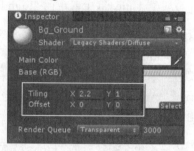

图 3-89　设置"Transform"属性　　　　　图 3-90　设置材质球

步骤 08　在"Project"面板中创建一个名为"Scripts"的文件夹，用于存放脚本文件。

在"Scripts"文件夹中创建一个名为"GameState"的 C#脚本，用于控制游戏的整体状态，编辑该脚本。选择"Hierarchy"面板中的"Main Camera"，为其添加该脚本。

```csharp
using System.Collections;
using System.Collections.Generic;
using UnityEngine;

public class GameState : MonoBehaviour {
    /// <summary>
    /// 声明该类的单例
    /// 其他类可以使用 GameState.Instance.来访问本类的公共字段、属性、方法等
    /// </summary>
    public static GameState Instance;
    /// <summary>
    /// 游戏是否结束
    /// </summary>
    public bool GameOver;

    void Awake()
    {
        //实现单例
        Instance = this;
    }
}
```

步骤 09　在"Scripts"文件夹中创建一个名为"Bg"的 C#脚本，用以控制背景图片 UV 的运动，编辑"Bg"脚本。

```csharp
using System.Collections;
using System.Collections.Generic;
using UnityEngine;
```

```
public class Bg : MonoBehaviour {
    /// <summary>
    /// 声明一个 UV 运动时的速度
    /// </summary>
    public Vector2 Speed = new Vector2(1, 0);
    /// <summary>
    /// UV 运动的值
    /// </summary>
    private Vector2 offsetVec2 = Vector2.zero;
    /// <summary>
    /// 需要进行 UV 运动的材质球
    /// </summary>
    private Material mat;
    void Start()
    {
        //指定材质球为挂载本脚本物体上的材质球
        mat = this.GetComponent<Renderer>().material;
    }
    void Update()
    {
        //若游戏处于运行中执行
        if (!GameState.Instance.GameOver)
        {
            //在每一帧中, 偏移值等于原始的偏移值加上速度乘以增量时间
            offsetVec2 += (Speed * Time.deltaTime);
            //设置材质球的 UV 运动
            //参数为 (贴图, 偏移的位置)
            mat.SetTextureOffset("_MainTex", offsetVec2);
        }
    }
}
```

步骤 10 将 C#脚本 "Bg" 绑定到 "Hierarchy" 面板中的 "Bg_Sky" 物体与 "Bg_Ground" 物体上, 设置 "Speed" 偏移速度, 一个为 "0.13", 另一个为 "0.15", 如图 3-91 所示。

 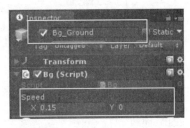

图 3-91 设置 "Bg" 脚本

步骤 11 在"Project"面板中创建一个名为"Scene"的文件夹，用于保存当前的场景，将当前的场景进行保存并命名为"Bird"。

步骤 12 验证制作结果。

● 在"Hierarchy"面板中的层级关系如图 3-92 所示。

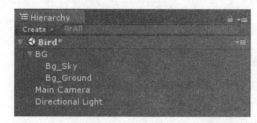

图 3-92　层级展示

● 在"Game"视图中显示的内容如图 3-93 所示。

● 在"Hierarchy"面板中找到"Main Camera"，设置其属性"GameState"中的"GameOver"为"False"，如图 3-94 所示。运行游戏，在"Game"视图中的两个背景以不同的速度向左移动。

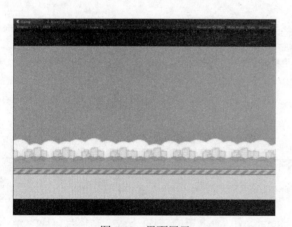

图 3-93　界面展示

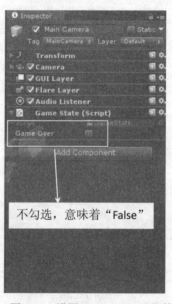

图 3-94　设置"GameState"组件

3.3.3　完成小鸟飞行功能

本节将完成小鸟的创建以及小鸟的飞行功能。

步骤 01 创建小鸟。在本案例中，小鸟是使用"Sprite"精灵展示的。在这里介绍一种快捷创建"Sprite"的方法。

① 在"Project"面板"Textures"文件夹中找到小鸟的图片"bird"。

② 将"bird"图片拖曳到"Hierarchy"面板中，将会自动创建一个名为"bird"的"Sprite"精灵。

步骤 02 设置"bird"的"Transform"属性，参数如图 3-95 所示。

步骤 03 为"bird"添加刚体组件。选中"bird"，添加"Rigidbody 2D"（2D 刚体）组件，用以实现与其他物体发生碰撞、飞行等功能。

步骤 04 为"bird"添加碰撞体组件。选中"bird"，添加"Box Collider 2D"（2D 的盒状碰撞体），设置其参数，如图 3-96 所示。

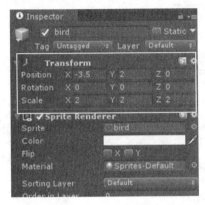

图 3-95　设置"Transform"组件

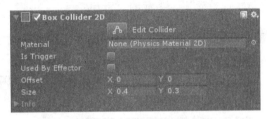

图 3-96　设置碰撞组件

步骤 05 在"Project"面板"Scripts"文件夹内创建一个名为"Bird"的 C#脚本，并将脚本拖曳到"Hierarchy"面板中的"bird"身上，双击该脚本进行编辑：

```csharp
using System.Collections;
using System.Collections.Generic;
using UnityEngine;

public class Bird : MonoBehaviour {
    /// <summary>
    /// 声明一个刚体 rig
    /// </summary>
    private Rigidbody2D rig;
    void Start () {
        //指定 rig 为"bird"的组件 Rigidbody2D
        rig = this.GetComponent<Rigidbody2D>();
    }
    void Update()
    {
        //若按下鼠标左键并且游戏正在运行
        if (Input.GetMouseButtonDown(0)&& !GameState.Instance.GameOver)
        {
            //为刚体 rig 添加一个力，让物体进行移动
            //参数为让物体向 Y 轴移动
            rig.AddForce(new Vector2(0, 270));
        }
    }
```

}

步骤06 验证制作结果，运行游戏。在"Game"视图中，每单击一次，小鸟就会上升一下，若不单击，则小鸟会一直掉落。

3.3.4　动态添加管道障碍物

本节将动态生成管道障碍物并控制管道障碍物移动。

步骤01 在"Hierarchy"面板中创建一个名为"Pipe"的空物体，用于存放所有的管道物体。

步骤02 创建管道上半截的"Sprite"。

① 在"Project"面板的"Textures"文件夹中找到"pipe_up"图片并拖曳到"Hierarchy"面板，设置为"Pipe"的子物体。

② 设置其"Transform"属性，设置参数如图 3-97 所示。

③ 添加"Box Collider 2D"组件，设置其参数，如图 3-98 所示。

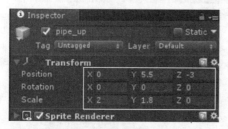

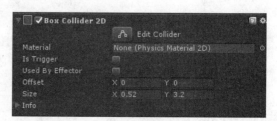

图 3-97　设置"Transform"组件　　　　　　　　图 3-98　设置碰撞组件

步骤03 创建管道下半截的"Sprite"。

① 在"Project"面板的"Textures"文件夹中找到"pipe_down"图片并拖曳到"Hierarchy"面板，设置为"Pipe"的子物体。

② 设置其"Transform"属性，设置参数如图 3-99 所示。

③ 添加"Box Collider 2D"组件，设置其参数，如图 3-100 所示。

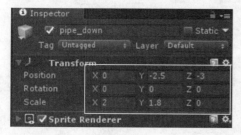

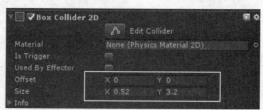

图 3-99　设置"Transform"组件　　　　　　　　图 3-100　设置碰撞组件

管道"Transform"的"Z"轴设为-3 是为了让管道位于两个背景图中间，如图 3-101 所示。

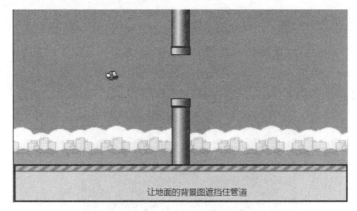

让地面的背景图遮挡住管道

图 3-101　界面层级展示

步骤 04 让管道在游戏中移动。

① 在"Project"面板的"Scripts"文件夹内创建一个名为"Pipe"的 C#脚本,并将脚本拖曳到"Hierarchy"面板中的"Pipe"物体身上,双击该脚本进行编辑:

```csharp
using System.Collections;
using System.Collections.Generic;
using UnityEngine;
public class Pipe : MonoBehaviour {
    //运动速度
    public float Speed;
     void Update ()
    {
        //若游戏处于运行中
        if (!GameState.Instance.GameOver)
        {
            //物体向-X方向移动
            transform.Translate(new Vector3(-Speed * Time.deltaTime, 0, 0));
        }
    }
}
```

② 设置"Pipe"物体中"Pipe"组件的"Speed"(速度)为 1.8,如图 3-102 所示。

图 3-102　设置"Pipe"组件

步骤 05 创建管道的 Prefab。

① 在 "Project" 面板中创建一个名为 "Resources" 的文件夹。

② 将 "Hierarchy" 面板中的 "Pipe" 物体拖曳到 "Resources" 文件夹内，"Hierarchy" 面板中的 "Pipe" 物体将变为蓝色，如图 3-103 所示。

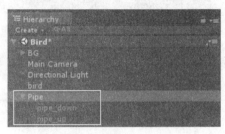

图 3-103　创建 Prefab

步骤 06 动态批量生成管道。

① 在 "Hierarchy" 面板中创建一个名为 "Pipelines" 的空物体，重置 "Transform" 组件，用于放置动态生成的所有管道。

② 在 "Project" 面板的 "Scripts" 文件夹内创建一个名为 "PipeLines" 的 C#脚本，用以动态生成管道，将脚本拖曳到 "Hierarchy" 面板中的 "Pipelines" 物体身上，双击该脚本进行编辑：

```csharp
using System.Collections;
using System.Collections.Generic;
using UnityEngine;
public class PipeLines : MonoBehaviour {
    //生成管道时，管道初始坐标的 X 轴
    public float  InitPosX;
    //生成管道的速度
    public float Speed;
    //管道坐标的 Y 轴
    private float InitPosY;
    //所有已经生成了的管道集合
    private List<GameObject> PipeList;
    void Start()
    {
        //初始化集合
        PipeList = new List<GameObject>();
        //重复定时器
        //参数为（需要执行的函数名，延时执行时间，执行的间隔时间）
        //1 秒后执行 CreatePipe () 函数，之后每 "Speed" 秒后执行一次
        InvokeRepeating("CreatePipe", 1, Speed);
    }
    void CreatePipe()
    {
```

```
        //若游戏运行中
        if (!GameState.Instance.GameOver)
        {
            //如果管道集合中的管道大于 3 个时执行
            //防止管道无控制一直生成
            if (PipeList.Count > 3)
            {
                //销毁集合中最初的一个管道
                Destroy(PipeList[0]);
                //将集合中最初的管道从集合中移除
                PipeList.RemoveAt(0);
            }
//从 "Project" 的 "Resources" 文件夹中加载一个名为 "Pipe" 的 "GameObject" 类型物体
            GameObject go = Resources.Load<GameObject>("Pipe");
            //实例化该物体
            go = Instantiate(go);
            //设置该物体的父物体为 "PipeLines"
            go.transform.SetParent(this.transform);
            //设置该物体的坐标
            //Random.Range(min,max) 从 min 与 max 两个浮点数中随机取一个浮点数
            //这里 min 与 max 分别为 -2.4 和 1.5，是源自管道 "Pipe" 在场景中能被看到的最大值与最小值
            //让每次生成的物体 Y 轴的坐标都不一样，让游戏更有可玩性
            go.transform.position = new Vector3(InitPosX, Random.Range(-2.4f, 1.5f), 0);
            //将生成的物体放入集合中
            PipeList.Add(go);
        }
    }
}
```

③ 将 "Hierarchy" 面板 "Pipelines" 物体组件中 "PipeLines" 脚本的 "Init Pos X" 值设置
为 12，"Speed"（生成速度）值设置为 5，如图 3-104 所示。

图 3-104 设置 "Pipelines" 组件

④ 将 "Hierarchy" 面板 "Pipe" 物体删除。

步骤 07 验证制作结果。

① "Hierarchy" 面板中的物体如图 3-105 所示。

② "Project" 面板 "Resources" 文件夹中的内容如图 3-106 所示。

图 3-105 层级展示

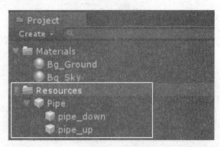

图 3-106 "Resources" 文件夹内容展示

③ 运行游戏，1 秒后会生成管道，之后每 5 秒又会生成新的管道。管道的 Y 轴均不一样，场景中的管道一直保持在 4 个，如图 3-107 所示。

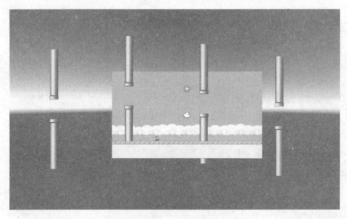

图 3-107 界面展示

3.3.5 完成小鸟得分及死亡功能

本节将设置小鸟的得分与死亡。当小鸟穿过管道中间的空白处时加一分，若小鸟触碰到管道或界面顶端、地面则死亡。

步骤 01 创建死亡与得分的两个 "Tag"。

① 在菜单栏中选择 "Edit" → "Project Settings" → "Tags and Layers"。

② 在属性面板中添加 "Death"（死亡）与 "Point"（得分）两个 Tag，如图 3-108 所示。

步骤 02 创建得分点。

① 将 "Project" 面板 "Resources" 文件夹中的 "Pipe" 拖

图 3-108 新增 Tag

曳到"Hierarchy"面板中。

② 在"Hierarchy"面板中创建一个名为"Point"的空物体，并设置为"Pipe"的子物体。

③ 设置物体"Point"属性中的"Transform"参数。

④ 为物体"Point"添加"Box Collider 2D"组件，并设置其参数。

⑤ 设置"Box Collider 2D"碰撞体的类型为触发器。

⑥ 设置物体"Point"的 Tag 为"Point"，如图 3-109 所示。

此时，"Point"的碰撞体刚好处于上管道与下管道之间，如图 3-110 所示。

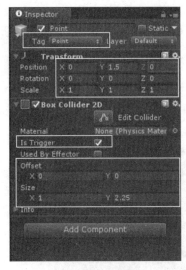

图 3-109　设置"Point"

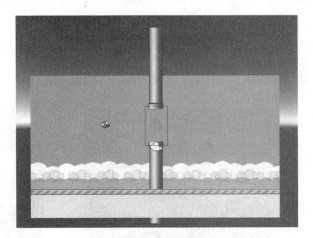

图 3-110　界面展示

步骤 03 创建管道的碰撞体。

① 选中"Hierarchy"面板中的"pipe_down"与"pipe_up"两个物体，对其添加"Box Collider 2D"组件。

② 对于选中的两个物体，设置 Tag 为"Death"。

步骤 04 保存对 Prefab 的更改。选择"Hierarchy"面板中的"Pipe"，单击属性中的"Apply"按钮，以保存对"Pipe"的更改，如图 3-111 所示，然后在"Hierarchy"面板中删除"Pipe"物体。

图 3-111　保存对"Pipe"的更改

步骤 05 添加天空与地面的碰撞体。

① 在 "Hierarchy" 面板中创建一个名为 "Collider" 的空物体，重置 "Transform" 组件，当作天空和地面碰撞体的父物体。

② 创建一个名为 "UpCollider" 的空物体，设置为 "Collider" 的子物体，用以装载天空碰撞体。

③ 设置 "UpCollider" 的 Tag 为 "Death"。

④ 设置 "UpCollider" 的 "Transform" 属性。

⑤ 为 "UpCollider" 添加 "Box Collider 2D" 组件，设置参数如图 3-112 所示。

⑥ 创建一个名为 "DownCollider" 的空物体，设置为 "Collider" 的子物体，用以装载地面碰撞体。

⑦ 设置 "DownCollider" 的 Tag 为 "Death"。

⑧ 设置 "DownCollider" 的 "Transform" 属性。

⑨ 为 "DownCollider" 添加 "Box Collider 2D" 组件，设置参数如图 3-113 所示。

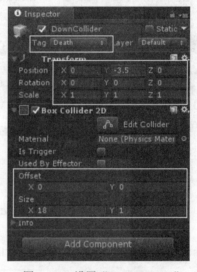

图 3-112　设置 "UpCollider"　　　　图 3-113　设置 "DownCollider"

步骤 06 创建分数显示文字。

① 在 "Hierarchy" 面板中创建一个名为 "Score" 的空物体，重置 "Transform" 组件，当作显示分数物体的父物体。

② 创建一个名为 "Tips" 的 "3D Text"，设置为 "Score" 的子物体，并设置 "Transform" 属性，参数如图 3-114 所示。设置 "Tips" 中 "TextMesh" 组件显示的文字内容为 "当前分数"，对齐方式为居中对齐，并设置字体颜色为红色。

③ 创建一个名为 "ScoreText" 的 "3D Text"，设置为 "Score" 的子物体，并设置 "Transform" 属性，参数如图 3-115 所示。设置 "ScoreText" 中 "TextMesh" 组件对齐方式为居中对齐，并设置字体颜色为红色。

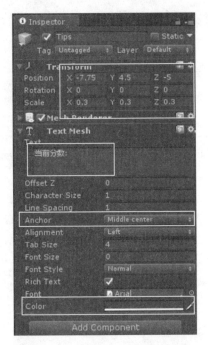

图 3-114 设置 "Tips"

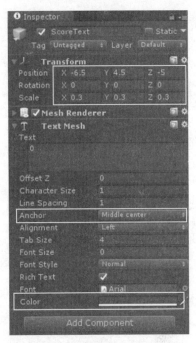

图 3-115 设置 "ScoreText"

步骤 07 在 "Project" 面板的 "Scripts" 文件夹中双击打开 "Bird" 脚本进行编辑，完整代码如下：

```
using System.Collections;
using System.Collections.Generic;
using UnityEngine;
public class Bird : MonoBehaviour {
    /// <summary>
    /// 声明游戏分数的 TextMesh
    /// </summary>
    public TextMesh ScoreText;
    /// <summary>
    /// 声明一个刚体 rig
    /// </summary>
    private Rigidbody2D rig;
    /// <summary>
    /// 声明一个整数的分数
    /// </summary>
    private int score;
    void Start () {
        //指定 rig 为 "bird" 的组件 Rigidbody2D
        rig = this.GetComponent<Rigidbody2D>();
        //初始时，分数为 0
        score = 0;
    }
```

```
    void Update()
{
    //若单击并且游戏正在运行
    if (Input.GetMouseButtonDown(0) && !GameState.Instance.GameOver)
    {
        //为刚体 rig 添加一个力，让物体进行移动
        //参数为让物体向 Y 轴移动
        rig.AddForce(new Vector2(0, 270));
    }
}
/// <summary>
/// 若小鸟与其他碰撞体发生碰撞，则触发本函数
/// </summary>
/// <param name="collision">与小鸟碰撞的碰撞体</param>
void OnCollisionEnter2D(Collision2D collision)
{
    //如果碰撞体的 Tag 为 Death
    if (collision.collider.tag == "Death")
    {
        //设置为游戏结束
        GameState.Instance.GameOver = true;
    }
    //输出 游戏结束
    Debug.Log("GameOver");
}
/// <summary>
/// 若小鸟穿过触发器，则触发本函数
/// </summary>
/// <param name="other"></param>
void OnTriggerExit2D(Collider2D other)
{
    //分数累加
    score++;
    //设置显示分数的 3D Text 显示内容为当前的分数
    ScoreText.text = score + "";
}
}
```

步骤 08 验证制作结果。

- 运行游戏，当小鸟碰到天空、地面、管道时，小鸟将坠落，不受控制。
- 若小鸟穿过管道，则游戏视图左上角的分数加一分。
- "Hierarchy" 面板中的物体如图 3-116 所示。

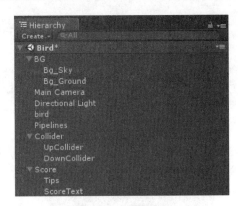

图 3-116 层级展示

3.3.6 制作游戏开始和结束界面

通过之前几节的制作，游戏的主体内容已经完成。在本节将完成游戏的收尾工作，主要包括：

- 制作游戏的开始界面。单击游戏开始图标，小鸟显示整个游戏开始运行。
- 制作游戏结束界面。当小鸟死亡时，整个游戏停止运行，显示游戏结束界面。
- 当出现结束界面时，单击开始按钮，重新开始新的游戏。

步骤 01 在 "Hierarchy" 面板中创建一个名为 "StartGame" 的空物体，重置 "Transform" 组件，用以存放所有与开始游戏有关的物体。

步骤 02 创建游戏名称图标。

① 在 "Project" 面板的 "Textures" 文件夹中找到 "title" 图片并拖曳到 "Hierarchy" 面板，设置为 "StartGame" 的子物体。

② 设置其 "Transform" 属性，参数如图 3-117 所示。

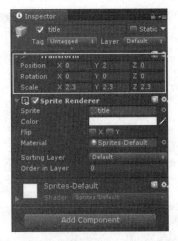

图 3-117 设置 "title" 的 "Transform" 属性

步骤 03 创建开始游戏图标。

① 在 "Project" 面板的 "Textures" 文件夹中找到 "start" 图片并拖曳到 "Hierarchy" 面板，
设置为 "StartGame" 的子物体。

② 设置其 "Transform" 属性。

③ 添加 "Box Collider 2D" 碰撞组件，参数如图 3-118 所示。

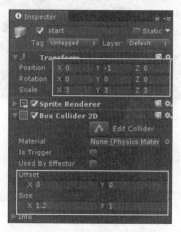

图 3-118　设置 "start"

步骤 04 制作开始游戏功能。当未单击开始游戏图片时，小鸟是隐藏状态的；单击开始游戏
后，小鸟被显示，游戏开始。

① 在 "Project" 面板的 "Scripts" 文件夹中创建一个名为 "StartGame" 的 C#脚本，双击进
行编辑，代码如下：

```
using System.Collections;
using System.Collections.Generic;
using UnityEngine;

public class StartGame : MonoBehaviour {
    /// <summary>
    /// 声明一个物体
    /// 从外部指定为小鸟
    /// </summary>
    public GameObject BirdGo;
    void Start()
    {
        //未单击开始游戏时，隐藏小鸟
        BirdGo.SetActive(false);
    }
    /// <summary>
    /// 当鼠标在挂载脚本的物体上按下时，触发该函数
    /// 这里就是单击开始游戏图片时触发
    /// </summary>
    void OnMouseDown()
    {
```

```
        //设置游戏的状态为 开始
        GameState.Instance.GameOver = false;
        //显示小鸟
        BirdGo.SetActive(true);
        //隐藏挂载物体的父物体，这里即隐藏"StartGame"物体
        //当父物体隐藏时，子物体也会被隐藏
        this.transform.parent.gameObject.SetActive(false);
    }
}
```

② 将"StartGame"脚本挂载到"start"物体上，并对该脚本的参数进行赋值，如图 3-119 所示。

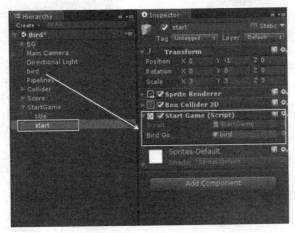

图 3-119 设置"Start Game"组件

至此，开始游戏界面制作结束，效果如图 3-120 所示。

图 3-120 界面展示

步骤 05 在"Hierarchy"面板中创建一个名为"GameOver"的空物体，重置"Transform"组件，用以存放所有与游戏结束有关的物体。

步骤 06 创建游戏结束图标。

① 在 "Project" 面板的 "Textures" 文件夹中找到 "gameovertitle" 图片并拖曳到 "Hierarchy" 面板，设置为 "GameOver" 的子物体。

② 设置其 "Transform" 属性，参数如图 3-121 所示。

步骤 07 创建重新开始游戏图标。

① 在 "Project" 面板的 "Textures" 文件夹中找到 "restart" 图片并拖曳到 "Hierarchy" 面板，设置为 "GameOver" 的子物体。

② 设置其 "Transform" 属性，并为其添加 "Box Collider 2D" 碰撞组件，参数如图 3-122 所示。

图 3-121　设置 "gameovertitle" 的 "Transform" 属性

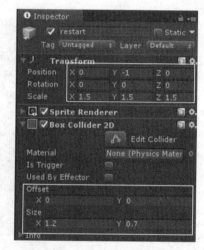

图 3-122　设置 "restart"

至此，游戏结束界面制作结束，效果如图 3-123 所示。

图 3-123　界面展示

步骤 08 设置当小鸟死亡时，显示游戏结束界面。

① 在 "Project" 面板的 "Scripts" 文件夹中双击打开 "Bird" 脚本进行编辑，代码如下：

```
using System.Collections;
using System.Collections.Generic;
using UnityEngine;
public class Bird : MonoBehaviour {
    /// <summary>
    /// 声明游戏分数的 TextMesh
    /// </summary>
    public TextMesh ScoreText;
    /// <summary>
    /// 声明一个游戏物体
    /// 此处由外部指定，指定为游戏结束界面，即"GameOver"物体
    /// </summary>
    public GameObject GameOverGo;
    /// <summary>
    /// 声明一个刚体 rig
    /// </summary>
    private Rigidbody2D rig;
    /// <summary>
    /// 声明一个整数的分数
    /// </summary>
    private int score;
    void Start () {
        //指定 rig 为"bird"的组件 Rigidbody2D
        rig = this.GetComponent<Rigidbody2D>();
        //初始时分数为 0
        score = 0;
    }
     void Update()
    {
        //若单击并且游戏正在运行
        if (Input.GetMouseButtonDown(0) && !GameState.Instance.GameOver)
        {
            //为刚体 rig 添加一个力，让物体进行移动
            //参数为让物体向 Y 轴移动
            rig.AddForce(new Vector2(0, 270));
        }
    }
    /// <summary>
    /// 若小鸟与其他碰撞体发生碰撞，则触发本函数
    /// </summary>
    /// <param name="collision">与小鸟碰撞的碰撞体</param>
    void OnCollisionEnter2D(Collision2D collision)
    {
        //如果碰撞体的 Tag 为 Death
```

```
        if (collision.collider.tag == "Death")
        {
            //设置为游戏结束
            GameState.Instance.GameOver = true;
            //显示游戏结束界面
            GameOverGo.SetActive(true);
        }
        //输出游戏结束
        Debug.Log("GameOver");
    }
    /// <summary>
    /// 若小鸟穿过触发器，则触发本函数
    /// </summary>
    /// <param name="other"></param>
    void OnTriggerExit2D(Collider2D other)
    {
        //分数累加
        score++;
        //设置显示分数的 3D Text 显示内容为当前的分数
        ScoreText.text = score + "";
    }
}
```

在这个脚本新建了一个"GameObject"类型的参数"GameOverGo"，由外部指定为游戏结束界面。当小鸟发生碰撞死亡后"if (collision.collider.tag == "Death")"，显示游戏结束界面"GameOverGo.SetActive(true)"。

② 在"Hierarchy"面板中找到挂载使用"Bird"脚本的物体"bird"，对脚本中的属性进行指定，如图 3-124 所示。

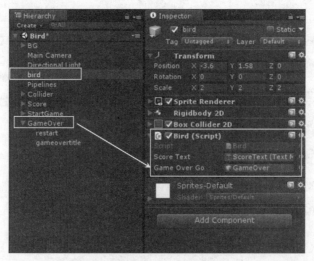

图 3-124　设置"Bird"脚本组件

步骤 09 制作重新开始游戏功能。

① 在 "Project" 面板的 "Scripts" 文件夹中创建一个名为 "ReStart" 的 C#脚本，双击进行
　　编辑，代码如下：

```
using UnityEngine;
//SceneManager.LoadScene () 函数所在命名控件
using UnityEngine.SceneManagement;
public class Restart : MonoBehaviour
{
    void Start()
    {
        //设置挂载脚本物体的父物体，初始状态为隐藏
        //初始时隐藏 "GameOver" 物体
        this.transform.parent.gameObject.SetActive(false);
    }


    /// <summary>
    /// 当单击挂载脚本的物体时，触发本函数
    /// 这里是当单击重新开始游戏图片时触发
    /// </summary>
    void OnMouseDown()
    {
        //加载名为 "Bird" 的场景，即重新加载本游戏场景
        SceneManager.LoadScene("Bird",LoadSceneMode.Single);
    }
}
```

这里需要注意的是，需要引入 SceneManager.LoadScene()函数所在的命名空间，即 "using
UnityEngine.SceneManagement"。

②将 "ReStart" 脚本挂载到 "Hierarchy" 面板中的 "restart" 物体上。

步骤 10 验证游戏。此时，制作本游戏的流程基本结束，可以按照最初的游戏设计一一进行
　　检验。

第 4 章
◄ 虚拟现实入门 ►

虚拟现实（Virtual Reality，VR）技术简称虚拟技术，也称为虚拟环境，是利用电脑模拟产生一个三维空间的虚拟世界，提供用户关于视觉等感官的模拟，让用户感觉仿佛身临其境，可以及时、没有限制地观察三维空间内的事物。用户进行位置移动时，电脑可以立即进行复杂的运算，将精确的三维世界视频传回，产生临场感。该技术集成了计算机图形、计算机仿真、人工智能、感应、显示及网络并行处理等技术的最新发展成果，是一种由计算机技术辅助生成的高技术模拟系统。

4.1　虚拟现实简介

从技术的角度来说，虚拟现实系统具有三个基本特征：即三个"I"（Immersion-Interaction-Imagination，沉浸—交互—构想），强调在未来的虚拟系统中，人们的目的是使这个由计算机及其他传感器所组成的信息处理系统去尽量"满足"人的需要，而不是强迫人去"凑合"那些不是很亲切的计算机系统。

现在的大部分虚拟现实技术都是视觉体验，一般是通过电脑屏幕、特殊显示设备或立体显示设备获得的，不过一些仿真中还包含虚拟系统中人的主导作用。从过去人只能从计算机系统的外部去观测处理的结果，到人能够沉浸到计算机系统所创建的环境中；从过去人只能通过键盘、鼠标与计算环境中的单维数字信息发生作用，到人能够用多种传感器与多维信息的环境发生交互作用；从过去人只能从定量计算为主的结果中得到启发从而加深对事物的认识，到人有可能从定性和定量综合集成的环境中得到感知和理性的认识，从而深化概念和萌发新意。

在一些高级的触觉系统中还包含触觉信息，也叫作力反馈，在医学和游戏领域有这样的应用。人们与虚拟环境交互要么通过使用标准装置，例如一套键盘与鼠标；要么通过仿真装置，例如一只有线手套；要么通过情景手臂或全方位踏车。虚拟环境可以和现实世界类似，例如飞行仿真和作战训练，也可以和现实世界有明显差异，如虚拟现实游戏等。就目前的实际情况来看，还很难形成一个高逼真的虚拟现实环境，这主要是技术上的限制造成的，这些限制来自计算机处理能力、图像分辨率和通信带宽。然而，随着时间的推移，处理器、图像和数据通信技术变得更加强大，并具有成本效益，这些限制将最终被克服。

虚拟现实本质上具有以下特性。

- 可信性：用户真的需要想象成在虚拟世界（例如在火星，或者在其他地方），并且坚持相信。
- 互动性：随着用户控制的移动，虚拟世界将与用户一起移动。用户可以观看 3D 电影，通过电影将其传送到月球或者下沉到海底。
- 可探索性：虚拟世界需要做大、做细腻，让用户有所探索。
- 沉浸性：为了既有可信性，又有互动性，虚拟现实需要身体和心灵相融合。战争艺术家的绘画可以让我们瞥见冲突，但他们永远不能完全传达视觉、声音、嗅觉，不能品味和具有战斗感。

虚拟现实之父莫顿·海利希（Morton Heilig）在 50 年代创造了一个"体验剧场"，可以有效涵盖所有的感觉，吸引观众注意屏幕上的活动。1962 年，他创建了一个原型，被称为 Sensorama，如图 4-1 所示，其结构图如图 4-2 所示。5 部短片同时对多种感官进行影响（视觉、听觉、嗅觉、触觉）进行影响。Sensorama 是机械设备，据说今天仍在使用。大约在同一时间，道格拉斯·恩格尔巴特使用电脑屏幕当作输入和输出设备。

图 4-1　Sensorama 实景图

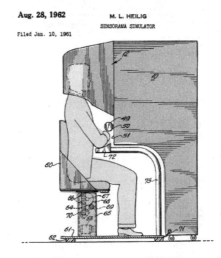

图 4-2　Sensorama 结构图

4.2　虚拟现实的应用场景

在非常多的行业中都可以使用到虚拟现实这一技术，例如工业、医疗、教育、汽车、旅游、建筑等方面，让原本繁复或不易展示的内容以虚拟现实技术为载体让大众更加容易接受。

1. 视频游戏

由美国 Virtuix 公司出品的 Virtuix Omni VR 游戏操控设备是一款用于将玩家的运动同步反馈到实际游戏中的 VR 全向跑步机。Omni 是为 VR 游戏设计的产品，它会将人的方位、速率和里程数据全部记录下来并传输到游戏当中，在虚拟世界中做出对现实反应的真实模拟。结合可选的 VR 眼镜（Oculus Rift）或微软的 Kinect 配件，玩家能够在现实中 360°控制游戏角色的行走和运动。一些公司正在通过使用游戏概念来鼓励运动。

2. 影视及娱乐

VR 制作的电影让观众在每个场景中都能看到 360°的环境。像 Fox Searchlight Pictures 和 Skybound 这样的制作公司都利用 VR 摄像机制作 VR 中互动的电影和系列。

2016 年 11 月，由 Fox Sports 的 Fox Sports VR 拍摄的 Magnus Carlsen 和 Sergey Karjakin 之间的世界象棋锦标赛是"在 360°虚拟现实中播放的第一场运动"，如图 4-3 所示。

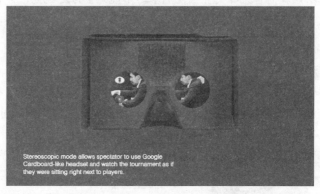

图 4-3　世界象棋锦标赛

3. 医疗保健和临床治疗

- 焦虑症的治疗：虚拟现实暴露治疗（VRET）是一种用于治疗焦虑症（例如创伤后应激障碍（PTSD））和恐惧症的暴露疗法。研究表明，当 VRET 与其他形式的行为疗法相结合时，患者的症状将会得到减轻。
- 疼痛管理：沉浸式 VR 已经被研究用于急性疼痛管理，研究人员认为沉浸式 VR 可以通过分散人的注意力来帮助减轻痛苦。

4. 教育和培训

VR 用于为学习者提供虚拟环境，他们可以在这些虚拟环境中发展自己的技能，而不会造成真实的失败后果。

- 军事用途：美国军方在 2012 年宣布了"DSTS 虚拟士兵训练系统"，被认为是第一个完全身临其境的军事 VR 训练体系，如图 4-4 所示。
- 太空训练：NASA 已经使用 VR 技术 20 年了。值得注意的是，他们使用身临其境的 VR 来训练宇航员，而宇航员仍然在地球上，如图 4-5 所示。VR 模拟的这种应用包括暴露于零重力工作环境以及如何进行太空行走的训练。

 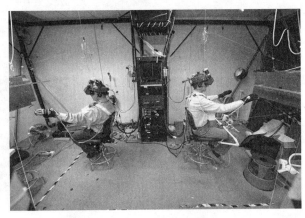

图 4-4 DSTS 虚拟士兵训练系统   图 4-5 太空训练

● 飞行和车辆训练：飞行模拟器是 VR 飞行员培训的一种形式，虚拟驾驶模拟是用来训练坦克驾驶员的。当学员在模拟驾驶中有了基础后才让他们操作实车。同样的原则适用于特种车辆，如消防车、卡车驾驶模拟器，如图 4-6 所示。VR 训练相比传统训练可以随意增加训练时间。

图 4-6 车辆训练

5. 文物考古

在申报世界遗产中，首次使用虚拟现实展示是在 1994 年。虚拟现实技术使文物能够非常准确地重建还原。这项技术可用于溶洞、自然环境、老城区、古迹、雕塑等。

6. 建筑和城市设计

虚拟现实常被用于房地产行业中，使购买者能够更加直观地感受到产品，如图 4-7 所示。同时也常被用于城市设计中，能够快速直观地把握整个设计。

图 4-7　房地产中虚拟现实的应用

4.3　关于虚拟现实开发的建议

1. 使用成熟的引擎进行开发

目前，市面中常见的引擎有 Unity 与 UE 4，两者均支持跨平台发布。Unity 可以使用 C#、JS 进行开发，UE 4 使用 C++进行开发，两者都可以使用蓝图进行快速构建。

2. 使用现成的资源

在 Unity 的 Asset Store 与 UE 4 的 Market Place 中有很多非常不错的资源，其中包括模型文件、脚本文件、工程文件等。我们可以使用这些资源快速地进行开发。

3. 保持高帧率

高帧率比其他因素更加重要。在 PC 端中至少需要保持 30 帧，头显中则至少需要保持 90 帧。若低于这个帧率，则用户的体验感会大打折扣，甚至会产生眩晕感。

4. 音频的配合

合适的音频能够让用户的沉浸感更强，恰如其分的音频能营造出更好的氛围。在头显中，3D 音频显得尤为重要。

5. 可预测的交互方式

一个虚拟现实的程序也就是一个虚拟现实的世界，例如用户在使用一个真实世界的工具（如斧头）时，会期待这个工具在虚拟现实世界中有着跟现实世界同样的效果，而作为开发者应该要满足这种期待。

第 5 章
◀ 基于PC的VR全景图片、视频 ▶

全景图（Panorama）是一种广角图，可以以画作、照片、视频、三维模型的形式存在。全景图这个词最早由爱尔兰画家罗伯特·巴克提出，用以描述他创作的爱丁堡全景画。现代的全景图多指通过相机拍摄并在电脑上加工而成的图片。

本章将介绍如何使用三星 Gear 360 完成拍摄全景图片与全景视频，使用在第 2 章中学习的天空盒知识来放置全景图片与设置全景图片的热点，使用自定义着色器来放置全景视频，并且通过脚本来控制浏览全景图片与全景视频，让界面能够控制全景视频的暂停与播放。

5.1 全景简介

对于全景球体的空间状态，视角涵盖地平线+/-各 180°，垂直+/-各 90°，也就是立方体的空间状态，即上下前后左右 6 个面完全包含。由于水平角度为 360°，垂直为 180°，因此能表达这种模式的照片有很多种，又跟球面的投影有关（类似绘制世界地图的投影，不过是内投影）。目前，广泛使用的单一照片呈现方式是等距长方投影（Equirectangular），全景照片的长宽比例固定为 2:1。

全景虚拟现实（也称实景虚拟）是基于全景图像的真实场景虚拟现实技术，通过计算机技术实现全方位互动式观看真实场景的还原展示。使用鼠标控制环视的方向，可左可右可近可远。使观众感到处在现场环境当中，就像在一个窗口中浏览外面的大好风光。

基于静态图像的虚拟全景技术是一种初级虚拟现实技术，具有开发成本低廉，应用很广泛的特点，因此越来越受到人们的关注。特别是随着网络技术的发展，其优越性更加突出。基于静态图像的虚拟全景技术改变了传统网络平淡的特点，让人们在网上能够进行 360° 全景观察，而且通过交互操作可以实现自由浏览，从而体验三维的 VR 视觉世界。

顾名思义，全景就是给人以三维立体感觉的实景 360° 全方位图像，此图像最大的三个特点如下。

（1）全：全方位，全面地展示 360° 球型范围内的所有景致。

（2）景：实景，真实的场景，三维实景大多是在照片基础之上拼合得到的图像，最大限度地保留了场景的真实性。

（3）360°：360°环视的效果，虽然照片都是平面的，但是通过软件处理之后得到的360°实景能够给人以三维立体空间的感觉，使观者犹如身在其中。

由于全景给人们带来全新的真实现场感和交互式的感受，因此可广泛应用于三维电子商务，如在线的房地产楼盘展示、虚拟旅游、虚拟教育等领域。

能够拍摄制作全景图片与全景视频的软硬件比较多，在这里介绍一款智能化程度较高的硬件——第二代 Gear 360 全景相机，其优势在于：

- 体积小，便于携带。
- 拍摄操作简单。
- 实时预览拍摄内容。
- 无须后期软件合成。

5.2 Gear 360 全景相机

5.2.1 简介

2017 年 4 月，三星发布了第二代 Gear 360 全景相机，如图 5-1 所示。这是一款双鱼眼 360 度 VR 运动相机，储备 VR 全景声等能够进一步提高拍摄内容沉浸感的技术，是致力于解决 VR 体验三大问题的关键性技术：清晰流畅、沉浸感、抗眩晕，同时针对目前一流 VR 播放设备进行了适配和优化。

Gear 360 相机利用一次拍摄即可捕获用户和周围景物的 360°视频和照片。两个 Fisheye 镜头能更生动地捕获照片和视频。通过蓝牙或 WLAN 将 Gear 360 连接至移动设备后，可以从移动设备远程捕获视频和照片。还可以查看、编辑、共享视频和照片。如果将 Gear 360 连接到 Gear VR，可以更真实地查看 Gear 360 视频。

图 5-1 Gear 360 全景相机

全新一代的 Gear 360 具有以下特征：

- 支持 4K（4096×2048@24fps）的 360°全景视频，其摄像头的图像传感器为 CMOS，8.4MP*2，默认输出像素为 15.0MP，摄像头光圈为 f/2.2。
- 拥有更大电池容量（1160mAh），在 2560×1280@30fps 分辨率下录制视频，约可使用 130 分钟。在 1920×1080@30fps 分辨率下录制视频，约可使用 180 分钟。
- 支持扩展 Micro SD 卡（最高支持 256GB）。
- 体积小（100.6×46.3×45.1mm），重量轻（130g），减少长时间握持的疲劳感。手柄底部拥有标准接口，可以轻松对接三脚架，为拍摄带来更多便利。
- 视频格式为 MP4，视频压缩方式为 H.265（HEVC），音频压缩方式为 AAC，麦克风数量为 2。
- 兼容性强。从智能手机到 Samsung Gear VR，再到个人电脑，甚至是 iOS 设备，多种设备间可以实现快速连接和内容分享。

● 支持全景直播。

5.2.2　全景图片、视频的拍摄

拍摄的方式分为以下两种：

● 使用主机按钮拍摄。
● 使用配套的 App 拍摄。

在介绍使用方法之前，需要先介绍一下硬件，如图 5-2 所示。

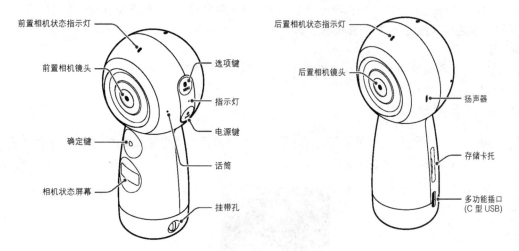

图 5-2　硬件

按下选项键时：

● 视频：录制模式。
● 照片：照片拍摄模式。
● 延时录制：间隔拍照模式。
● 视频循环：视频循环模式。
● 风景 HDR：横屏 HDR 模式。
● 设置：自定义设置。

按住选项键时：

● 连接 Android：进入安卓移动设备配对模式。
● 连接 iOS：进入 iOS 移动设备配对模式。
● 远程控制：进入远程控制模式。远程控制装置另售。

使用主机按钮拍摄的步骤如下：

步骤 01 按下选项键，直到相机状态屏幕中显示需要的状态（视频、照片、延时录像等），然后按下确定键选择（或者等待 1 秒相机自动切换状态）。

步骤 02 按下确定键开始拍摄。若是录制视频，则再次按下确定键可以结束录制。

使用配套的 App 拍摄的步骤如下：

步骤 01 在移动设备上安装应用程序，从应用商店下载 Samsung Gear 360 应用程序。

步骤 02 连接移动设备，Gear 360 与移动设备配对后，每次开启 Gear 360 时，Gear 360 都将尝试连接至移动设备。对于安卓设备，可拍摄视频和照片，并在第一次连接后，通过 WLAN 直连在移动设备上查看。

● Gear 360
① 打开 Gear 360。
② 按住选项键。
③ 当连接 Android 出现在相机状态屏幕上时，按下确定键。iOS 设备操作为：再次按下选项键，当连接 iOS 出现在相机状态屏幕上时，按下确定键。

● 移动设备
① 在移动设备上启动 Gear 360 应用程序。
② 单击连接至 Gear 360。
③ 按照屏幕提示完成连接。

步骤 03 单击相机按钮进入取景器，在取景器中可以选择拍摄的相机模式，也可以选择预览模式，等等，如图 5-3 所示。

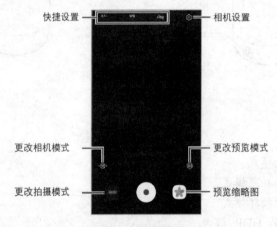

图 5-3　拍摄界面

步骤 04 通过界面选择不同的拍摄模式进行拍摄。

拍摄完成后的照片或者视频可以保存到移动设备，也可以直接保存到电脑。

● 保存到移动设备的方法是：在 Gear 360 应用程序屏幕上单击 "相册"→Gear 360，选择要保存的视频和图片，然后单击 "保存"。视频和图片将保存到移动设备，可以在手机中查看保存的文件。

● 保存到电脑的方法是：使用 USB 数据线将 Gear 360 连接至电脑，Gear 360 将被识别为可移动磁盘，在 Gear 360 和电脑之间传输文件即可。

5.3　PC 端全景图片与视频

5.3.1　项目简介

通过前面的介绍，对全景视频、全景图片已经有了一些了解。从本节开始，我们将学习在 Unity 中如何展示全景图片与播放全景视频。在本案例中将使用最简洁的代码来完成预定的功能。

本案例中分别有三个"Scene"场景。

- "MainScene"主场景，用以切换全景图片场景与全景视频场景，如图 5-4 所示。

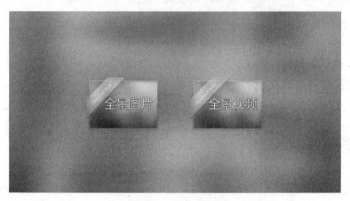

图 5-4　选择页面

- "PictureScene"展示全景图片的场景，如图 5-5 所示。

图 5-5　全景图片场景

本场景中包含的主要功能有：

- 全景图片的展示。
- 全景图片的切换。
- 全景图片中的内容介绍。
- 返回主场景。

- "VideoScene" 展示全景视频的场景，如图 5-6 所示。

图 5-6　全景视频场景

本场景中包含的主要功能有：

- 全景视频的展示。
- 全景视频的切换。
- 全景视频的播放控制。
- 返回主场景。

5.3.2　项目准备

在 Unity 中能够被播放的视频格式分为两大类（Unity 5.6 版本以下，5.6 版本中新增 "Video Clip" 与 "Video Player"）。

- 直接能够被 Unity 识别的格式 ".ogv"。
- 需要借助转码才能被识别的格式，例如 Avi、Asf、Mp4、Mov、Mpg、Mpeg 等，这些格式的视频导入 Unity 中的时候，都会再进行一次 Unity 内部的视频转码，这是一个非常耗时的过程。为了确保被转码成功，我们必须安装一个名为 "QuickTime" 的播放器。

步骤 01　下载安装 "QuickTime" 播放器，播放器图标如图 5-7 所示。

图 5-7　"QuickTime" 图标

步骤 02　新建一个名为 "Panorama" 的工程。

步骤 03　在 Unity 编辑器的 "Project" 面板中新建一个名为 "Resources" 的文件夹，用以存放动态加载的素材。

① 将下载资源中的"5/素材/Resources"文件夹中所有的素材资源放入工程文件中的"Resources"文件夹内。此时，Unity 会对素材中的视频进行转码，会比较耗时。有卡顿的情况，需耐心等待。

② 导入完成后，文件夹内的内容如图 5-8 所示。

图 5-8 文件目录

③ 若视频转码成功，则选择视频会在属性面板中有预览窗口，如图 5-9 所示。

④ 将名为"1、2、3、4"的 4 张图片形状设置为"Cube"，贴图的循环模式设置为"Clamp"，并单击"Apply"进行应用，如图 5-10 所示。

图 5-9 预览视频

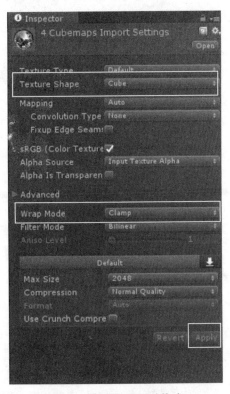

图 5-10 设置全景图片格式

⑤ 将 UI 中需要使用到的图片"Play、Pause"的格式设置为"Sprite（2D and UI）"，如图 5-11 所示。

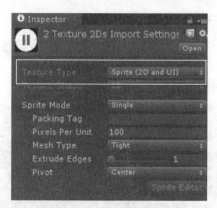

图 5-11　设置图片格式

步骤 04 在 Unity 编辑器的 "Project" 面板中新建一个名为 "Textures" 的文件夹，用来存放其他的图片。

① 将下载资源中 "5/素材/Textures" 文件夹中所有的素材资源放入工程文件中的 "Textures" 文件夹内，此时文件夹内的内容如图 5-12 所示。

② 将 UI 中需要使用到的图片 "Back、Bg、Btn_Bg、Last、Next、Tip" 的格式设置为 "Sprite（2D and UI）"，如图 5-13 所示。

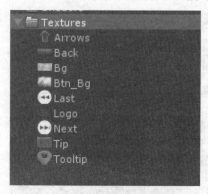

图 5-12　文件目录

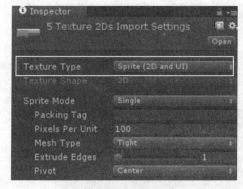

图 5-13　设置图片格式

③ 将图片 "Arrows、Tooltip、Logo" 设置为使用 Alpha 通道创建透明效果，设置方式如图 5-14 所示。

步骤 05 在 Unity 编辑器的 "Project" 面板中新建一个名为 "Models" 的文件夹，用来存放模型文件。将下载资源中 "5/素材/Models" 文件夹中模型资源放入工程文件中的 "Models" 文件夹内。

步骤 06 在 Unity 编辑器的 "Project" 面板中新建一个名为 "Scenes" 的文件夹，用来存放场景。新建三个空场景，分别命名为 "MainScene" "PictureScene" "VideoScene"，保存在 "Scenes" 文件夹内，如图 5-15 所示。

图 5-14 使用透明通道

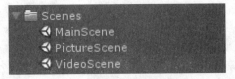

图 5-15 新建三个场景

步骤 07 将新建的三个场景添加到 "Scenes In Build" 中。

① 打开 "Build Settings" 发布设置界面，单击 "File" → "Build Settings"。

② 将 "Scenes" 文件夹内的三个场景文件拖曳到 "Scenes In Build" 窗口内，如图 5-16 所示。

步骤 08 分别将三个场景的分辨率设置为 "16:9"，如图 5-17 所示。

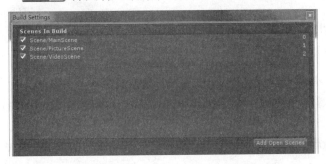

图 5-16 "Scenes In Build" 窗口

图 5-17 设置分辨率

5.4 全景图片的实现

5.4.1 创建天空盒

本节将创建全景图片的核心——天空盒。在 Unity 中，使用天空盒的方式有两种：

● 在环境光中，设置针对场景的天空盒。

● 针对某个相机设置天空盒。

在这里采取第一种方式，设置针对场景的天空盒。

步骤 01 在 Unity 编辑器的 "Project" 面板中新建一个名为 "Materials" 的文件夹，用以存放场景中的材质球。

步骤 02 在 "Materials" 的文件夹内新建一个名为 "SkyMat" 的材质球，设置材质球的 "Shader" 类型为 "Skybox/ Cubemap"，如图 5-18 所示。

步骤 03 在 "Project" 面板的 "Scenes" 文件夹中打开名为 "PictureScene" 的场景文件。

步骤 04 打开环境光设置 "Window→Lighting"，设置环境光中的天空盒为 "SkyMat"，如图 5-19 所示。

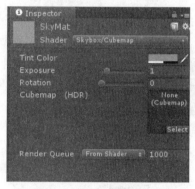

图 5-18　新建天空盒材质球

图 5-19　设置天空盒的材质球

5.4.2　查看全景图片

本小节首先动态加载初始的全景图片，然后将利用鼠标左键的拖曳控制相机，对全景图片进行全方位的查看；利用鼠标的中键进行缩放操作。

步骤 01 在 Project" 面板中新建一个名为 "Scripts" 的文件夹，用以存放所有的脚本。

步骤 02 在 "Scripts" 文件夹中新建一个名为 "PictureSceneController" 的 C# 脚本，用以控制全景图片场景。

步骤 03 双击打开 "PictureSceneController" 脚本，并进行编辑，代码如下：

```
using System.Collections;
using System.Collections.Generic;
using UnityEngine;
public class PictureSceneController : MonoBehaviour {
    /// <summary>
    /// 声明一个材质球，在Unity编辑器中指定
    /// 指定为新建的名为"SkyMat"的材质球
    /// </summary>
    public Material CubemapMat;
    /// <summary>
    /// 声明一个cubemap
    /// </summary>
    private Cubemap cubemap;
    void Start ()
```

```
        {
            //指定 cubemap
            //Resources.Load<Cubemap>("1");
            //从 "Project" 面板中的 "Resources" 文件夹下加载一个名为 "1" 的 "Cubemap" 格式的文件
            cubemap = Resources.Load<Cubemap>("1");
            //设置 CubemapMat 的贴图为动态加载的 cubemap
            CubemapMat.SetTexture("_Tex", cubemap);
        }
    }
```

动态加载初始的全景图片。注意，CubemapMat.SetTexture("_Tex", cubemap)中的 "_Tex" 是指 "Shader" 中 "Cubemap" 贴图的属性名称，我们可以从 "Shader" 的属性面板中看到这一点，如图 5-20 所示。

步骤 04 打开 "PictureScene" 场景，将 "PictureSceneController" 脚本拖曳到 "Main Camera" 物体上，并指定 "Cubemap Mat" 材质球为 "SkyMat"，如图 5-21 所示。

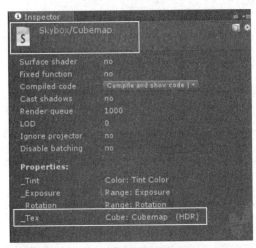

图 5-20 天空盒使用的 "Shader"

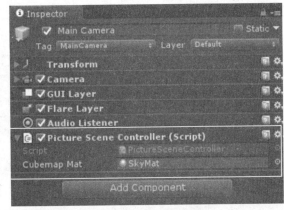

图 5-21 设置 "Picture Scene Controller" 脚本组件

步骤 05 验证代码。运行程序时，会发现场景中动态加载了全景图片。

步骤 06 在 "Scripts" 文件夹中新建一个名为 "MouseController" 的 C#脚本，用以控制相机。

步骤 07 双击打开 "MouseController" 脚本，并进行编辑，代码如下：

```
using UnityEngine;
public class MouseController : MonoBehaviour
{
    /// <summary>
    /// 鼠标在 X 轴拖曳时，相机旋转的速度
    /// </summary>
    public float xSpeed = 2;
    /// <summary>
    /// 鼠标在 Y 轴拖曳时，相机旋转的速度
    /// </summary>
```

```csharp
    public float ySpeed = 2;
    /// <summary>
    /// 相机 Y 轴的最小角度
    /// </summary>
    public float yMinLimit = -50;
    /// <summary>
    /// 相机 Y 轴的最大角度
    /// </summary>
    public float yMaxLimit = 50;
    /// <summary>
    /// 缩放的速度
    /// </summary>
    public float zoomSpeed = 5;
    /// <summary>
    /// 相机最小的 FOV
    /// </summary>
    public float MinFOV = 40;
    /// <summary>
    /// 相机最大的 FOV
    /// </summary>
    public float MaxFOV = 75;
    /// <summary>
    /// 相机的 FOV
    /// </summary>
    private float zoomFOV;
    /// <summary>
    /// 相机 X 轴的角度
    /// </summary>
    private float x = 0.0f;
    /// <summary>
    /// 相机 Y 轴的角度
    /// </summary>
    private float y = 0.0f;
    /// <summary>
    /// 相机组件
    /// </summary>
    private Camera camera;
    void Start()
    {
        ////初始化时获取相机 X、Y 轴的角度
        x = transform.eulerAngles.y;
        y = transform.eulerAngles.x;
        //获取相机组件
        camera = this.GetComponent<Camera>();
```

```
        //获取相机组件中的 FOV
        zoomFOV = camera.fieldOfView;
    }
    void LateUpdate()
    {
        //若单击鼠标左键，则获取相机当前的 x、y 轴值
        if (Input.GetMouseButtonDown(0))
        {
            x = transform.eulerAngles.y;
            y = transform.eulerAngles.x;
        }
        //若按住鼠标左键，则设置相机的旋转角度
        if (Input.GetMouseButton(0))
        {
            //Input.GetAxis("Mouse X") 获取鼠标在 X 轴上坐标轴的值
            //相机 X 轴的角度，加等于鼠标 X 轴的值乘以速度
            x += Input.GetAxis("Mouse X") * xSpeed;
            y -= Input.GetAxis("Mouse Y") * ySpeed;
            //限制 Y 轴的角度
            y = ClampAngle(y, yMinLimit, yMaxLimit);
            //注意，鼠标在 X 轴上拖曳的值对应相机旋转 Y 轴的值
            //鼠标在 Y 轴上的拖曳的值对应相机旋转 X 轴的值
            //设置相机的旋转
            transform.eulerAngles = new Vector3(y, x, 0);
        }
        //Input.GetAxis("Mouse ScrollWheel")获取鼠标滚轮的值
        //zoomFOV 减等于鼠标滚轮值乘以缩放的速度
        zoomFOV -= Input.GetAxis("Mouse ScrollWheel") * zoomSpeed;
        //限制 zoomFOV 的范围
        zoomFOV = Mathf.Clamp(zoomFOV, MinFOV, MaxFOV);
        //相机的 FOV 值等于 zoomFOV
        camera.fieldOfView = zoomFOV;
    }
    /// <summary>
    /// 限制角度
    /// </summary>
    /// <param name="angle">需要限制的角度</param>
    /// <param name="min">最小的角度</param>
    /// <param name="max">最大的角度</param>
    /// <returns></returns>
    float ClampAngle(float angle, float min, float max)
    {
        if (angle > 180.0f)
            angle -= 360.0f;
```

```
        return Mathf.Clamp(angle, min, max);
    }
}
```

这里需要注意的地方是，当鼠标在屏幕的 X 轴水平方向拖动时，相机对应的是 Y 轴的旋转，当鼠标在屏幕 Y 轴垂直方向拖动时，相机对应的是 X 轴的旋转。

步骤 08 将 "MouseController" 脚本拖曳到 "Main Camera" 物体上。

5.4.3　切换全景图片

本小节将学习如何切换全景图片。当我们双击场景中的箭头时，就会按顺序动态加载全景图片。

步骤 01 在 "PictureScene" 场景中新建一个名为 "Arrows" 的 "Plane"，对其 "Transform" 属性进行设置，设置参数如图 5-22 所示。

步骤 02 在 "Materials" 的文件夹内新建一个名为 "ArrowsMat" 的材质球。

① 设置 "ArrowsMat" 材质球的贴图为 "Arrows"。

② 设置 "ArrowsMat" 材质球的 "Rendering Mode" 渲染模式为 "Cutout"，让贴图显示 Alpha 透明通道信息，如图 5-23 所示。

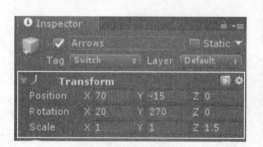

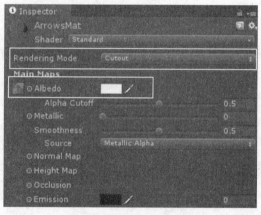

图 5-22　设置 "Arrows" 的 "Transform" 属性　　　　图 5-23　设置材质球

③ 将本材质球赋予到 "Arrows" 物品上。

步骤 03 为 "Arrows" 物体指定一个名为 "Switch" 的 "Tag" 标签，作为特殊的标识。

① 打开 "Tag & Layers" 菜单，单击 "Edit → Project Settings → Tags and Layers"。

② 单击 "Tags" 的加号，新建一个名为 "Switch" 的 "Tag"，如图 5-24 所示。

③ 选择 "Arrows" 物体，在属性面板中选择 "Tag" 为 "Switch"，如图 5-25 所示。

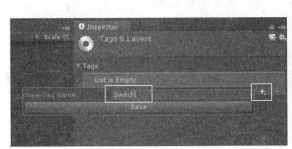

图 5-24　新建"Tag"名

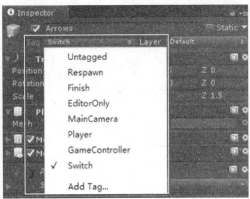

图 5-25　设置"Tag"

步骤 04　灯光光照设置。

① 删除场景中的灯光"Directional Light"。

② 设置环境光来源为"Color"（颜色），并设置颜色为"R:1，G:1，B:1"的纯白色，如图 5-26 所示。

图 5-26　设置环境光

步骤 05　找到挂载在"Main Camera"物体上的"PictureSceneController"脚本，双击打开该脚本进行编辑，新加以下代码：

```
/// <summary>
/// 声明一个光线投射碰撞
/// </summary>
private RaycastHit hit;
/// <summary>
/// 声明一条射线
/// </summary>
private Ray ray;
/// <summary>
/// 当前的全景图片
/// </summary>
private int CurrentTex = 1;
```

```
private void OnGUI()
{
    //声明一个Unity事件
    Event mouse = Event.current;
    //如果当前是按下鼠标
    if (mouse.isMouse && mouse.type == EventType.MouseDown)
    {
        //双击鼠标
        if (mouse.clickCount == 2)
        {
            //从单击鼠标的位置发出一条射线
            ray = Camera.main.ScreenPointToRay(Input.mousePosition);
            //若射线碰撞到物体
            if (Physics.Raycast(ray, out hit))
            {
                //如果碰撞物的tag为"Switch"
                if (hit.transform.tag == "Switch")
                {
            //当前贴图名就累加
            //例如，默认初始全景图片编号为"1"，当双击"Arrows"后，全景图片编号就应该为"2"
                    CurrentTex++;
                    //若当前全景图片的编号大于4
                    if (CurrentTex > 4)
                    {
                        //设置当前全景图片编号为1
                        CurrentTex = 1;
                    }
                    //根据当前全景图片编号动态加载cubemap
                    cubemap = (Cubemap)Resources.Load(CurrentTex + "");
                    //设置全景图片
                    CubemapMat.SetTexture("_Tex", cubemap);
                    //设置相机的旋转归零
                    this.transform.localRotation = new Quarnion(0, 0, 0, 0);
                }
            }
        }
    }
}
```

在这里其实用到了一个小技巧。因为全景图片的命名是 1~4 的整数，所以这里使用整数累加的方式来获取下一张全景图片的名称，从而可以动态地加载全景图片。

步骤 06 验证代码。运行程序，双击场景中的箭头（"Arrows" 物体）时，就会切换下一张全景图片，而且相机的角度会回归到初始的角度。

5.4.4　添加景点介绍功能

本节将完善整个全景图片的功能，需要完善的功能有两点：

● 在全景图片中增加热点及热点的介绍内容，包括视频、图片、文字，在本案例中以文字为例进行介绍，视频和图片同理。

● 单击热点时，相机视角的切换让热点处于屏幕的中心。

步骤 01 在 "Hierarchy" 面板中创建一个名为 "Tips" 的空物体，重置其 "Transform" 属性，这个空物体的作用在于存放所有的热点。

步骤 02 在 "Project" 面板的 "Materials" 文件夹内创建一个名为 "Location" 的材质球。设置材质球的贴图为 "Tooltip"，设置材质球的渲染模式为 "Cutout"（完全透明），如图 5-27 所示。

步骤 03 创建第一张全景图片的热点。

① 在 "Hierarchy" 面板中创建一个名为 "1" 的 "Plane" 物体，设置该物体为 "Tips" 的子物体，设置该物体的材质球为 "Location"，并设置其 "Transform" 组件的属性，设置参数如图 5-28 所示。

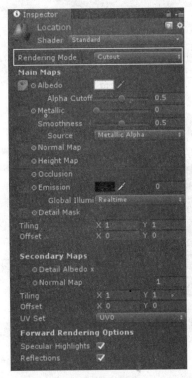

图 5-27　设置材质球

图 5-28　设置 "Tag" 与 "Transform"

② 创建一个名为 "Tip" 的 "Tag"，创建方式为单击 "Edit→Project Settings→Tags and Layers"，打开 "Tags & Layers" 面板，在面板中创建，如图 5-29 所示。

③ 设置名为 "1" 的物体 Tag 为 "Tip"。

④ 创建一个 "Canvas" ，设置为 "1" 的子物体，设置 "Canvas" 的 "Rect Transform" 属性，设置渲染模式 "Render Mode" 为 "World Space" ，设置 "Dynamic Pixels Per Unit" 为 2，如图 5-30 所示。

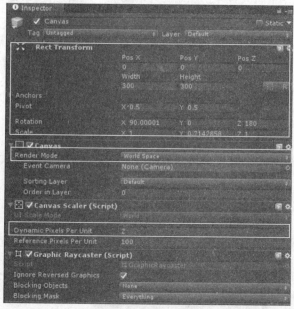

图 5-29　新建 "Tag"　　　　　　　　　图 5-30　设置 "Canvas" 的属性

⑤ 在 "Canvas" 下创建一个 "Image" 类型的子物体，作为热点介绍文字的背景图片。设置 "Source Image" 图片为 "Tip" ，并设置其 "Rect Transform" 属性，设置参数如图 5-31 所示。

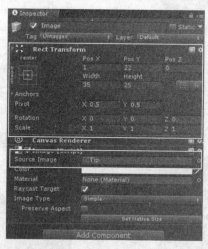

图 5-31　设置背景图片

⑥ 在 "Canvas" 下创建一个 "Text" 类型的子物体，作为热点介绍文字。设置 "Text" 显示内容为 "九华山" ，字体大小为 6，对齐方式为 "上下居中，左右居中" ，字体颜色为白色，并设置其 "Rect Transform" 属性，设置参数如图 5-32 所示，并添加名为 "Shadow" 的组件，让字体更有立体感。

此时，第一幅全景图显示的内容如图 5-33 所示。

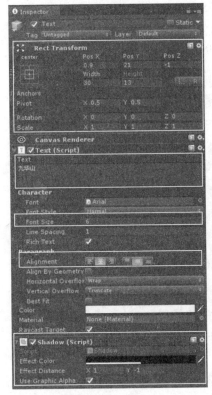

图 5-32 设置文字显示的属性

图 5-33 效果示例

⑦ 隐藏物体"1"中的子物体"Canvas"，让热点介绍内容默认不可见，只有单击热点时，
介绍内容才显示。

步骤 04 创建其他全景图片的热点及热点介绍内容。

① 在"Hierarchy"面板中将名为"1"的物体复制三个，分别命名为"2""3""4"，这
三个物体对应另外三张全景图片。

② 设置物体"2"的"Transform"属性，参数如图 5-34 所示。

图 5-34 设置"Transform"属性

③ 设置物体"2"中的子物体"Text"，让其显示的文字内容"Text"为"动物园"。

④ 设置物体"3"的"Transform"属性，参数如图 5-35 所示。

⑤ 设置物体"3"中的子物体"Text"，让其显示的文字内容"Text"为"军机处"。

⑥ 设置物体"4"的"Transform"属性，参数如图 5-36 所示。

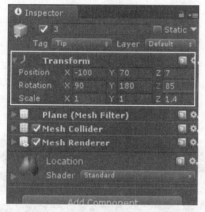

图 5-35 设置"Transform"属性

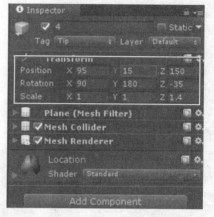

图 5-36 设置"Transform"属性

⑦ 设置物体"4"中的子物体"Text"，让其显示的文字内容"Text"为"峨眉金顶"。

⑧ 设置物体"2""3""4"为隐藏状态，只有当切换到对应的全景图时，才会显示。

⑨ 此时，"Hierarchy"面板中的层级如图 5-37 所示。

图 5-37 层级展示

步骤 05 添加交互功能。

● 切换全景图片时，同时切换对应的热点。

● 单击热点，视图居中并显示热点内容。

找到挂载在"Main Camera"物体上的"PictureSceneController"脚本，双击打开该脚本进行编辑，整体代码如下：

```csharp
using System.Collections;
using System.Collections.Generic;
using UnityEngine;
public class PictureSceneController : MonoBehaviour {
    /// <summary>
    /// 声明一个材质球，在 Unity 编辑器中指定
    /// 指定为新建的名为 "SkyMat" 的材质球
    /// </summary>
    public Material CubemapMat;
    /// <summary>
    /// 声明一个集合，用以在 Unity 编辑器中指定所有的热点
    /// </summary>
    public List<GameObject> Tips;
        /// <summary>
    /// 声明一个 cubemap
    /// </summary>
    private Cubemap cubemap;
    /// <summary>
    /// 声明一个光线投射碰撞
    /// </summary>
    private RaycastHit hit;
    /// <summary>
    /// 声明一条射线
    /// </summary>
    private Ray ray;
    /// <summary>
    /// 当前的全景图片
    /// </summary>
    private int CurrentTex = 1;
    /// <summary>
    /// 是否注视热点，默认是不注视的
    /// </summary>
    private bool lookat = false;
    void Start ()
    {
        //指定 cubemap
        //Resources.Load<Cubemap>("1");
        //从 "Project" 面板中的 "Resources" 文件夹下加载一个名为 "1" 的 "Cubemap" 格式的文件
        cubemap = Resources.Load<Cubemap>("1");
        //设置 CubemapMat 的贴图为动态加载的 cubemap
        CubemapMat.SetTexture("_Tex", cubemap);
    }
    private void Update()
    {
```

```
        //若注视热点
        if (lookat)
        {
            //让相机正对看向热点
            LookAtTarget();
        }
    }
    private void OnGUI()
    {
        //声明一个 Unity 事件
        Event mouse = Event.current;
        //如果当前是按下鼠标
        if (mouse.isMouse && mouse.type == EventType.MouseDown)
        {
            //双击鼠标
            if (mouse.clickCount == 2)
            {
                //从单击鼠标的位置发出一条射线
                ray = Camera.main.ScreenPointToRay(Input.mousePosition);
                //若射线碰撞到物体
                if (Physics.Raycast(ray, out hit))
                {
                    //如果碰撞物的 tag 为 "Switch"
                    if (hit.transform.tag == "Switch")
                    {
                //当前贴图名就累加
                //例如，默认初始全景图片编号为 "1"，当双击 "Arrows" 后，全景图片编号就应该为 "2"
                        CurrentTex++;
                        //若当前全景图片的编号大于 4
                        if (CurrentTex > 4)
                        {
                            //设置当前全景图片编号为 1
                            CurrentTex = 1;
                        }
                        //根据当前全景图片编号动态加载 cubemap
                        cubemap = (Cubemap)Resources.Load(CurrentTex + "");
                        //设置全景图片
                        CubemapMat.SetTexture("_Tex", cubemap);
                        //设置相机的旋转归零
                        this.transform.localRotation = new Quaternion(0, 0, 0, 0);
                        foreach (var o in Tips)
                        {
                        //根据当前的全景图名称来确定热点是否显示
                        //例如，若当前全景图名称为 "1"，则名称为 "1" 的热点被显示，其他的热点被隐藏
```

```
                                o.SetActive(o.name == CurrentTex + "");
                                //切换全景图时，所有热点的介绍都默认被隐藏
                                //o.transform.GetChild(0) 即获取热点下第一个子物体 "Canvas"
                                o.transform.GetChild(0).gameObject.SetActive(false);
                            }
                        }
                    }
                }
            }
            //若鼠标抬起
            if (mouse.isMouse && mouse.type == EventType.MouseUp)
            {
                //注视初始
                lookat = false;
                //从单击鼠标处发出一条射线
                ray = Camera.main.ScreenPointToRay(Input.mousePosition);
                //若射线碰到物体
                if (Physics.Raycast(ray, out hit))
                {
                    //若碰到物体的 tag 是 "Tip"，即鼠标单击了热点
                    if (hit.transform.tag == "Tip")
                    {
                        //注视设为真
                        lookat = true;
                        //根据热点内容是否已经显示来设置显示状态
                        //例如，若没有被显示，则把热点内容显示出来
                        //若已经显示，则把热点内容隐藏
                        hit.transform.GetChild(0).gameObject.SetActive(!hit.transform.
GetChild(0).gameObject.activeInHierarchy);
                    }
                }
            }
        }
        /// <summary>
        /// 看向目标点
        /// </summary>
        void LookAtTarget()
        {
            var tmp = Quaternion.LookRotation(hit.point - this.transform.position);
            //通过球形插值设置相机的旋转
            this.transform.rotation = Quaternion.Slerp(this.transform.rotation,tmp,
Time.deltaTime * 7);
        }
    }
```

步骤 06 测试以上内容。

- 每张全景图对应一个热点。
- 当切换全景图时，随之切换对应的热点。
- 单击热点，热点会居中显示。
- 单击热点，会显示对应的热点内容介绍。

5.5 全景视频的实现

5.5.1 创建控制视频的 UI

在制作全景视频播放功能前，必须先制作控制播放的 UI，如图 5-38 所示。

步骤 01 打开名为 "VideoScene" 的场景文件。

步骤 02 新建一个 "Canvas"，设置 "UI Scale Mode" 为 "Scale With Screen Size"，其中 "Reference Resolution" 设置为 "1920×1080"，如图 5-39 所示。

图 5-38 UI 展示

图 5-39 设置 "Canvas" 属性

步骤 03 创建播放与暂停按钮。

① 新建一个 "Image"，命名为 "Play|Pause"。

② 选择其 "Source Image" 为 "Play"。

③ 设置其 "Transform" 属性，参数如图 5-40 所示。

④ 添加 "Button" 组件，使其可以交互。

步骤 04 创建 "Next" 和 "Last" 按钮。

① 将播放按钮复制两个，分别命名为 "Next" 和 "Last"。
② 设置 "Next" 属性中的 "Source Image" 图片为 "Next"。
③ 设置 "Last" 属性中的 "Source Image" 图片为 "Last"。
④ 设置 "Next" "Last" 的 "Transform" 属性，参数如图 5-41 所示。

图 5-40　新建暂停/播放按钮

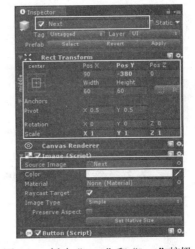
图 5-41　新建 "Next" 和 "Last" 按钮

5.5.2　控制视频的播放、暂停和停止

当需要播放全景视频时，我们需要一个载体，就像全景图片的天空盒。在这里，全景视频的载体是一个圆球。

步骤 01 创建适合播放全景视频的 Shader。

① 在 "Project" 面板中创建一个名为 "Shaders" 的文件夹，并在文件夹内新建一个 Shader，命名为 "VideoShader"。
② 双击打开 "VideoShader"，编辑内容如下：

```
Shader "Custom/Video"
{
    Properties
    {
        _MainTex("Texture", 2D) = "white" {}
```

```
        }
        SubShader
        {
        Tags{ "RenderType" = "Opaque" }
        LOD 100
        Cull Front
        Pass
        {
        CGPROGRAM
#pragma vertex vert
#pragma fragment frag
#pragma multi_compile_fog
#include "UnityCG.cginc"
    struct appdata
    {
        float4 vertex : POSITION;
        float2 uv : TEXCOORD0;
    };
    struct v2f
    {
        float2 uv : TEXCOORD0;
        UNITY_FOG_COORDS(1)
        float4 vertex : SV_POSITION;
    };
    sampler2D _MainTex;
    float4 _MainTex_ST;
    v2f vert(appdata v)
    {
        v2f o;
        o.vertex = UnityObjectToClipPos(v.vertex);
        o.uv = TRANSFORM_TEX(v.uv, _MainTex);
        UNITY_TRANSFER_FOG(o,o.vertex);
        return o;
    }
    fixed4 frag(v2f i) : SV_Target
    {
        float u_x = 1 - i.uv.x;
        float u_y = i.uv.y;
        i.uv = float2(u_x,u_y);
        fixed4 col = tex2D(_MainTex, i.uv);
        UNITY_APPLY_FOG(i.fogCoord, col);
        return col;
    }
        ENDCG
```

```
    }
  }
}
```

步骤 02 在 "Project" 面板的 "Materials" 文件夹内创建一个名为 "VideoMat" 的材质球，设置材质球的 "Shader" 为 "Custom→Video"。

步骤 03 载入全景视频的载体。

① 将 "Project" 面板中 "Models" 文件夹内的 "Sphere" 模型拖曳到 "Hierarchy" 面板中，命名为 "VideoSphere"。设置 "Transform" 中的 "Position" 位置为 "0"，"Scale" 缩放比例为 1。

② 设置 "VideoSphere" 的材质球为 "VideoMat"。

步骤 04 重置 "Hierarchy" 面板中 "Main Camera" 的 "Transform" 属性，删除 "Hierarchy" 面板中的 "Directional Light" 灯光。

步骤 05 在 "Project" 面板的 "Scripts" 文件夹内创建一个名为 "VideoController" 的 C# 脚本，用以控制视频的播放，将脚本挂载到 "Hierarchy" 面板中的 "Canvas" 物体上，双击脚本进行编辑：

```csharp
using System.Collections.Generic;
using UnityEngine;
using UnityEngine.UI;
public class VideoController : MonoBehaviour {
    /// <summary>
    /// 所有需要播放的视频集合
    /// </summary>
    public List<MovieTexture> Videos;
    /// <summary>
    /// 播放按钮
    /// </summary>
    public Button PlayBtn;
    /// <summary>
    /// 播放视频的材质球
    /// </summary>
    public Material VideoMat;
    /// <summary>
    /// 播放图标
    /// </summary>
    private Sprite playSprite;
    /// <summary>
    /// 暂停图标
    /// </summary>
    private Sprite pauseSprite;
    /// <summary>
```

```
        /// 当前播放视频的序列
        /// </summary>
        private int currentIndex;
        /// <summary>
        /// 播放的 Image
        /// </summary>
        private Image PlayImage;
        /// <summary>
        /// 当前视频是否在播放
        /// </summary>
        private bool isplaying;
        /// <summary>
        /// 当前播放的视频
        /// </summary>
        private MovieTexture currentMovie;
        void Awake()
        {
            //初始播放的视频序号为 0
            currentIndex = 0;
            //为播放按钮添加单击事件
            PlayBtn.onClick.AddListener(PlayClick);
            PlayImage = PlayBtn.gameObject.GetComponent<Image>();
            playSprite = Resources.Load<Sprite>("Play");
            pauseSprite = Resources.Load<Sprite>("Pause");
            //加载视频
            LoadMovie(currentIndex);
        }
        /// <summary>
        /// 单击播放后触发
        /// </summary>
        private void PlayClick()
        {
            //若视频正在播放
            if (isplaying)
            {
                //暂停视频
                currentMovie.Pause();
                //设置图标为播放
                PlayImage.sprite = playSprite;
            }
            else
            {
                //播放视频
                currentMovie.Play();
```

```
        //设置图标为暂停
        PlayImage.sprite = pauseSprite;
    }
    //设置播放状态
    isplaying = !isplaying;
}
/// <summary>
/// 动态载入视频
/// </summary>
/// <param name="currentIndex">需要载入视频的序列号</param>
private void LoadMovie(int currentIndex)
{
    VideoMat.mainTexture=Resources.Load<MovieTexture>(Videos[currentIndex]. name);
    currentMovie = Videos[currentIndex];
    currentMovie.Stop();
    isplaying = false;
    PlayClick();
}
}
```

步骤 06 外部指定 "Video Controller" 脚本中的参数，如图 5-42 所示。

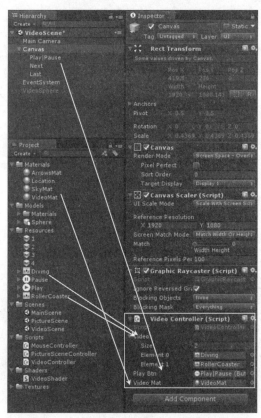

图 5-42 设置 "Video Controller" 脚本组件

步骤 07 代码验证。

● 运行程序，会自动播放集合中的第一个视频。
● 单击播放按钮，若视频正在播放，则暂停播放；若视频没有播放，则播放视频。

5.5.3　切换全景视频

到本节为止，视频已经能够正常地播放和暂停。但是相机还不能环顾，视频也不能进行切换。

步骤 01 将 "Project" 面板 "Scripts" 文件夹内的 "MouseController" 脚本挂载到场景中的 "Main Camera" 物体上，让相机能够环视。

步骤 02 打开 "VideoController" 脚本进行编辑，新增代码如下：

```
/// <summary>
/// 上一个视频按钮
/// </summary>
public Button LastBtn;
/// <summary>
/// 下一个视频按钮
/// </summary>
public Button NextBtn;
void Awake()
{
    //为 LastBtn 添加单击事件
    LastBtn.onClick.AddListener(LastClick);
    //为 NextBtn 添加单击事件
    NextBtn.onClick.AddListener(NextClick);
}
/// <summary>
/// 单击下一个视频时触发
/// </summary>
private void NextClick()
{
    //当前播放视频序号+1
    currentIndex++;
    //若序号大于视频集合的数量
    if (currentIndex >= Videos.Count)
    {
        //当前播放序号为 0
        currentIndex = 0;
    }
    //加载视频
    LoadMovie(currentIndex);
}
```

```
/// <summary>
/// 单击上一个视频时触发
/// </summary>
private void LastClick()
{
    //当前播放视频序号-1
    currentIndex--;
    //若序号小于0
    if (currentIndex < 0)
    {
        //序号等于集合中最后一个视频
        currentIndex = Videos.Count - 1;
    }
    //加载视频
    LoadMovie(currentIndex);
}
```

步骤 03 外部指定"Video Controller"脚本中的参数，如图 5-43 所示。

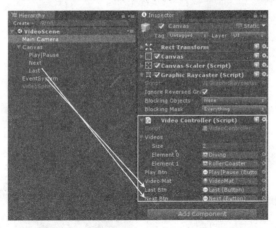

图 5-43　设置"Video Controller"脚本组件

步骤 04 验证程序。

● 单击上一视频或者下一视频，视频会按照集合顺序切换。
● 切换视频时，视频会默认播放。
● 切换视频时，默认从零开始播放视频。

5.6　场景控制器

5.6.1　创建初始场景

全景图片与全景视频功能已经完成了，现在还需要完善初始的选择场景。可以从初始场景中选择切换到全景图片场景还是全景视频场景。

步骤 01 打开名为"MainScene"的场景文件。

步骤 02 新建一个"Canvas",设置"UI Scale Mode"为"Scale With Screen Size",其中"Reference Resolution"设置为"1920×1080",如图5-44所示。

步骤 03 创建背景图片。

① 新建一个"Image",命名为"Bg"。

② 指定"Source Image"图片为"Bg"。

③ 将"Rect Transform"组件中的"Anchor Presets"锚点预设为自适应全屏。其设置方法为单击"Anchor Presets"锚点预设图标,在弹出的界面中按住"Alt"键,选择右下角的自适应全屏。

步骤 04 创建全景图片的按钮。

① 新建一个"Button",命名为"Picture"。

② 指定"Source Image"图片为"Btn_Bg"。

③ 设置"Picture"的"Transform"属性,参数如图5-45所示。

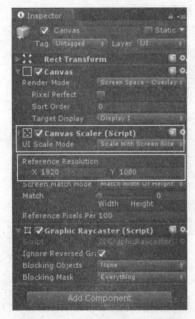

图5-44 设置"Canvas"组件属性

图5-45 创建全景图片按钮

④ 设置"Picture"的"Button"属性中的"Highlighted Color"(高亮颜色),设置为"R:243,G:227,B:255,R:255",让鼠标划过按钮时,效果更加明显。

⑤ 设置"Picture"的子物体"Text"的显示内容为"全景图片"。

⑥ 为"Text"物体添加"Outline""Shadow"组件,使其更具有立体感。

⑦ 设置"Text"的"Transform"组件及字体大小、颜色等,参数如图5-46所示。

步骤 05 创建全景视频的按钮。

① 复制全景图片,即"Picture"按钮,命名为"Video"。

② 设置 "Video" 的 "Transform" 属性，参数如图 5-47 所示。

图 5-46 设置文字

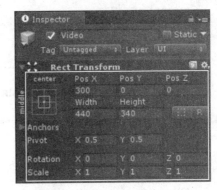

图 5-47 复制出全景视频按钮

③ 设置 "Video" 的子物体 "Text" 显示的文字内容为 "全景视频"。

5.6.2 场景之间的切换

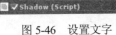 在 "Project" 面板中的 "Scripts" 文件夹内创建一个名为 "SwitchScene" 的 C#脚本，双击进行编辑，代码如下：

```csharp
using UnityEngine;
using UnityEngine.SceneManagement;
using UnityEngine.UI;
public class SwitchScene : MonoBehaviour {
    /// <summary>
    /// 全景图片按钮
    /// </summary>
    public Button PictureBtn;
    /// <summary>
    /// 全景视频按钮
    /// </summary>
    public Button VideoBtn;
    void Awake()
```

```
{
    //添加触发函数
    PictureBtn.onClick.AddListener(PictureClick);
    VideoBtn.onClick.AddListener(VideoClick);
}
private void VideoClick()
{
    //加载全景视频的场景
    SceneManager.LoadScene("VideoScene");
}
private void PictureClick()
{
    //加载全景图片的场景
    SceneManager.LoadScene("PictureScene");
}
}
```

需要注意的是，SceneManager 是属于 UnityEngine.SceneManagement 命名空间内的。

步骤 02 将 "SwitchScene" 脚本拖曳到 "MainScene" 场景中的 "Canvas" 物体上，并设置脚本的参数，如图 5-48 所示。

步骤 03 在全景图片场景中创建返回主场景按钮。

① 打开 "PictureScene" 场景文件。

② 新建一个 "Canvas"，设置 "UI Scale Mode" 为 "Scale With Screen Size"，其中 "Reference Resolution" 设置为 "1920 × 1080"。

③ 创建一个 "Button"，命名为 "Back"，设置其 "Source Image" 图片为 "Back"。

④ 设置 "Back" 的 "Transform" 属性，对齐为右下，参数如图 5-49 所示。

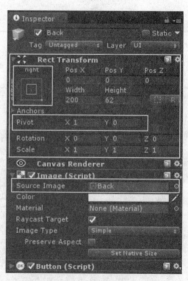

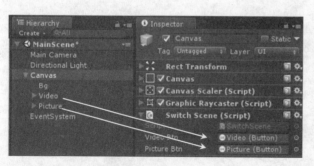

图 5-48　设置 "SwitchScene" 脚本组件　　　　图 5-49　新建返回按钮

⑤ 设置 "Back" 的子物体 "Text"，其显示的文字为 "返回"，字体大小为 "35"，颜色为白色。

⑥ 为 "Text" 物体添加 "Outline" "Shadow" 组件，增加字体的立体感。

⑦ 创建切换到主场景的功能。在 "Scripts" 文件夹内创建一个名为 "BackToMain" 的 C# 脚本，挂载到 "Back" 物体上，双击该脚本进行编辑，代码如下：

```
using UnityEngine;
using UnityEngine.SceneManagement;
using UnityEngine.UI;
public class BackToMain : MonoBehaviour {

    private Button btn;

    void Start ()
     {
        btn = GetComponent<Button>();
        btn.onClick.AddListener(BtnClick);
     }
    private void BtnClick()
    {
        SceneManager.LoadScene("MainScene");
    }
}
```

⑧ 创建 Prefab。在 "Project" 面板中创建一个名为 "Prefabs" 的文件夹，用于存放工程中的 Prefab。

⑨ 将物体 "Back" 拖曳到 "Project" 面板中的 "Prefabs" 文件夹内。

步骤 04 创建全景视频场景中的返回按钮。

① 打开 "VideoScene" 场景。

② 将 "Project" 面板 "Prefabs" 文件夹内的 "Back" 拖曳到场景中的 "Canvas" 物体中。

步骤 05 内容测试。

① 在 "MainScene" 中单击全景图片或全景视频按钮进入对应的场景。

② 在全景图片、全景视频场景中单击返回按钮，切换至 "MainScene" 主场景。

5.7　项目发布

步骤 01 设置项目名称。

① 打开 "PlayerSettings"，打开方式为单击 "Edit→Project Setting→Player"。

② 设置项目名称"Product Name"，设置为"Panorama"，如图 5-50 所示。

步骤 02 设置程序的图标。选择"Default Icon"为"Logo"图片。

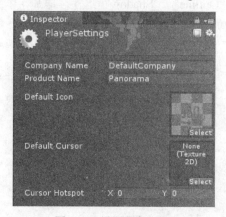

图 5-50 设置程序 Logo

步骤 03 发布程序。

① 打开发布设置"Build Settings"，打开方式为单击"File→Build Settings"，组合键为 Ctrl+Shift+B。

② 单击"Build"按钮，选择发布的路径及程序的名称。

步骤 04 查看发布的内容，如图 5-51 所示。

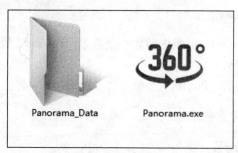

图 5-51 发布内容展示

● 发布出来的文件包括一个资源文件夹和一个 EXE 可执行文件。

● 单击 EXE 文件即可运行程序。

● 两个文件均不能删除。

● 一般情况下，不要将两个文件改名。

● 可以利用一些打包软件将两个文件进行打包设置，方便传播与安装。

第 6 章
◄ 基于HTC VIVE的VR开发 ►

    VIVE 是首款由 HTC 和 Valve 合作开发的虚拟现实系统，结合最先进的影音与动作捕捉技术，VIVE 最初以房间规模的虚拟现实为目标，给用户带来完整的虚拟现实体验。

    VIVE 作为全球最受欢迎的虚拟现实头戴设备之一，占据着全球市场 18%的份额。作为虚拟现实开发人员，非常有必要对其有一定的了解。本章首先会介绍 VIVE 设备、VIVE 的安装方式及配置开发环境，接着将学习使用 Unity 开发在 VIVE 头盔中使用的虚拟现实程序，其中会介绍到三个非常常用的插件：使用 Unity 开发必备的 SDK "Steam VR Plugin"、针对 VIVE 头显优化的 "The Lab" 渲染器以及 VIVE 程序快捷开发工具 "VRTK-Virtual Reality Toolkit"。我们将针对这三款插件进行讲解，再以案例的方式对整个制作流程进行详细的说明。

6.1　HTC VIVE 简介

6.1.1　VIVE 设备介绍

    头戴式显示器上共有 32 个定位感应器，其准确定位所带来的临场感能使人沉浸在 110° 视场叹为观止的视觉内容中。精细的图像在 2160×1200 的分辨率及 90 Hz 刷新率的推送下，带来了流畅的游戏体验和逼真的感受与动作。两个握在手中的无线控制器各有 24 个定位感应器，提供了 360° 的 1:1 的精密动作捕捉。控制器上搭载二段式扳机、多功能触摸板和 HD 触感反馈，有了它们就能行云流水、随心所欲地和游戏内容交互。而房间规模的动作捕捉则是通过两个定位器来完成的，定位器能直接无线同步，如此一来就无须使用额外的电线。

    为了让体验不中断，VIVE 还内置了便利与安全功能。Chaperone 系统将在接近游戏空间边缘时做出提醒，而显示器上的前置摄像镜头也能将现实中的物体融入虚拟世界。

    VIVE 设备的主要特点如下。

-   SteamVR 技术支持：房间规模体验、绝对定位、Chaperone 导护系统及 Steam 本身，均将来到虚拟现实中。

-   房间规模：两个定位器提供了 360° 的精密动作捕捉，让用户能够随意在空间内移动并探索一切，你会是虚拟世界的中心点。

- 头戴显示器：拥有 32 个定位感应器、110°的视场、2160×1200 的分辨率、90Hz 的刷新率。
- 无线控制器：有两个可充电的无线控制器，搭载了二段式扳机、多功能触摸板和 HD 触感反馈。
- Chaperone：在虚拟世界中替你留意现实环境的限制，而前置镜头能在需要时将现实带入虚拟世界。
- 电信服务：在游玩的同时也能接通来电、收取短信以及查看日程表与代办事项。
- Vive Home：定制化的个人空间，让你能在虚拟与现实中转换，并探索新的体验内容。

VIVE 的硬件主要包括以下几个。

- VIVE 头戴设备，如图 6-1 所示。头戴设备是进入虚拟现实环境的窗口，而且设备上具有可被定位器追踪的感应器，感应器非常灵敏，请勿遮挡或刮擦感应器镜头，包括距离感应器，不可单独购买。

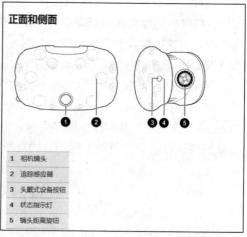

正面和侧面

1	相机镜头
2	追踪感应器
3	头戴式设备按钮
4	状态指示灯
5	镜头距离旋钮

背面

1	滑带
2	音频线
3	三合一连接线
4	IPD（瞳孔间距）旋钮
5	面部衬垫
6	镜头
7	距离感应器

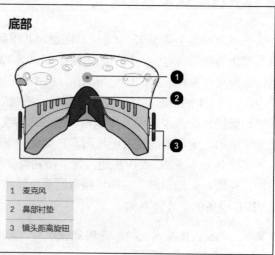

底部

1	麦克风
2	鼻部衬垫
3	镜头距离旋钮

图 6-1　硬件说明

■ 可以通过 IPD 旋钮来调整瞳孔间距，瞳孔间距（IPD）是指双眼瞳孔中心之间的距离。一种快速估算的方法是对着镜子，然后用毫米尺丈量眉毛。使用此测量值作为指导来调整头戴式设备镜头之间的距离，以便获得更好的观看体验。

■ 如果佩戴尺寸较大的验光眼镜或者睫毛较长，可能需要增加镜头与面部的距离。仅在需要时增加此距离，因为镜头距离眼睛越近，在佩戴头戴式设备时的视野越好。

其中配件包括头盔、三合一连接线、音频线、耳塞式耳机、面部衬垫两个、镜头清洁布。

● VIVE 操控手柄，如图 6-2 所示。使用操控手柄时可与虚拟现实世界中的对象进行互动。其中配备了 24 个感应器、多功能触摸板、双阶段触发器、高清触觉反馈和可充电电池，电池容量为 960 毫安时。

■ 要启动操控手柄，请按下系统按钮直至听到"哔"的一声。

■ 要关闭操控手柄，请长按系统按钮直至听到"哔"的一声。

■ 退出 SteamVR 应用程序时，操控手柄将自动关闭。操控手柄也会在闲置一段时间后自动关闭。

VIVE 操控器中的键位设置如图 6-3 所示。

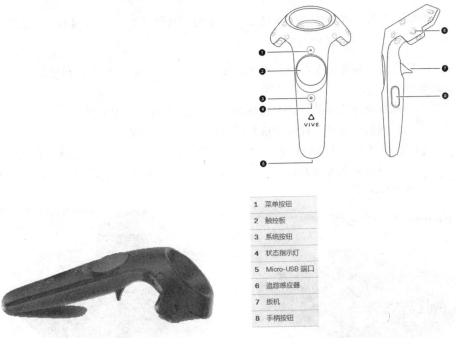

1	菜单按钮
2	触控板
3	系统按钮
4	状态指示灯
5	Micro-USB 端口
6	追踪感应器
7	扳机
8	手柄按钮

图 6-2　手柄　　　　　　　　　　　　　图 6-3　手柄说明

其中配件包括操控器 2 支、电源适配器 2 个、挂绳 2 根、Micro-USB 数据线 2 条。

● VIVE 定位器，如图 6-4 所示。定位器将信号发射到头戴式设备和操控手柄，实现空间定位，具备无线同步功能。请勿让任何物体遮住前面板。定位器开启后，可能会影响附近的某些红外感应器，例如电视红外遥控器使用的感应器。定位器设备说明如图 6-5 所示。

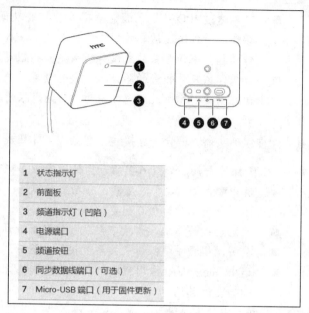

1	状态指示灯
2	前面板
3	频道指示灯（凹陷）
4	电源端口
5	频道按钮
6	同步数据线端口（可选）
7	Micro-USB 端口（用于固件更新）

图 6-4　定位器　　　　　　　　　　　　　　　　图 6-5　定位器说明

其中配件包括定位器 2 个、电源适配器 2 个、安装工具包（2 个支架、4 颗螺丝和 4 个锚固螺栓）。

- VIVE 串流盒，如图 6-6 所示。串流盒是头戴式设备与计算机之间的连接渠道，让虚拟现实成为可能。
  其中配件包括电源适配线、HDMI 连接线、USB 连接线、固定贴片。
- 除了上述提到的设备外，HTC VIVE 还为用户提供了一些选装硬件。
  - VIVE 追踪器，能在欲加装的配件和 VIVE VR 系统之间建立无线、无延迟连接，甚至可以在数码单反相机中加装 VIVE 追踪器，制作混合现实视频，增加乐趣，如图 6-7 所示。

图 6-6　串流盒　　　　　　　　　　　　　　　　图 6-7　追踪器

- VIVE 畅听智能头带，内置一体式耳机、舒适的内部衬垫及操作简单的头盔尺寸调节旋钮，让 VR 虚拟实境体验沉浸感更好，如图 6-8 所示。
- VIVE 无线升级套件，可让头显与电脑之间原有的多根数据线升级为无线的方式连接，通过简单的设置即可享受毫无线缆牵绊、完全沉浸的虚拟现实体验，如图 6-9 所示。

图 6-8　畅听智能头带　　　　　　　　　　　图 6-9 无线套件

目前，出售的 VIVE 分为以下三个版本。

- 普通版: 包括头戴式设备、串流盒、操控手柄两支、定位器 2 个及其他配件。
- 商用多人版: 包括 VIVE BE 头戴式设备 10 个、VIVE BE 定位器 2 个、串流盒 10 个及其他配件。
- 商用 BE 版: 包括 VIVE BE 头戴式设备、VIVE BE 定位器 2 个、串流盒、VIVE BE 操控手柄 2 支、VIVE BE 定位器 2 个、5 米头戴式设备延长套件、耳机、VIVE 畅听智能头戴及其他配件。

6.1.2　VIVE 设备安装

HTC 公司非常贴心地为 VIVE 提供了上门安装服务，可以通过其官方网站预约安装服务，预约地址：https://www.vive.com/cn/viveinstallationservice/。需要注意的是，安装服务仅针对家庭自用的个人用户，不适用于单位客户或非家庭自用的个人客户。安装服务包括：

- 激光定位器的安装。
- 连接 VIVE 组件到个人电脑。
- 安装 VIVE 相关软件。
- 电源线及数据线捆绑并放置整齐。

除了选择上门安装之外，也可以自行安装，接下来说明安装方法。

- 将头戴式设备连接到电脑。

步骤 01 将电源适配器连接线连接到串流盒上对应的端口,然后将另一端插入电源插座以开启串流盒，如图 6-10 所示。

步骤 02 将 HDMI 连接线插入串流盒上的 HDMI 端口，然后将另一端插入电脑显卡上的 HDMI 端口。

步骤 03 将 USB 数据线插入串流盒上的 USB 端口,然后将另一端插入电脑的 USB 端口。

步骤 04 将头戴式设备三合一连接线（HDMI、USB 和电源）对准串流盒上的橙色面，然后插入。

若要将串流盒固定于某处，则可撕掉固定贴片上的贴纸，再将有黏性的一面牢牢贴于串流盒底部，然后将串流盒固定到所需的区域，如图 6-11 所示。

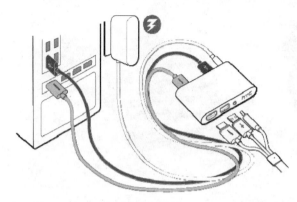

图 6-10　串流盒　　　　　　　　　　图 6-11　固定串流盒

● 游玩区设定。

游玩区设定的 VIVE 虚拟边界，与虚拟现实物体的互动都将在游玩区中进行。VIVE 设计用于房间尺度设置，但也可用于站姿和坐姿体验。

在选择设置前，要确保有足够的空间。房间尺度设置需要至少为 2 米×1.5 米的游玩区。房间尺度设置示例如图 6-12 所示。

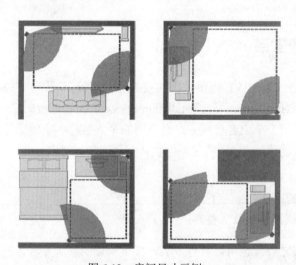

图 6-12　房间尺寸示例

坐姿和站姿体验没有空间大小要求。坐姿、站姿设置示例如图 6-13 所示。

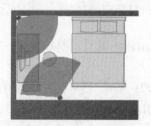
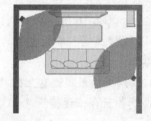

图 6-13　坐姿、站姿设置示例

当找到指定为游玩区的空间时，为获得最佳效果，需执行以下操作:

- 将家具和宠物等所有障碍物移出游玩区。
- 将电脑放置在游玩区附近，头戴式设备线缆可从电脑延伸约 5 米。
- 确保定位器安装位置的附近有电源插座，要根据需要使用 12V 的电源延长线。
- 请勿让头戴式设备暴露于直射阳光下，因为这可能会损坏头戴式设备的显示屏。

● 定位器的安装。

特别提示: 在开箱期间，需撕掉定位器前面板上覆盖的薄膜。

步骤 01 在安装定位器之前，应当先决定好要设置房间尺度是坐姿还是站姿的游玩区。

步骤 02 将定位器安装在房间内的对角位置。安装定位器时，也可使用三脚架、灯架或吊杆，或安放在稳固的书架上，避免使用不牢固的安装方式或容易振动的表面。

① 在墙壁上标好要安装各个支架的位置，然后旋紧螺丝将支架装好。在混凝土或板墙上安装时，先钻¼英寸大小的安装孔，插入锚固螺栓，然后旋紧螺丝，将支架装好，如图 6-14 所示。

② 转动定位器，将其旋入螺纹球形接头。请勿一直往里旋入定位器，只需确保足够稳定、朝向正确即可。

③ 将翼形螺母旋入定位器，使其固定就位。

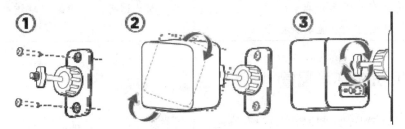

图 6-14　固定定位器

④ 要调整定位器的角度，先拧松夹紧环，同时小心拿住定位器以免掉落，如图 6-15 所示。

⑤ 转动定位器角度，使其朝向游玩区，确保与另一个定位器之间的视线不受阻挡。

⑥ 每个定位器的视场为 120°。应当将其向下倾斜 30°~45°，要固定定位器的角度，需拧紧夹紧环。

⑦ 为每个定位器接上电源线。

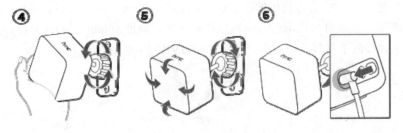

图 6-15　调整定位器

步骤 03 为每个定位器接上电源线，然后分别插入电源插座以开启电源，状态指示灯应显示绿色，如图 6-16 所示。

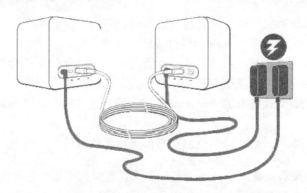

图 6-16   为每个定位器接上电源线

 连接定位器并设置频道。

● 不使用同步数据线。按下定位器背面的频道按钮，将一个定位器设为频道 "B"，另一个设为频道 "C"。

● 使用同步数据线（可靠性增强选件）。按下定位器背面的频道按钮，将一个定位器设为频道 "A"，另一个设为频道 "B"。

> 提示　请勿在定位器开启后移动位置或调整角度，因为这可能会中断追踪过程，否则可能需要重新设置游玩区。

6.1.3 VIVE 开发环境配置

VIVE 对电脑的配置要求比较高，只有满足以下配置或更高配置才能流畅地游玩。

● 处理器：Intel® i5-4590 / AMD FX 8350 同等或更高配置。
● 显卡：NVIDIA® GeForce® GTX 1060 / AMD Radeon™RX 480 同等或更高配置。
● 内存：4G 及以上。
● Video 视频输出：HDMI 1.4 或者 DisplayerPort 1.2 或更高版本。
● USB 端口：1×USB 2.0 或更高版本的端口。
● 操作系统：Windows 7 SP1、Windows 8.1 或更高版本、Windows 10。

我们也可以通过 VIVE 官方提供的小软件 "ViveCheck.exe"。测试自己的电脑是否达到标准，如图 6-17 所示。此软件可以通过官方网站进行下载，地址为 https://www.vive.com/cn/ready，也可以通过本书提供的下载资源下载，目录为 "6/VIVE 电脑配置测试"。

图 6-17   电脑配置检测

在确认电脑配置之后，必须安装一个名为 "SteamVR" 的软件，用以启动硬件。软件可以从官方网站下载，地址为 https://www.vive.com/cn/setup/。若是初次使用，可以单击下载 VIVE
设置向导；若已经在使用 VIVE，则可以单击下载 VIVE 软件安装程序。

　　这里以 VIVE 设置向导为例进行介绍，单击下载设置向导，如图 6-18 所示。

图 6-18　VIVE 设置向导

该向导程序会安装以下两个程序。

- VIVE 软件，软件内有一个名为 Viveport 的平台，用户可以通过该平台下载很多精彩
的游戏，例如"The Lab"等，如图 6-19 所示。

图 6-19　VIVE 平台

- SteamVR 软件，用以调试与启动 VIVE 的硬件，如图 6-20 所示。

图 6-20　SteamVR 软件

　　若首次使用该软件，则需要进行房屋设置，如图 6-21 所示。

　　根据不同的需求进行不同的配置。配置的方法按照软件的提示一步一步地进行，软件本身
已经将配置方法讲得非常详细，这里就不再重复说明。

　　若房间布局发生改变，需要重新进行设置时，则可以通过"SteamVR"软件进行设置，如
图 6-22 所示。

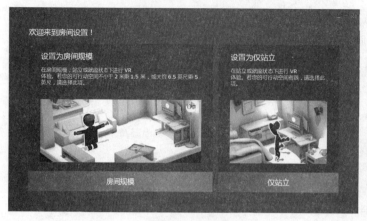 

图 6-21　房屋设置　　　　　　图 6-22　使用"SteamVR"软件进行设置

6.2　开发准备

6.2.1　SteamVR Plugin

在 Unity 中使用 VIVE 做开发必须要使用由 Valve 公司提供的"SteamVR Plugin"插件。本插件可以从 Asset Store 中进行下载，如图 6-23 所示，也可以从本书提供的下载资源中下载，目录为"6/Plugin/Steam VR Plugin.unitypackage"。编写本书时，最新版本号为 1.2.1。

图 6-23　"SteamVR Plugin"插件

需要注意的是，本版本的插件要求 Unity 的版本为 Unity 4.7.1 或更高版本。

SteamVR Plugin 快速入门指南。

步骤 01　将本插件导入 Unity 编辑器中，同意插件的设置，如图 6-24 所示。导入成功后，在"Project"面板中的插件目录如图 6-25 所示。

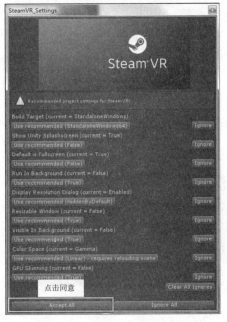

图 6-24　导入设置

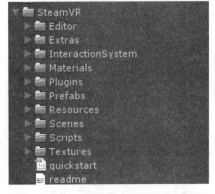

图 6-25　目录

步骤 02 在"Hierarchy"面板中选中"Main Camera",如图 6-26 所示。

步骤 03 为"Main Camera"添加一个名为"Steam_VR_Camera"的组件,如图 6-27 所示。

图 6-26　"Main Camera"物体

图 6-27　添加"Steam_VR_Camera"脚本组件

步骤 04 单击"Expand"按钮,如图 6-28 所示。

步骤 05 这个"Expand"按钮会拓展相机,创建一个头部控制的父物体,即可定位原点,用以控制相机跟随头戴设备的运动,如图 6-29 所示。

图 6-28 单击"Expand"按钮

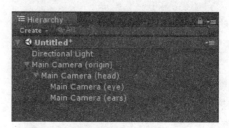

图 6-29 层级展示

步骤 06 单击"Main Camera (eye)"物体上的组件"Steam_VR_Camera（Script）"中的"Collapse"按钮，可以将相机复原，如图 6-30 所示。

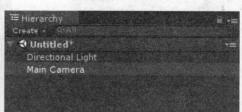

图 6-30 还原相机

除了这种官方介绍的方法外，我们也可以快速地搭建。

步骤 01 删除场景中原有的相机。

步骤 02 找到"Project"面板中的"StreamVR/Prefabs/[CameraRig]"这个 Prefab，如图 6-31 所示，将该 Prefabs 拖曳到场景中，如图 6-32 所示。

图 6-31 Prefabs 路径

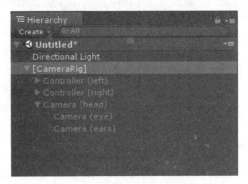

图 6-32 拖拽到场景中的层级

步骤 03 该 Prefab 中包含头部追踪及左右手柄的模型控制驱动。我们可以通过[CameraRig]
物体上的 "Steam_VR_Play Area" 组件来更改在虚拟世界中游玩区的大小，如图
6-33 所示。

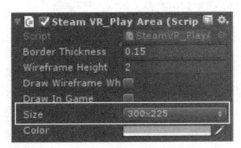

图 6-33 设置游玩区尺寸

6.2.2 The Lab Renderer 入门

在 VIVE 中有一款非常著名的游戏 "The Lab"，经常在排行榜中居于榜首，如图 6-34 所示。
该款游戏是由 Value 公司用 Unity 开发的，而 The Lab Renderer 则是该游戏所使用的渲染器（除
修理机器人以外）。这款渲染器可以为现在的 VR 渲染提供更加逼真的体验，而现在 Value 公司
已经将该渲染器的源代码和着色器代码免费发布给 Unity 的开发者，这样开发者可以根据自身需
求对其进行改造。

图 6-34 The Lab 游戏

The Lab 渲染器基于 Unity 的标准渲染，有以下特点。

● 单通道正向渲染与多重采样抗锯齿。正向渲染对于虚拟现实开发是一个关键点，因为正向渲染可以让程序使用虚拟现实中最好的抗锯齿方法多重采样抗锯齿。

● 自适应质量。Valve 公司于 2016 年的 GDC 游戏开发者大会上提出了 Adaptive Quality（自适应质量）算法，可以优化 VR 的渲染性能。自适应质量是一种以动态的改变渲染保真度来保持帧率的方法，而不是依赖传统的二次投影方法。在自适应质量算法中的所有参数都可以由用户自定义。

● 自定义着色器。在使用本插件时，建议所有物体的材质都使用 The Lab 的着色器。不建议将 Unity 着色器与 The Lab 着色器混合使用，这样会造成重复渲染阴影。用户可以通过更改着色器的源代码，进行自定义来满足不同项目的需求。

● 显卡的运用。在 VR 渲染中有一个鲜为人知的性能技巧，在一定的程度内预热渲染 API，这意味着要确保显卡随时保持运行。本插件会在主摄像机的 OnPostRender（）函数周期中调用 Unity 的 GL.Flush（）方法，这样就可以确保显卡收到的绘制调用是以时间顺序被排在 DirectX 的运行队列中的。

The Lab Renderer 渲染器快速入门指南。

步骤 01 将本插件导入 Unity 编辑器中，插件目录为 "6/Plugin/The Lab Renderer.unitypackage"。若出现需要升级 API 的情况，则单击 "I Made a Backup.Go Ahead！"（备份继续）按钮，如图 6-35 所示。导入后，统一本插件的设置，如图 6-36 所示。导入成功后，在 "Project" 面板中的插件目录如图 6-37 所示。

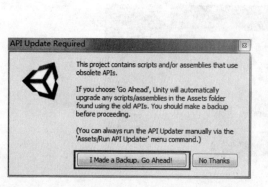

图 6-35　备份

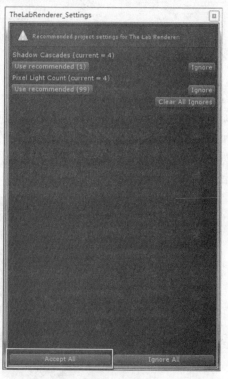

图 6-36　导入设置

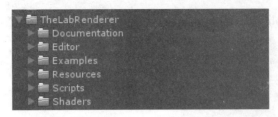

图 6-37　目录

步骤 02 选中场景中的摄像机，添加一个名为 "Valve Camera" 的脚本，如图 6-38 所示。

步骤 03 为场景中所有的实时灯光添加一个名为 "ValveRealtimeLight" 的脚本，如图 6-39 所示。

图 6-38　添加 "Valve Camera" 脚本组件

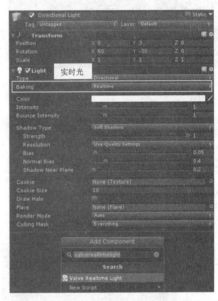

图 6-39　添加 "ValveRealtimeLight" 脚本组件

步骤 04 将场景中材质球的着色器转换为 Valve 的着色器，可以通过插件提供的快捷方式一键转换。选择菜单栏中的 "Valve/Shader Dev/" 的对应项，如图 6-40 所示，就会将 Unity 标准着色器改变为 vr_standard 着色器。

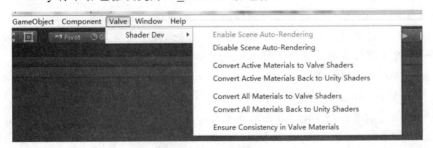

图 6-40　转换材质球

步骤 05 确保在 "Player Settings" 中的虚拟显示开发工具包只有 "OpenVR"，如图 6-41 所示。因为本插件特性之一的自适应质量必须依赖于 "OpenVR" 来驱动逻辑。

步骤 06 关闭 "Quality"（质量）设置中的实时阴影，打开菜单栏中的 "Edit/Project

Settings/Quality"，将"Shadows"改为"Disable Shadows"，如图 6-42 所示。

图 6-41 设置 SDK

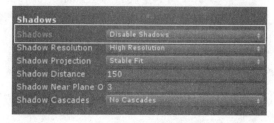

图 6-42 设置阴影

6.2.3 The Lab 渲染器重要元素介绍

1. Valve Menu Items（Valve 菜单项）

Valve 菜单项如图 6-43 所示。

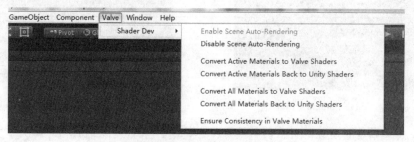

图 6-43 Valve 菜单项

- Enable/Disable Scene Auto-Rendering：开/关场景的自动渲染。
  这会强制 Unity 编辑器场景窗口持续渲染。一般情况下，只有当 Unity 的场景窗口发生改变时才会渲染，用以放置 Unity 使用多余的 GPU 周期。但是某些时候用户希望视图一直处于渲染状态，这样无须运行就可以预览一些效果。
- Convert Active materials to/Back to Valve / Unity Shaders：转换场景中已经激活的材质着色器到 Valve 着色器或者 Unity 标准着色器。此选项会自动转换当前场景中所有已加载的材质球着色器到 Valve 着色器或者 Unity 的标准着色器。
- Convert All Materials to/Back to Valve/Unity Shaders：转换所有的材质球着色器到 Valve 着色器或者 Unity 标准着色器。此选项会自动转换项目工程中的所有材质球着色器到 Valve 着色器或者 Unity 的标准着色器。
  需要注意的是，不是所有的设置都会被很好地转换。Valve 着色器与 Unity 标准着色器是不一样的，但是输入的参数几乎一致。用户可能需要调整一些材质设置和一些与高光相关的贴图。

● Ensure Consistency in Valve Materials: 确保 Valve 材质球的稳定性。当用户更新插件时，一些材质球或者着色器的设置也许被改变了。可以通过单击这个选项来确保所有使用 Valve 着色器的材质被正确地设置。一般情况下，如果用户使用上述方法转换着色器，就不需要使用这个方法。

2. Valve Camera Component（Valve 相机组件）

该组件被应用添加到场景中的相机上。

● Lights&Shadows: 灯光与阴影，如图 6-44 所示。

图 6-44 Lights&Shadows（灯光与阴影）

■ Valve Shadow Texture Width/Height: 阴影贴图的宽度/高度。场景中所有阴影贴图共计的尺寸，建议设置成需要的最大尺寸。

■ Indirect Lightmaps Only: 只使用间接灯光贴图，只是使用烘焙光照贴图中的间接部分。

● Adaptive Quality: 自适应质量，如图 6-45 所示。

图 6-45 Adaptive Quality（自适应质量）

■ Adaptive Quality Enabled: 开启自适应质量。若勾选，则开启自适应质量；若不勾选，则使用 OpenVR 提供的推荐分辨率渲染。

■ Adaptive Quality Debug Vis: 开启自适应质量调试。此项仅限开发模式下，其作用是开启 VR 中显示当前质量的等级。若没有勾选，则可以在 VR 游戏中按 Shift+F1 组合键动态开启，其样式如图 6-46 所示。

图 6-46 自适应质量

其中的每一个方格代表不同的质量等级。左边质量等级最低，右边质量等级最高。图 6-46 中绿色的方块意味着当前质量在 OpenVR 提供推荐的渲染目标分辨率之内，如图 6-47 中黄色的方块被显示意味着低于 OpenVR 推荐的渲染目标分辨率。若最左边红色的方块被显示，则意味着可能在头戴设备中看见重影，质量非常低。

图 6-47 质量等级显示

提示 图 6-46 和图 6-47 的彩图可在本书提供的下载资源中获取。

- MSAA Level: 多重采样抗锯齿的级别，推荐使用 4 或者 8。
- Min/Max Render Target Scale: 最小、最大渲染目标大小。设置一个范围对应 OpenVR 的推荐渲染目标分辨率，自适应质量算法在该范围内自动调整大小。
- Max Render Target Dimension: 最大渲染目标尺寸，设置渲染器渲染目标尺寸的最大值。
- Helper: 帮助，如图 6-48 所示。

图 6-48　Helper（帮助）

- Cull Lights In Scene Editor: 在场景编辑器中开启灯光剔除。若在 Unity 编辑器中有大量的实时灯光，启用本选项可以根据当前场景窗口的视图来剔除灯光，在编辑器中启用一个更加平滑的工作流。
- Cull Lights From Editor Camera: 从编辑器相机中开启灯光剔除。启用本项时，会根据"Valve Camera"组件所在相机的观看范围来剔除光照。
- Hide All Valve Materials: 隐藏所有的 Valve 材质球，用于一键识别使用 Valve 着色器的材质球。
- Debug Information: 调试信息，如图 6-49 所示。

  用于展示场景中使用"Valve Realtime Light"组件的灯光信息。

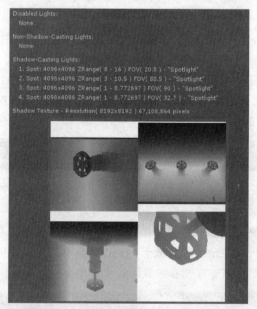

图 6-49　Debug Information（调试信息）

- Valve Realtime Light（Script）: Valve 实时光照组件，如图 6-50 所示。

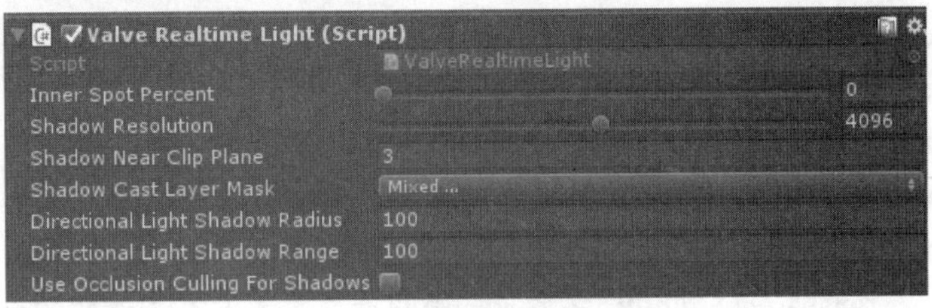

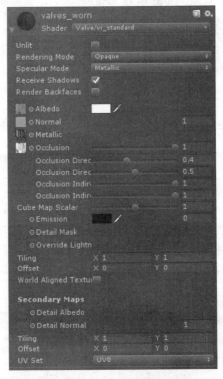

图 6-50　Valve 实时光照组件

- Inner Spot Percent: 聚光灯边缘模糊度，值越大，边缘模糊范围越大。
- Shadow Resolution: 阴影分辨率。阴影贴图的分辨率，场景中所有的 Valve 实时灯光的阴影分辨率合并在一起不能超过 Valve 相机中设置的分辨率最大值，否则将会抛出异常。
- Shadow Near Clip Plane: 阴影近距裁切值。当阴影距离小于该值时，将不会被投射。
- Shadow Cast Layer Mask: 阴影投射的遮罩层，针对层来忽略阴影。
- Directional Light Shadow Radius/Range: 方向光阴影的半径、范围。在方向光中，投影的半径与范围，若对象超出这个参数，则不会投射阴影。
- Use Occlusion Culling For Shadows: 阴影是否使用遮挡剔除。在一些复杂的烘焙遮挡场景中，实时阴影在本项关闭时可能运行更快。

● Valve VR Standard Shader: Valve VR 标准着色器，如图 6-51 所示。

图 6-51　Valve VR 标准着色器

Valve 标准着色器与 Unity 标准着色器的工作流程几乎是一样的，Valve 着色器可以替代一些 Unity 内置的着色器。

- Standard: Unity 标准着色器。
- Standard（Specular Setup）: Unity 标准高光着色器。
- Unlit - Color: 不发光-颜色着色器。
- Unlit - Texture: 不发光-贴图着色器。
- Unlit - Transparent: 不发光-透明着色器。
- Unlit - Transparent Cutout: 不发光- 透明着色器（没有半透明的过度）。

● Rendering Mode: 渲染模式，如图 6-52 所示。

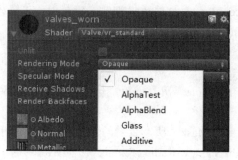

图 6-52　渲染模式

前 4 种模式对应 Unity Standard 着色器渲染中的 4 种模式，有一种 Additive 模式是一种附加混合模式。

● Specular Mode: 高光模式，如图 6-53 所示。

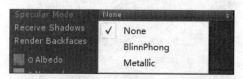

图 6-53　高光模式

其中包含三种模式：None、BlinnPhong、Metalic，可以通过选择 None 选项来提供没有高光的表面性能。

6.2.4　Virtual Reality Toolkit 简介

Virtual Reality Toolkit 简称 VRTK，是一系列非常有用的脚本和很有启示的想法，可以在 Unity 5.0 以上的版本中借助该插件快速、轻松地构建 VR 解决方案。

VRTK 包含一些常见的解决方案：

● 虚拟空间内的多种运动方式。
● 互动性，例如触摸、抓住并使用物体。
● 通过射线或触摸与 Unity 3D 中的 UI 元素互动。
● 在虚拟空间内身体的物理特性。
● 二维、三维的控制，例如按钮、杠杆、门、抽屉等。

本插件支持的 SDK 如下：

- VR Simulator VR 模拟器，内置。
- SteamVR Unity Asset，此 SDK 下载地址为 https://assetstore.unity.com/packages/templates/systems/steamvr-plugin-32647。
- Oculus Utilities Unity Package，此 SDK 下载地址为 https://developer3.oculus.com/downloads/game-engines/1.10.0/Oculus_Utilities_for_Unity_5/。
- Google VR SDK for Unity （支持可能不太完善，尚属于实验期），此 SDK 下载地址为 https://developers.google.com/vr/unity/download。

VRTK 快速入门指南。

步骤 01　下载 VRTK。
- 在 Github 中下载，地址为 https://github.com/thestonefox/VRTK。
- 在 Unity 的 Asset Store 中下载，如图 6-54 所示。
- 此插件在本书提供的下载链接中也可以下载，版本与 Asset Store 中的版本一致，目录为 "6/Plugin/VRTK - Virtual Reality Toolkit.unitypackage"。

本插件适用于 Unity 5.4.4 及更高的版本，当前使用的插件版本为 3.1.0。

图 6-54　下载 VRTK

步骤 02　导入 VRTK，结构目录如图 6-55 所示。

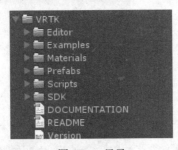

图 6-55　目录

步骤 03　使用 VRTK 中内置的 VR Simulator（VR 模拟器）。

① 新建场景，将 "Project" 面板中 "VRTK/Prefabs/" 文件夹内的 "VRSimulatorCameraRig" 预制体拖曳到场景内。由于该预制体中包含相机，因此删除场景中原有的 "Main Camera"。
② 在场景中新建一个名为 "[VRTK]" 的空物体，并为其添加名为 "VRTK_SDK Manager"

的脚本。

③ 使用组件中的"Quick select SDK"快速选择 SDK 按钮，选择"Simulator"，如图 6-56 所示。

"System SDK""Boundaries SDK""Headset SDK""Controller SDK"都会被一键设置为 "Simulator"，如图 6-57 所示。

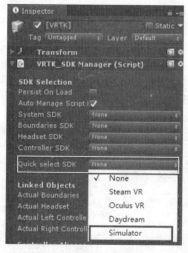

图 6-56　快速选择 SDK

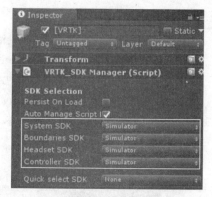

图 6-57　一键设置为"Simulator"

④ 单击组件中的"Auto Populate Linked Objects"按钮自动链接填充物体，如图 6-58 所示。

组件中的"Linked Objects"与"Controller Aliases"（除 Script Alias Left/Right Controller 外）会自动填充，填充内容即为"VRSimulatorCameraRig"预制体的内容，如图 6-59 所示。若场景中没有该预制体，则控制台会报错。

图 6-58　自动链接

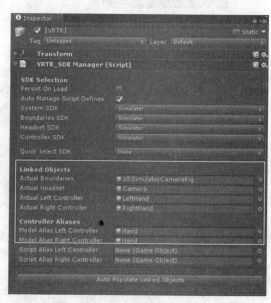

图 6-59　自动链接展示

VR Simulator 默认操作方法如下：

- "W、S、A、D" 4 个键控制相机的移动。
- 按下键盘左侧的 Alt 键，可以在鼠标控制相机角度和鼠标控制手柄移动之间切换。
- 按下键盘上的 Tap 键，可以切换为左右手柄的控制。
- 按住键盘左侧的 Shift 键，可以让鼠标控制手柄的移动变成鼠标控制手柄的旋转。
- 按住键盘左侧的 Ctrl 键，可以让鼠标控制手柄在 XZ 轴上移动转变成在 XY 轴上移动。
- 鼠标左键，可以模拟手柄上的 "Grip" 键。
- 鼠标右键，可以模拟手柄上的 "Trigger" 键。
- 键盘上的 Q 键，模拟手柄上的 "Touchpad" 键。
- 键盘上的 E 键，模拟手柄上的 "Button One" 键。
- 键盘上的 R 键，模拟手柄上的 "Button Two" 键。
- 键盘上的 F 键，模拟手柄上的 "Menu" 键。

除了默认的操作方法外，也可以通过自定义按钮进行控制。在场景中找到名为 "VRSimulatorCameraRig" 的物体，修改其组件 "SDK_Input Simulator" 中的公共属性，如图 6-60 所示。

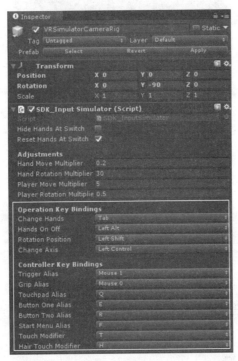

图 6-60　控制器属性

步骤 04　VRTK 与 SteamVR 结合使用。

① 将 "SteamVR" 插件导入工程文件。
② 新建场景，将 "Project" 面板的 "SteamVR/Prefabs/" 文件夹内的 "[CameraRig]" 预制体拖曳到场景中，删除场景中原有的相机。
③ 在场景中新建一个名为 "[VRTK]" 的空物体，并为其添加名为 "VRTK_SDK Manager"

的组件。

④ 使用组件中的"Quick select SDK"快速选择 SDK 按钮，选择"Steam VR"。将"System SDK""Boundaries SDK""Headset SDK""Controller SDK"一键设置为"Steam VR"。

⑤ 单击组件中的"Auto Populate Linked Objects"自动链接填充物体，将会自动链接到"[CameraRig]"预制体中的物体，如图 6-61 所示。

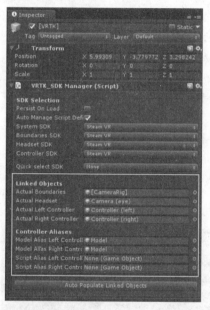

图 6-61　自动链接 Steam VR SDK

在这里只是简单介绍了一下 VRTK 的知识，6.3 节将结合实际的案例进一步介绍 VRTK 的进阶技巧。

6.3　VIVE 版室内开发

6.3.1　案例概述

在科技突飞猛进的今天，越来越多的先进技术被应用在民用领域。例如，在房地产行业中，从静帧效果图到预定路线的建筑漫游动画，再到 PC 端的虚拟现实程序展示及下面要提及的基于 VIVE 的虚拟现实程序展示。我们可以看到一些有趣的规律：

● 用户自由度越来越高。

● 用户体验的沉浸感越来越强。

● 用户参与交互的方式越来越多样化。

本节开始先学习一个基于 VIVE 的虚拟现实实战案例。本案例旨在用最少的代码实现在实际开发过程中会遇到的常用功能点，非常快速地搭建一个让客户有直观感受的解决方案，这个过程离不开"VRTK"插件的强大功能以及"The Lab Renderer"提供的优化方案。

在本案例中涉及的知识点有：

● 场景的烘焙及美化。
● 实施基于"The Lab Renderer"渲染器的优化方案。
● 人物在室内行走。
　　■　用户在游玩区内自行走动。
　　■　用户通过按下手柄按钮在室内行走。
● 当人物的头或身体穿墙时，做出提示。
● 利用手柄对室内物体的拾取。
● 利用手柄对室内的门进行开关操作。
● 利用手柄对室内的灯进行开关操作。
● 在 VIVE 世界中，利用手柄对三维 UI 的处理方式。

在了解本案例需要实现的功能后，再来说说本案例中需要编写的脚本。该脚本共有两个，功能分别是：

● 控制灯的开关。
● UI 的处理。

简单的两个脚本即可让读者在半个小时左右做出一个一模一样的案例，如图 6-62 所示。除了这两个脚本之外，将使用"VRTK"内自带的脚本完成其他的功能，可以大大地缩短开发的时间并提高开发效率。

图 6-62　室内设计效果

6.3.2　资源导入

在本案例中，场景使用 ArchVizPRO 系列中的一个户型资源包。此资源包仅供学习参考，不得用于任何商业用途，否则产生的一切后果将由使用者本人承担，若觉得此资源不错，则可购买正版。

步骤 01 新建项目工程，命名为 "Interior"。

步骤 02 将户型资源包导入 Unity 编辑器中，资源包路径为（"6/素材/ArchVizPRO Interior Vol1.unitypackage"）。由于资源包较大，因此导入时间可能稍长。导入后，由于当前使用的 Unity 版本较高，因此会弹出提示框提醒有一些 API 需要升级，单击 "I Made a Backup.Go Ahead!" 即可，如图 6-63 所示。

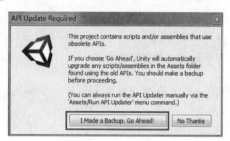

图 6-63　备份

步骤 03 将插件 "Steam VR Plugin" 导入 Unity 编辑器中，插件目录为 "6/Plugin/Steam VR Plugin.unitypackage"。导入成功后，同意插件对 Unity 设置的修改。

步骤 04 将插件 "The Lab Renderer" 导入 Unity 编辑器中，插件目录为 "6/Plugin/The Lab Renderer.unitypackage"。导入成功后，同意插件对 Unity 设置的修改。

步骤 05 将插件 "VRTK" 导入 Unity 编辑器中，插件目录为 "6/Plugin/VRTK - Virtual Reality Toolkit.unitypackage"。

步骤 06 将音频文件导入 Unity 编辑器，目录为 "6/素材/BGM.mp3"。

6.3.3　场景的烘焙与优化

在素材准备完毕之后，打开场景文件，路径为 "ArchVizPRO_Interior_01/3D SCENE/ArchVizPRO_Interior_01"。在 Game 视图中观察整个场景，会发现效果有问题，如图 6-64 所示。这是因为该场景设置了自动烘焙，当打开场景时，整个场景会被重新进行烘焙。

图 6-64　初始效果

当烘焙结束之后，可以看到非常完美的效果，如图 6-65 所示。

图 6-65 烘焙后的效果

在这里有一些相机镜头的特效运用，可以从 Camera 的组件中发现，例如景深、镜头光晕等。其中一些镜头特效在 VIVE 环境中不能被很好地兼容，也有一些特效不能运用在 VIVE 中，原因是会让用户产生眩晕感。

步骤 01 在 "Project" 面板中新建一个名为 "Scene" 的文件夹，用以存放场景。将 "ArchVizPRO_Interior_01" 场景文件在 "Scene" 文件夹中另存一份，命名为 "Interior"。

步骤 02 打开 "Interior" 场景文件，对烘焙进行设置。

① 将天空盒换成默认天空盒（Default-Skybox），环境光来源（Ambient Source）改为 Color 类型，颜色为纯白色，如图 6-66 所示。

② 按照需要对其进行重新烘焙，烘焙参数如图 6-66 所示。

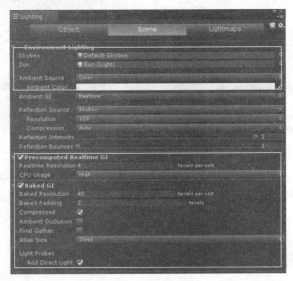

图 6-66 烘焙

步骤 03 将场景一些不需要的物体删除，物体列表如图 6-67 所示。

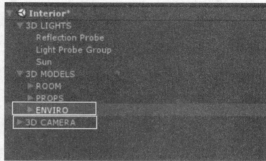

图 6-67　删除内容

步骤 04 将场景物体"Floor"中不需要的组件"PlaneReflection"删除。

步骤 05 设置场景中的灯光，参数如图 6-68 所示。

步骤 06 在 Lighting 面板中单击烘焙，待烘焙结束后，将场景中使用到的材质球的着色器一键转化为 The Lab Renderer 渲染器的 Valve 着色器。

步骤 07 转化成功后，将"Steam VR Plugin"插件中的"[CameraRig]"预制体拖曳到场景中，让其位置坐标归零，并为预制体的子物体"Camera (eye)"（见图 6-69）添加 The Lab 渲染器的组件"Valve Camera"。

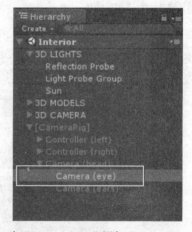

图 6-68　设置灯光　　　　图 6-69　为"Camera (eye)"添加"Valve Camera"组件

步骤 08 将场景中一些没有自动转成 Valve 着色器的材质球进行手动转化（可以通过 Valve Camera 组件中的隐藏所有 Valve 材质球"Hide All Valve Materials"选项进行快速预览）。

6.3.4　人物的自由行走

从本小节开始正式开始实现程序的功能，需要完成人物角色在室内场景中自由行走。
实现本功能的思路如下：

① 按住右手手柄上的触控板，从手柄顶部发出一条射线。

② 画出这条射线。

③ 判断射线是否碰到可行走的物体。

④ 若碰到的物体是可以行走的，则射线变为绿色；若没有碰到物体或者碰到的物体是不能行走的，则射线保持默认的红色。

⑤ 松开右手手柄的触控板，若射线碰到可行走物体，则角色移动到碰撞点的位置上；若射线没有碰到物体或碰到的是不能行走的物体，则角色位置保持不变。

此功能逻辑比较简单，可以自己编写脚本完成，也可以通过 VRTK 来实现。这里使用 VRTK 来实现这个功能。

步骤 01 创建并完善 VRTK 的 SDK Manager。

① 在 "Hierarchy" 面板中创建一个名为 "[VRTK]" 的空物体，并重置其 "Transform" 属性。

② 为 "[VRTK]" 添加一个名为 "[VRTK_SDK Manager]" 的 C#脚本组件。

③ 在其组件中设置快速选择 SDK 内容为 "Steam VR"，并单击自动关联按钮，如图 6-70 所示。

图 6-70　设置 SDK

步骤 02 创建两只手柄的控制器。

① 在 "Hierarchy" 面板中创建一个名为 "RightController" 的空物体，重置其 "Transform" 组件，并设置为物体 "[VRTK]" 的子物体。

② 为 "RightController" 物体添加手柄控制事件的 C#脚本组件（"VRTK_Controller Events"）。该脚本定义了触发手柄按键的事件，只需要注册事件即可接收到按钮事件。

③ 为 "RightController" 物体添加名为 "VRTK_Pointer" 的 C#脚本组件，用于创建一个简易的激光指针。

④ 为 "RightController" 物体添加名为 "VRTK_StraightPointerRenderer" 的 C#脚本组件，用于渲染激光指针。可以通过该组件来改变射线不同状态之间的颜色，如图 6-71 所示。

⑤ 将 "RightController" 物体中的 "VRTK_Pointer" 组件中的属性 "Point Renderer" 指针

渲染，指定为自身所挂载的"VRTK_StraightPointerRenderer"组件，如图 6-72 所示。

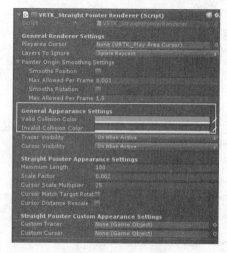

图 6-71　设置指针颜色

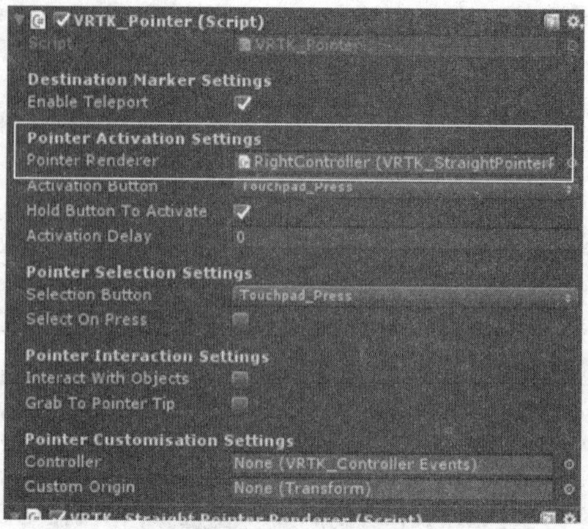

图 6-72　指定指针

步骤 03 将物体"[VRTK]"所挂载的组件"VRTK_SDK Manger"中的属性"Script Alias Right Controller"指定为物体"RightController"，如图 6-73 所示。

步骤 04 运行程序，按下手柄的触碰键已经可以发出射线了。当射线碰撞到碰撞体时会变成绿色。现在需要指定可以行走的区域。

① 在"Hierarchy"面板中选中场景中的地板，为其添加"Box Collider"碰撞组件，脚本物体如图 6-74 所示。

图 6-73　设置右手控制器

图 6-74　层级展示

② 为可行走的物体添加特有的"Layer"，用于碰撞体之间的区分。新建一个名为"Move"的 Layer，将所有可行走物体的 Layer 均设置为"Move"。

步骤 05 添加角色行走功能。

● 在"Hierarchy"面板中创建一个名为"MoveArea"的空物体，并将其设置为[VRTK]

的子物体。

- 为"MoveArea"添加名为"VRTK_BasicTeleport"的 C#脚本组件，该脚本用于行走。
- 为"MoveArea"添加名为"VRTK_PolicyList"的 C#脚本组件，该脚本可以用来指定射线碰撞的类型，如图 6-75 所示。
  - Operation 指定为"Include"（包含）。
  - Check Types 指定为"Layer"。
  - Size 设置为 2，一层用于人物行走，另一层为 UI 界面层。
  - Element 0 输入可行走物体的"Layer"，即"Move"。
  - Element 1 输入 UI 界面层"UI"。若不指定 UI 层，则 UI 交互时射线为红色。

图 6-75 设置"VRTK_Policy List"脚本组件

6.3.5 人物穿墙设置

在做这种类型的室内漫游时，往往会发生一种很尴尬的情况，角色会穿墙而过，而且会看到墙外的内容，让沉浸感大大降低。这种情况的处理方法分为两种，分别在 PC 端与 VIVE 端。

- PC 端，为墙体与角色添加碰撞，强制让角色通过碰撞的方式不能穿墙。
- VIVE 端，由于用户可以在游玩区自由行走，因此不能使用强制碰撞的方式，但是可以使用友好的提示。例如，当玩家穿墙时，整个画面显示黑色，从而起到提示用户的作用。

步骤 01 在"Hierarchy"面板中创建一个名为"Play Area"的空物体，重置其"Transform"属性，并设置为物体[vrtk]的子物体。

步骤 02 为物体"Play Area"添加名为"VRTK_Headset Collision"的 C#脚本组件。该组件用于检测 VIVE 头盔与墙体的碰撞，当发生碰撞时触发"HeadsetCollisionDetect"事件；当停止碰撞时，就会触发"HeadsetCollisionEnded"事件。可以通过"Collider Radius 参数来调整头部碰撞范围的大小，如图 6-76 所示。

图 6-76 设置碰撞检测

步骤 03 为物体"Play Area"添加名为"VRTK_Headset Fade"的 C#脚本组件，该组件的作用是编辑用户穿墙时的处理方式。

步骤 04 为物体"Play Area"添加名为"VRTK_Headset Collision Fade"的 C#脚本组件，该组件内容为监听"VRTK_Headset Collision"脚本内的事件，当发生碰撞时，调用"VRTK_Headset Collision Fade"脚本内的处理方法，如图 6-77 所示。

- Blink Transition Speed：发生碰撞穿墙时颜色渐变的速度。
- Fade Color：指定渐变的颜色。

步骤 05 设置墙体的属性。

① 为墙体（3D MODELS/ROOM/Wall）添加网格碰撞体。

② 新建一个名为 "Play Area" 的 Tag，并将墙体的 Tag 设置为 "Play Area"，如图 6-78 所示。

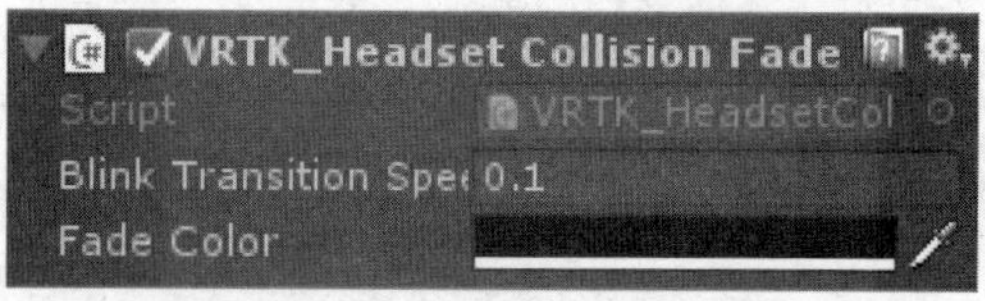

图 6-77 设置 "VRTK_Headset Collision Fade" 脚本组件

图 6-78 设置墙体的属性

步骤 06 为物体 "Play Area" 添加名为 "VRTK_Policy List" 的 C#脚本组件，该脚本可以用来指定防止穿墙的墙体，也可以用来排除不产生穿墙效果的其他碰撞体，如图 6-79 所示。

- 将 Operation 设置为 "Include"。
- 将 Check Types 设置为 "Tag"。
- 为 Element 0 输入防止穿墙物体的 Tag 名 "Play Area"。

步骤 07 将物体 "Play Area" 中组件 "VRTK_Headset Collision" 的 "Target List Policy" 属性设置为物体自身的 "Target List Policy" 组件，如图 6-80 所示。

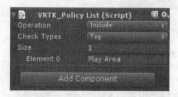

图 6-79 设置区域

图 6-80 设置 "Target List Policy" 属性

步骤 08 若用户发生穿墙时，则可以选择强制将用户弹出墙体（不建议使用，会产生眩晕感）。

为物体 "Play Area" 添加一个名为 "VRTK_Position Rewind" 的 C#脚本组件，如图 6-81 所示。

- Rewind Delay: 延时。
- Pushback Distance: 退回的距离。

步骤 09 此时，物体 "Play Area" 有一组组件，如图 6-82 所示。

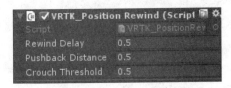

图 6-81　设置 "VRTK_Position Rewind" 脚本组件　　图 6-82　脚本组件内容展示

6.3.6　物体的拾取

本小节需要完成的功能是拾取室内的小物件——凳子。可以通过本小节的内容了解到在 VIVE 模式下如何抓取物体。

本功能的设想为两只手都可以通过手柄的 8 号键 "Grip" 来拾取物体。当手柄触碰到拾取的物体时，物体呈现高光效果；同时，当按下手柄上的 "Grip" 键时，将物体拾取到手柄中，此时物体跟随手柄移动，当松开手柄 "Grip" 键时，即可放开物体。

步骤 01 创建左手控制器。

① 在 "Hierarchy" 面板中创建一个名为 "Left Controller" 的空物体，重置其 "Transform" 属性，并设置为物体[vrtk]的子物体。

② 为 "Left Controller" 物体添加一个名为 "VRTK_Controller Events" 的 C#脚本组件，如图 6-83 所示。该组件可以自定义各个键位并发送各个键位的消息。若想要监听各个键位

的事件，则只需要在脚本中注册键位的事件即可，例如：

```
using UnityEngine;
using VRTK;
public class Events : MonoBehaviour {
    private VRTK_ControllerEvents _ce;
    private void OnEnable()
    {
        _ce = GetComponent<VRTK_ControllerEvents>();
        if ( _ce !=null )
        {
            _ce.TriggerPressed += _ce_TriggerPressed;
            _ce.TriggerReleased += _ce_TriggerReleased;
        }
    }
    private void _ce_TriggerPressed(object sender, ControllerInteractionEventArgs e)
    {
        Debug.Log ("TriggerPressed");
    }
    private void _ce_TriggerReleased(object sender, ControllerInteractionEventArgs e)
    {
        Debug.Log("TriggerReleased");
    }
    void OnDisable()
    {
        if ( _ce != null) '
        {
            _ce.TriggerPressed -= _ce_TriggerPressed;
            _ce.TriggerReleased -= _ce_TriggerReleased;
        }
    }
}
```

图 6-83 设置"VRTK_Controller Events"脚本组件

③ 为 "Left Controller" 物体添加一个名为 "VRTK_Controller Actions" 的 C#脚本组件。

④ 为 "Left Controller" 物体添加一个名为 "VRTK_Interact Touch" 的 C#脚本组件。该脚本为触摸交互脚本，会触发两个事件。

■ ControllerTouchInteractableObject：当有效对象被触碰时发出。

■ ControllerUntouchInteractableObject：当有效对象不再被触碰时发出。

⑤ 为 "Left Controller" 物体添加一个名为 "VRTK_Interact Grab" 的 C#脚本组件。该脚本用来抓取物体，抓的按键在 VRTK_ControllerEvent 脚本中设置，如图 6-84 所示。

■ Controller Attach Point：指定被拾取的物体附加在哪个物体上，默认是附加到手柄的圆环处。

■ Grab Precognition：提前预判拾取物体。对于某些运动的物体，用户可能要提前按下抓取键才能抓取。数值越大，提前拾取时间越长。

■ Throw Multiplier：将拾取的物体扔出去时速度的倍增值。

■ Create Rigid Body When Not Touch：当碰到物体时才创建刚体。

⑥ 此时，物体 "Left Controller" 一共有 4 个脚本，如图 6-85 所示。

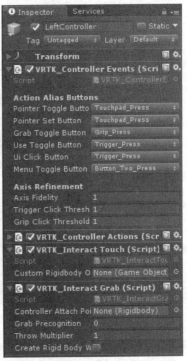

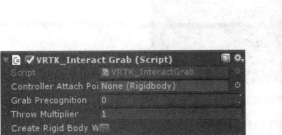

图 6-84 添加 "VRTK_InteractGrab" 脚本组件　　　　图 6-85 脚本组件内容展示

⑦ 将物体 "LeftController" 指定给物体[VRTK]中组件 "VRTK_SDK Manger" 的 "Script Alias Left Controller" 属性，如图 6-86 所示。

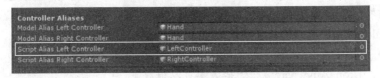

图 6-86 添加左手控制

步骤 02 为"Hierarchy"面板中的物体"RightController"添加上述脚本。

步骤 03 为物体添加被拾取的功能。

① 在"Hierarchy"面板中找到凳子（3D MODELS/PROPS/Table_Round），注意是第二个 Table_Round，如图 6-87 所示。

② 取消"Table_Round"的静态物体选项，如图 6-88 所示。

图 6-87　"Table_Round"物体

图 6-88　取消静态物体选项

③ 为物体"Table_Round"添加"Box Collider"碰撞组件。

④ 为物体"Table_Round"添加名为"VRTK_Interactable Object"的 C#脚本组件，如图 6-89 所示。该脚本用于让物体产生交互。

图 6-89　添加"VRTK_Interactable Object"脚本组件

- Touch Highlight Color：当触碰时高亮的颜色。
- Allowed Touch Controller：指定哪只手柄可以触碰本物体。
- Is Grabbable：本物体是否可以被拾取。
- Hold Button To Grab：是否需要一直按着键才能拾取，物体不掉落。
- Stay Grabbed On Teleport：当角色传送时仍然抓住物体。若不勾选，则角色传送时物体将掉落。
- Valid Drap：有效的放下方式。
  - No_Drop：不放下。
  - Drop_Anywhere：任何地方都可以被放下。
  - Drop_Valid Snap Drop Zone：对齐放下区域放下。

- ■ Grab Override Button：重新指定抓取的按钮。
- ■ Allowd Grab Controller：指定哪个手柄可以拾取本物体。
- ■ Grab Attach Mechanic Script：被拾取物体的附加机制。
- ■ Secondary Grab Action Script：二次拾取时触发的脚本。
- ■ Is Usable：是否可以使用。
- ■ Hold Button To Use：长按按钮才能使用。
- ■ Use Only if Grabbed：当拾取时才能被使用。
- ■ Pointer Activates Use Action：若勾选此项，则当手柄发出的射线落到本物体上并且 Hold Button To Use 没有勾选时可以使用本物体；若 Hold Button To Use 被勾选，则需要使用按键才能使用本物体。
- ■ Use Override Button：重新指定按键。
- ■ Allowed Use Controllers：指定手柄。
- ● 设置 "VRTK_Interactable Object" 组件，如图 6-90 所示。

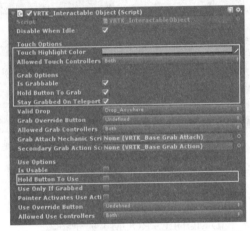

图 6-90　设置 "VRTK_Interactable Object" 组件

提示　高亮颜色的透明度默认是 0。

步骤 04　验证程序。当手柄碰到凳子时，凳子呈现高光颜色，如图 6-91 所示。按住 "Grip" 键，凳子随着手柄移动；当松开 "Grip" 键时，凳子掉落。

图 6-91　效果展示

6.3.7 手柄开关门设置

本小节将完成使用手柄开关门的功能。通过本小节的学习，可以做出类似开关门的效果，例如开关抽屉、开关盒子等常用的功能。

本功能的设想为，两只手都可以通过手柄的 8 号键 "Grip"来开关门。当手柄触碰到门时，门呈现高光效果，同时当按下手柄 "Grip"键时，门将跟随手柄有角度限制地旋转。当松开手柄 "Grip"键时，即可放开门。这里以房间中左侧的门为例进行说明，如图 6-92 所示。

图 6-92　房间左侧的门

步骤 01 创建门的载体。

① 在 "Hierarchy"面板中创建一个名为 "Interactable_Door"的空物体。重置其 "Transform"属性，并设置为物体（3D MODELS/ROOM）的子物体。

② 将物体 "Interactable_Door"移动到场景左侧门的右下方，作为门旋转的参考轴，如图 6-93 所示。

图 6-93　门的轴

③ 为物体 "Interactable_Door" 添加碰撞体 "Box Collider"，设置碰撞体的大小略比门小一点，防止与墙体发生碰撞，如图 6-94 所示。

图 6-94　添加碰撞体

④ 为物体 "Interactable_Door" 添加刚体组件 "Rigidbody"。将平移阻力 "Drag" 设置为 2，角阻力 "Angular Drag" 设置为 1。通过这两个值可以调整开关门时所受到的阻力，取消使用重力选项，如图 6-95 所示。

⑤ 为物体 "Interactable_Door" 添加可交互的 C#脚本组件 "VRTK_Interactable Object"。本组件之前有过详细讲解，这里不再重复。设置参数如图 6-96 所示。

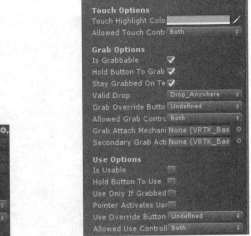

图 6-95　添加刚体组件　　　　图 6-96　添加 "VRTK_Interactable Object" 脚本组件

⑥ 为物体 "Interactable_Door" 添加一个铰链关节组件 "Hinge Joint"，铰链关节是由两个刚体组成的，约束它们就像是在一个铰链上运动，比如门。现将一些重要参数罗列如下。

- Connected Body：为刚体指定关节连接物，若不设定，则与世界相连。
- Anchor：锚点，主体围绕锚点坐标进行旋转，基于本地坐标。
- Axis：坐标轴，旋转方向的坐标，同样基于本地坐标。
- Use Spring：是否使用弹簧。
- Use Motor：是否使用马达。
- Use Limits：是否使用限制。

在本例中，需要门绕着 Y 轴进行旋转，并且需要限制门的旋转角度，设置参数如图 6-97 所示。

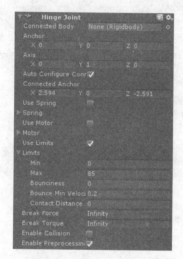

图 6-97　添加铰链关节组件

⑦ 为物体 "Interactable_Door" 添加一个名为 "VRTK_RotatorTrackGrabAttach" 的 C#脚本组件，该组件可以控制门跟随手柄进行移动旋转。

⑧ 将物体 "Interactable_Door" 组件 "VRTK_Interactable Object" 中的属性 "Grab Attach Mechanic Script" 指定为组件 "VRTK_RotatorTrackGrabAttach"，如图 6-98 所示。

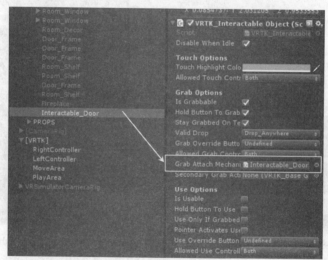

图 6-98　设置 "VRTK_Interactable Object" 属性

步骤 02 让门动起来。

① 之前一直是在空物体中进行的，但是我们需要动的是门，所以将门设置为之前创建的空物体"Interactable_Door"的子物体。让门跟着空物体运动。

② 取消门的静态状态，如图 6-99 所示；如果不取消，门就不会动。

图 6-99　取消静态状态

步骤 03 验证程序。当手柄触碰到门体时，门将会呈现高亮状态，如图 6-100 所示。按下手柄的"Grip"键并移动手柄，门将会随着手柄一起运动，而且运动的方式为绕着门的 Y 轴进行旋转，旋转角度为 0º~85º 之间。当松开"Grip"键，门将不再跟随手柄运动。

图 6-100　门的高亮状态

6.3.8　手柄开关灯设置

本小节将完成使用手柄开关灯的功能。在学习完 6.3.7 小节的内容之后，对于本小节会有更好的理解。

对于本功能的设想为两支手柄都可以通过"7"号扳机键来开关灯。当手柄触碰到灯具时，灯具会呈现"Outline"（外发光）的效果。按下"7"号键控制灯具的开关。当手柄离开灯具时，灯具的"Outline"效果消失。这里以场景中右侧的灯具为例进行说明，如图 6-101 所示。

图 6-101　房间右侧灯具

步骤 01　为灯具添加碰撞体。

① 找到场景中的灯具"3D MODELS/PROPS/Lamp_Pileo"，可以发现物体"Lamp_Pileo"
其实是一个空物体，下面有三个子物体"Point Light""Light"和"Lamp"。其中，"Point
Light"是我们需要控制开关的点光源，"Light"与"Lamp"均为灯具的模型。

② 为物体"Lamp_Pileo"添加碰撞组件"Box Collider"，设置碰撞体的大小与灯具整体大
小相仿，方便用户的交互，如图 6-102 所示。

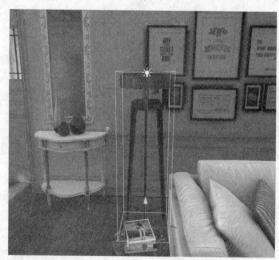

图 6-102　添加碰撞体组件

③ 取消物体"Lamp_Pileo"的静态物体状态。

步骤 02　在"Project"面板中创建一个名为"Scripts"的文件夹，用于存放脚本。在"Scripts"
文件夹内创建一个名为"Light State"的 C#脚本，用于控制灯光的开关。

步骤 03　双击打开"Light State"脚本，编辑内容如下：

```
using UnityEngine;
```

```
//VRTK_InteractableObject 的命名空间
using VRTK;
public class LightState : VRTK_InteractableObject
{
    //需要控制的灯光
    public Light light;
    /// <summary>
    /// 当开始使用本物体时
    /// </summary>
    /// <param name="currentUsingObject"></param>
    public override void StartUsing(GameObject currentUsingObject)
    {
        base.StartUsing(currentUsingObject);
        light.enabled = !light.enabled;
    }
    /// <summary>
    /// 当停止使用本物体时
    /// </summary>
    /// <param name="previousUsingObject"></param>
    public override void StopUsing(GameObject previousUsingObject)
    {
        base.StopUsing(previousUsingObject);
        light.enabled = !light.enabled;
    }
}
```

这个脚本继承了 VRKT 中交互物体的脚本，通过重写父类脚本中的 StartUsing() 与 StopUsing()
方法实现按下手柄 "7 号" 扳机键时对灯光的开关功能。除了上述两个重写的函数外，还可以重
写：

- OnInteractableObjectTouched();
- OnInteractableObjectUntouched();
- OnInteractableObjectGrabbed();
- OnInteractableObjectUngrabbed();
- OnInteractableObjectUsed();
- OnInteractableObjectUnused();

步骤 04 将脚本 "Light State" 挂载到场景物体 "Lamp_Pileo" 身上，并设置其参数，如图
6-103 所示。设置属性 "Light" 为物体 "Lamp_Pileo" 的子物体 "Point Light"。

步骤 05 设置灯具的高亮状态。

① 为物体 "Lamp_Pileo" 添加一个名为 "VRTK_Outline Object Copy Highlight" 的 C#脚本
组件，如图 6-104 所示。

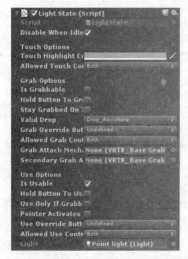

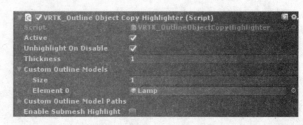

图 6-103　添加"Light State"脚本组件　　图 6-104　添加"VRTK_Outline Object Copy Highlight"脚本组件

② 该脚本组件的原理为复制一个物体，设置复制的物体为外轮廓发光，发光的颜色就为 "Light State"脚本中指定的高亮颜色。

③ 需要注意的是，若"Custom Outline Models"没有指定需要复制的模型，则会默认复制 该物体层级中第一个拥有有效"Renderer"渲染器的物体。例如，在物体"Lamp_Pileo" 中，默认复制的模型为"Light"，其实需要复制灯具的外形"Lamp"，所以必须指定 Element 0 为"Lamp"，如图 6-105 所示。

图 6-105　"Lamp"物体路径

步骤 06　为了灯光效果更加明显，可以将"Point Light"的灯光颜色调整为纯红色，方便观 察与调试，如图 6-106 所示。

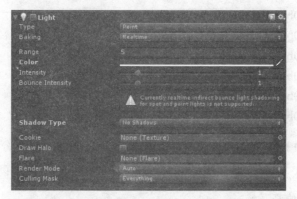

图 6-106　设置灯光颜色

步骤 07　为手柄控制器添加"Use"组件。

① 在"Hierarchy"面板中找到物体"Left Controller"和"Right Controller"。

② 分别为两个物体添加一个 C#脚本组件 "VRTK_InteractUse"。只有添加该组件之后，脚本 "Light State" 才会调用 StartUsing()与 StopUsing()两个方法。

步骤 08 验证程序。当手柄触碰到灯具时，灯具显示 "Outline"（外发光）效果，按下扳机键后，打开的灯光将会被关闭，关闭的灯光将会打开。若手柄离开灯具，灯具的外发光效果消失。

6.3.9 UI 的交互

在一个完整的程序中，UI 是必不可少的要素。在本案例中，以滑动条控制背景音乐音量的功能为例展示如何在 VIVE 中完成 UI 的交互。

VIVE 中展示的 UI 与传统的 UI 有一定区别，传统 UI 一般居于屏幕中，呈现二维效果，但 VIVE 中的 UI 一般会采取三维的方式来展示。对于功能的设想为：

① 按下左手手柄的 "1" 号菜单键时，若界面是隐藏状态，则 UI 界面出现在左手手柄的正前方，界面随着手柄运动；若界面是显示状态，则界面被隐藏。

② 按下右手手柄的触控板发出射线，当射线碰到界面时，射线呈现绿色。当射线碰到滑动条，同时按下右手手柄的 "7" 号扳机键时，滑动条的数值跟随射线的左右移动发生变化。

步骤 01 创建 UI。

① 在 "Hierarchy" 面板中创建一个 "Canvas"（画布）。设置 "Canvas" 的渲染模式为 "World Space"，并设置其 "Rect Transform" 属性，参数如图 6-107 所示。

② 在 "Canvas" 下创建一个 "Image" 控件，作为界面的背景图片。设置其 "Source Image" 为图片 "InputFieldBackground"，颜色为有点科技感的半透明淡蓝色，并设置其 "Rect Transform" 属性，参数如图 6-108 所示。

图 6-107 创建 "Canvas"

图 6-108 创建背景图片

③ 在 "Canvas" 下创建一个 "Slider" 控件，作为控制背景音乐音量的滑动条。设置其 "Rect

Transform"属性，让其处于背景图片的中下方。设置其"Value"值为 0.5，对应背景音乐的初始音量，如图 6-109 所示。

④ 在"Canvas"下创建一个"Text"控件，作为本页界面的显示名称，设置其"Rect Transform"属性，让其处于背景图片的中上方，设置显示内容为"Volume Settings"。字体颜色为纯黑色，并为其添加"Outline"组件，让字体更有立体感，如图 6-110 所示。

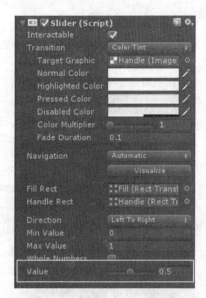

图 6-109　创建滑动条控制音量

图 6-110　创建文本显示组件

⑤ 将"Canvas"设置为物体"Controller（left）"的子物体，让界面跟随左手手柄一起运动，此时的层级如图 6-111 所示。

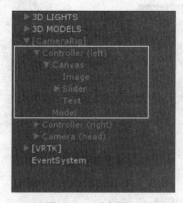

图 6-111　路径展示

⑥ 此时界面的效果如图 6-112 所示。

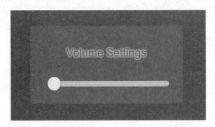

图 6-112　效果展示

步骤 02 设置界面的状态与音量大小。

① 在 "Project" 面板中创建一个名为 "Audio" 的文件夹，用以存放背景音乐。
② 将素材文件夹内的背景音乐 "BMG.mp3" 导入 "Audio" 文件夹中（6/素材/BGM.mp3）。
③ 在 "Hierarchy" 面板中创建一个名为 "UI Controller" 的空物体。
④ 为物体 "UI Controller" 添加 "Audio Source" 组件，指定 "AudioClip" 为 "BGM"，音量大小为 0.5，如图 6-113 所示。

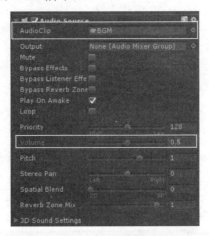

图 6-113　添加音频组件

⑤ 在 "Project" 面板的 "Scripts" 文件夹中创建一个名为 "UIController" 的 C#脚本，双击该脚本进行编辑，内容如下：

```
using UnityEngine;
using UnityEngine.UI;
using VRTK;
public class UIController : MonoBehaviour
{
    /// <summary>
    /// VRTK 中的手柄事件，由外部指定为左手手柄
    /// </summary>
    public VRTK_ControllerEvents Events;
    /// <summary>
    /// UI 界面
```

```
///  </summary>
public GameObject UICanvas;
///  <summary>
///  滑动条
///  </summary>
public Slider slider;
///  <summary>
///  声音组件
///  </summary>
private AudioSource As;
// Use this for initialization
void Start()
{
    //默认界面是隐藏状态的
    UICanvas.SetActive(false);
    //获取声音组件
    As = GetComponent<AudioSource>();
    //监听手柄的菜单键
    Events.ButtonTwoPressed += Events_ButtonTwoPressed;
    //监听滑动条值的变化
    slider.onValueChanged.AddListener(ValueChanged);
}
private void ValueChanged(float arg0)
{
    //背景音乐音量值等于滑动条的值
    As.volume = arg0;
}
Private void Events_ButtonTwoPressed(object sender, ControllerInteractionEventArgs
e)
{
    UICanvas.SetActive((!UICanvas.activeInHierarchy));
}
void OnDestroy()
{
    Events.ButtonTwoPressed -= Events_ButtonTwoPressed;
}
}
```

⑥ 为空物体"UI Controller"添加脚本"UIController"，并指定其公共属性，如图 6-114
所示。

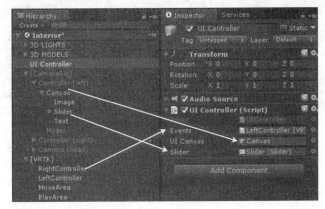

图6-114　设置"UIController"脚本组件

步骤 03　为 UI 添加可交互设置。

① 在"Hierarchy"面板中找到物体"Right Controller",为其添加名为"VRTK_UIPointer"
的 C#脚本组件。该组件用于处理针对 UI 的交互,如图 6-115 所示。可以通过此脚本自
定义发出射线的按钮、UI 交互时的按钮与操作方式。

- ■ Activation Button:定义发出射线的按钮。
- ■ Activation Mode:如何操作按钮才能发出射线。
- ■ Selection Button:UI 交互的按钮。
- ■ Click Method:UI 单击的方式。

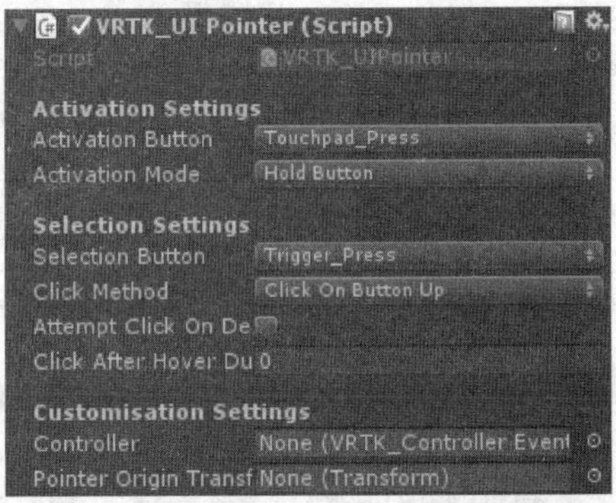

图6-115　添加"VRTK_UIPointer"脚本组件

② 为物体"Canvas"添加名为"VRTK_UICanvas"的 C#脚本组件,如图 6-116 所示,本
组件用于接收来自"VRTK_UIPointer"的射线。

图6-116　添加"VRTK_UICanvas"脚本组件

第 7 章

◀ 增强现实入门 ▶

　　增强现实（Augmented Reality，AR）是一种实时计算摄影机影像的位置及角度并加上相应图像的技术，目标是在屏幕上把虚拟世界套在现实世界并进行互动。这种技术最早于 1990 年提出，1992 年，路易斯·罗森伯格（Louis Rosenberg）在美国空军的阿姆斯特朗（Armstrong）实验室中开发出了第一台功能全面的 AR 系统。随着随身电子产品运算能力的提升，增强现实的用途越来越广。

第一台功能全面的 AR 系统

7.1　增强现实简介

AR 系统具有三个突出的特点：

● 　真实世界和虚拟世界的信息集成。

● 　具有实时交互性。

● 　在三维尺度空间中增添定位虚拟物体。AR 技术可广泛应用到军事、医疗、建筑、教育、工程、影视、娱乐等领域。

增强现实的硬件组件有处理器、显示器、传感器和输入设备。智能手机和平板电脑等现代移动计算设备包含这些元件，通常有摄像头和 MEMS 传感器，如加速度计、GPS 和固态罗盘等，使其成为适合的 AR 平台。

AR 系统的一个关键指标是如何将现实世界的增强与现实世界结合起来。软件必须从相机图像中导出独立于相机的真实世界坐标。该过程称为图像注册，其使用不同的计算机视觉方法，主要与视频跟踪相关。许多增强现实的计算机视觉方法是从视觉测距法继承而来的。

通常这些方法分为两个阶段。

第一阶段是检测相机图像中的兴趣点、基准标记或光流。这个步骤可以使用特征检测方法，如角点检测、斑点检测、边缘检测、阈值或其他图像处理方法。

第二阶段从第一阶段获得的数据中恢复现实世界坐标系。

对于某些方法，假设场景中存在已知几何（或基准标记）的对象，在某些情况下，场景 3D 结构应该预先计算。若没有关于场景几何的信息可用，则可以使用诸如束调整的运动方法结构。第二阶段使用的数学方法包括投影（对极）几何、几何代数、具有指数图的旋转表示、卡尔曼和粒子滤波器、非线性优化、稳健统计。

增强现实标记语言（ARML）是开放地理空间联盟（Open Geospatial Consortium，OGC）开发的一个数据标准，由 XML 语法组成，用于描述场景中虚拟对象的位置和外观，以及 ECMAScript 绑定允许动态访问虚拟对象的属性。

为了实现增强现实应用的快速发展，出现了一些软件开发工具包（SDK），例如高通公司的 Vuforia、苹果公司的 ARKit、Google 公司提供的 ARCore 以及国产的 SDK（如 Easy AR、HiAR 等）。

7.2 增强现实的应用场景

增强现实有很多应用，开始用于军事、工业和医疗，到 2012 年将其用途扩展到娱乐和其他商业行业。到 2016 年，强大的移动设备使得 AR 在小学课堂中成为有用的学习助手。

1. 商业

AR 用于集成打印和视频营销。印刷的营销材料可以设计某些"触发"图像，当使用图像识别的启用 AR 的设备扫描时，会激活宣传材料的视频版本。传统的仅印刷版出版物正在使用增强现实来连接许多不同类型的媒体。

AR 可以增强产品预览，例如允许客户查看产品包装内的内容，而不打开它。AR 也可以用来帮助从目录中或通过信息亭选择产品。扫描的产品图像可以激活附加内容的视图，例如定制选项和其使用的产品的其他图像。

- 2010 年，虚拟更衣室。
- 2012 年，荷兰皇家造币厂使用 AR 技术为中央阿鲁巴银行出售纪念币。使用硬币本身作为 AR 触发器，当被保持在启用 AR 的设备前面时，会显示更多关于硬币的信息，如图 7-1 所示。

图 7-1　中央阿鲁巴银行出售的纪念币

- 2013 年，欧莱雅采用 CrowdOptic 技术在加拿大多伦多举办的第七届年度轻舞节上创造了一次增强现实的体验。
- 2014 年，欧莱雅巴黎公司将"体验天才"应用程序的 AR 体验带到个人层面，允许用户使用移动设备来尝试化妆和美容风格，如图 7-2 所示。

图 7-2　"体验天才"应用程序

- 2015 年，保加利亚创业公司 iGreet 开发了自己的 AR 技术，并将其用于制作首个"现场"贺卡，如图 7-3 所示。

图 7-3　"现场"贺卡

- 增强现实通过将 AR 产品可视化嵌入其电子商务平台，为品牌和零售商提供个性化客户购物体验的功能，如图 7-4 所示。

图7-4 电子商务平台购物

2. 教育

在教育环境中，AR 已被用来补充标准课程，将文本、图形、视频和音频叠加到学生的现实环境中。当由 AR 设备扫描时，向以多媒体格式呈现的学生提供补充信息。

小学生可以从互动体验中轻松学习。例如，天文星座在太阳系中以三维的方式展现；基于纸张的科学书籍插图可以作为识别图存在，当设备识别出识别图后会显示相关的视频信息，而不需要孩子浏览基于网络的材料，如图 7-5 所示。

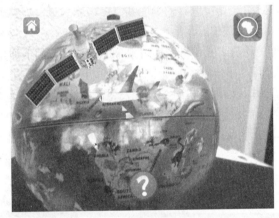

图7-5 基于教育的 AR 应用

3. 游戏

在游戏行业中，使用 AR 技术开发了一些游戏，如 AR 空气曲棍球、太空巨人、虚拟敌人的协同作战以及 AR 增强台球游戏等室内环境游戏。

增强现实使得游戏玩家在现实世界的环境中也可以体验数字游戏，像 Niantic 和 LyteShot 这样的公司和平台成为主要的增强现实游戏创作者。在 2016 年 7 月 7 日，由口袋妖怪公司负责内容支持、设计游戏故事内容，Niantic 负责技术支持、为游戏提供 AR 技术，任天堂负责游戏开发、全球发行的里程碑式的游戏《Pokémon GO》正式上线（见图 7-6），一经上线就创造了 5 个不可思议的世界纪录。

图 7-6　游戏类应用

7.3　关于增强现实开发的建议

关于 AR 的界面设计、操作等，苹果公司给出了 22 条注意事项，帮助开发者打造用户体验更好的 AR 应用。

（1）全屏显示 AR 效果。让真实世界的画面和 AR 物体尽量占据整个屏幕，避免让操作按键和其他信息切割屏幕，破坏沉浸感。

（2）让拟真物体尽可能逼真。大部分 AR 效果采用的是虚拟的卡通角色，但是如果采用现实中存在的物体，应该让它们做到与环境融为一体。为此，设计者应该设计栩栩如生的 3D 形象，在光照下能产生合理的阴影并且移动相机时物体能发生改变。

（3）考虑物理世界的限制。用户很可能在并不适合 AR 体验的环境下操作 AR 应用，例如在狭窄的、没有平面的区域。因此，设计者应该考虑在不同场景下设计不同的使用方式和功能，并且提前告知用户使用方法。

（4）考虑用户体验舒适度。长时间以一个角度或者距离拿住手机是一件并不愉快的事，所以要考虑到用户使用手机的方式和时长是否会带来不适，可以通过减少游戏的级数或者在其中穿插休息时间来缓解用户疲劳。

（5）渐进引导用户的移动。如果你的应用是需要用户移动的，不要在一开始就扔个炸弹让用户跳开，应该先让用户适应 AR 体验，然后鼓励他们运动。

（6）留心用户的安全。在有人或者物体的环境里大幅度地移动有可能造成危险，注意让应用能安全地操作，避免大范围或者突然地移动。

（7）使用声音或触觉反馈来提升沉浸感。音效或者震动反馈可以创造一种虚拟物体与真实物体接触或者碰撞的感觉。在沉浸式的游戏中，音效可以让人进入虚拟世界。

（8）将提示融入情境。例如，在一个物体旁边提供一个三维旋转的标志比提供文字更加直观，当用户对情境提示没有反应时，可以再显示文字。避免使用一些技术性术语，例如 ARKit、环境侦测、追踪等，如图 7-7 所示。

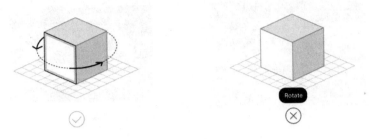

图 7-7　使用图标替换技术性术语

（9）避免 AR 体验过程的中断，如图 7-8 所示。用户每次进入 AR 时都会重新分析环境、检测平面，手机和相机的位置也可能已经改变了，先前放置的物体会被重新安置，它们或许无法再被放置在现实世界的平面上。避免中断的方法是让人们在不离开 AR 的情况下去改变物体和放置情况，例如在使用宜家的家装 AR 放置一张沙发时，可以让用户选择不同的材质。

Do	Don't
Unable to find a surface. Try moving to the side or repositioning your phone.	Unable to find a plane. Adjust tracking.
Tap a location to place the [name of object to be placed].	Tap a plane to anchor an object.
Try turning on more lights and moving around.	Insufficient features.
Try moving your phone slower.	Excessive motion detected.

图 7-8　鼓励与不鼓励做的操作

（10）提示初始化进程并且带动用户参与。每次用户进入 AR 都会有初始化评估环境的过程，这会花费数秒的时间。为了减少用户的困惑以及加速进程，应该明确指示出这一过程并且鼓励用户探索他们的环境，积极寻找一个平面，如图 7-9 所示。

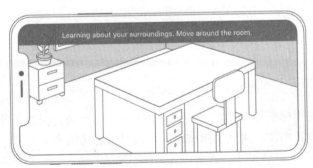

图 7-9　寻找一个合适的平面

（11）帮助用户理解何时定位平面并且安放物体。虚拟标识是告知用户平面定位模式正在进行的好办法。屏幕中间的梯形标线可以提示用户应该寻找一个垂直的、宽阔的平面。一旦这个平面被定位了，应该更换标识外形，告诉用户现在可以安置物体。设计虚拟标识应该被视为 App 体验的一部分，如图 7-10 所示。

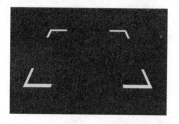
Surface detection indicator

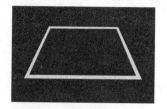
Object placement indicator

App-specific indicator

图 7-10　虚拟标识提示

（12）快速回应安置物体请求。在平面侦测过程中，精确度是逐渐提高的，当用户放置物体时，应该使用当前已获得的信息立刻回应，然后优化物体的位置。如果物体超出侦测到的平面范围，就直接将其拉拽回来。不要将其无限靠近侦测到的平面边缘，因为这个边缘并不稳定。

（13）支持直接操作而不是分离的屏幕操作。最为直观的方式是让用户直接触碰屏幕上的物体与之互动，而不是让用户操作一个与物体分离的控制按钮。但是也要注意，当用户在移动的时候，这种直接的操作方式可能出现混乱，如图 7-11 所示。

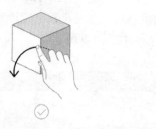

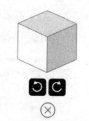

图 7-11　用户与虚拟物体的交互方式

（14）允许用户使用标准的、熟悉的手势来与虚拟物体互动。例如，考虑以单只手指来拖曳物体、两只手指来旋转物体。两只手指按压和两只手指旋转很容易混淆，应该对软件进行识别度的测试。

（15）交互应尽量简单。目前，触碰手势都是二维的，但是 AR 体验是建立在三维的真实世界之上的。考虑如图 7-12 所示的方式来简化用户与虚拟物体的交互。

（16）回应近似范围内的交互。要让用户准确触碰一个小的虚拟物体会很难，因此可以设计成只要在可交互物体的附近监测到用户的行为，就预设用户想要移动这个物体。

（17）考虑是否采用以用户出发的缩放比例。如果虚拟物体是不具有固定尺寸的玩具或者游戏角色，用户想要看到其放大缩小的效果，缩放就很合适。但是对于拥有与真实世界对应尺寸的物体来说（如家居），缩放就没有意义了。例如，当你放大家具时，家具并不会看起来离你更近。

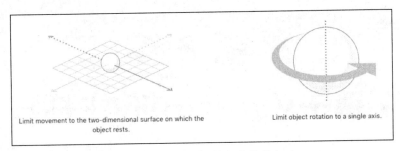

图 7-12　简化用户与虚拟物体的交互

（18）确保虚拟物体的运动是连贯的。当用户缩放、旋转或者移动物体到新位置时，物体不应该突然跳出来。

（19）探索更多吸引人的交互方式。手势不应该是与虚拟物体交互的唯一方式，你的应用可以采用其他因素，例如运动或者逼近来让内容有生命力。当用户靠近一个游戏角色时，它可以回头看用户。

（20）允许用户重置。如果用户对虚拟物体的安放不满意，不要强制用户在当前状况下改进，允许他们重新开始寻找更好的方案。

（21）如果出现问题，就需要提供合适的解决方案。许多情况可能导致侦测用户环境失败，例如亮度不够、平面反光过高、平面没有足够的细节或者相机运动过多。如果应用检测到了这些问题，就应该给出解决问题的建议，如图 7-13 所示。

Problem	Possible suggestion
Insufficient features detected	Try turning on more lights and moving around.
Excessive motion detected	Try moving your phone slower.
Surface detection takes too long	Try moving around, turning on more lights, and making sure your phone is pointed at a sufficiently textured surface.

图 7-13　问题与解决方法

（22）仅为合适的设备提供 AR 功能。如果你的 App 的主要功能是 AR，就让你的 App 只能在支持 ARKit 的设备上安装。如果你的 App 的 AR 功能只是附属的（例如家居类的 App 提供 AR 的展示），就不要在不能支持 ARKit 的手机上显示 AR 功能。

第 8 章
◀ 基于Vuforia的AR开发 ▶

Vuforia 是创建增强现实应用程序的软件平台，能够非常方便、快捷地帮助开发者打造虚拟世界物品与真实世界物品之间的互动，能够实时地识别跟踪本地或者云端的识别图以及简易的三维物体。Vuforia 是业内领先、应用最为广泛的增强现实平台。Vuforia 支持 Android、iOS、UWP，可以通过 Android Studio、Xcode、Visual Studio 与 Unity 构建应用程序，这里选择以 Unity 的方式构建。

在之前的章节中，程序都是发布到 PC 平台，本章将学习如何发布到安卓平台，配置安卓 SDK 与 JAVA 的 JDK。以 Vuforia 中的单词识别功能作为基础，再结合百度翻译接口进行翻译、有道词典的接口获取单词发音构成整个案例。在案例中，将使用 www 表单方式发起 Post 请求获取百度翻译结果，使用 www 获取有道词典提供的读音文件。

8.1　Vuforia 概述

8.1.1　Vuforia 简介

Vuforia 是来自美国高通技术公司的全资子公司——美国高通互联体验公司，但是在 2015 年底被美国参数技术公司（PTC）收购，官方网站地址为 https://www.vuforia.com/。

目前，Vuforia 的收费方式可以分为以下 4 种类型，如图 8-1 所示。

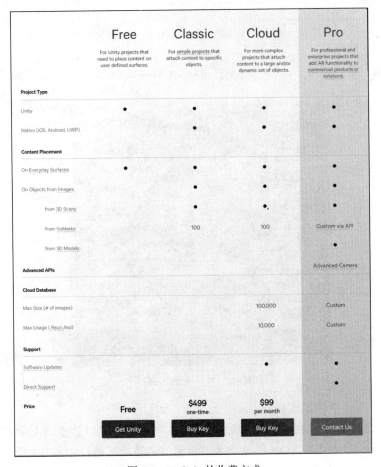

图 8-1　Vuforia 的收费方式

Vuforia 的识别与追踪功能可以用于以下图像和对象。

- Model Targets，模型目标识别。
- Ground Plane，地面识别。
- mage Targets ，图片目标识别。
- Cloud Reco，云识别。
- Cylinder Targets，圆柱体目标识别。
- Muti Targets，多目标识别。
- Object Reco，物体识别。
- Smart Terrain，智能地形。
- Text Reco，文字识别。
- User Defined Targets，用户自定义目标识别。
- Vu Mark：VuMark 识别。VuMark 是可以对一系列数据格式进行编码的自定义标记。

8.1.2　安卓发布设置

本 AR 教程中所发布的平台为安卓，所以必须先准备发布到安卓平台所需的组件。

步骤 01 下载 Unity 安卓平台。

① 打开 Unity 编辑器。

② 打开发布设置，选择安卓平台，单击"Open Download Page"打开下载页面，如图 8-2 所示。

图 8-2　打开下载页面

③ 网页被打开后，会弹出下载提示框进行下载，如图 8-3 所示。

④ 下载完毕后（也可以在本书提供的下载资源中找到"8/8.1.2/资源/UnitySetup-Android-Support-for-Editor-5.5.2f1.exe"），双击安装文件进行安装，如图 8-4 所示。

图 8-3　下载安卓平台

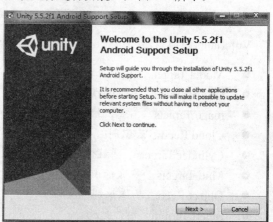

图 8-4　安装

安装时需要注意：

■　关闭 Unity 编辑器。

■　选择目录路径为安装目录下的子目录 Unity 文件夹。

⑤ 安装成功后，打开 Unity 编辑器的发布设置，切换到安卓平台，如图 8-5 所示。

图 8-5　切换到安卓平台

步骤 02　安装 Java JDK。

① 打 开 Java JDK 下载 的官方网站"http://www.oracle.com/technetwork/java/javase/ downloads/jdk8-downloads-2133151.html",可以看到目前最新版本为 8u131。勾选同意选项,选择对应的电脑系统进行下载,如图 8-6 所示。

Java SE Development Kit 8u131

You must accept the Oracle Binary Code License Agreement for Java SE to download this software.

○ Accept License Agreement　　● Decline License Agreement

Product / File Description	File Size	Download
Linux ARM 32 Hard Float ABI	77.87 MB	⬇jdk-8u131-linux-arm32-vfp-hflt.tar.gz
Linux ARM 64 Hard Float ABI	74.81 MB	⬇jdk-8u131-linux-arm64-vfp-hflt.tar.gz
Linux x86	164.66 MB	⬇jdk-8u131-linux-i586.rpm
Linux x86	179.39 MB	⬇jdk-8u131-linux-i586.tar.gz
Linux x64	162.11 MB	⬇jdk-8u131-linux-x64.rpm
Linux x64	176.95 MB	⬇jdk-8u131-linux-x64.tar.gz
Mac OS X	226.57 MB	⬇jdk-8u131-macosx-x64.dmg
Solaris SPARC 64-bit	139.79 MB	⬇jdk-8u131-solaris-sparcv9.tar.Z
Solaris SPARC 64-bit	99.13 MB	⬇jdk-8u131-solaris-sparcv9.tar.gz
Solaris x64	140.51 MB	⬇jdk-8u131-solaris-x64.tar.Z
Solaris x64	96.96 MB	⬇jdk-8u131-solaris-x64.tar.gz
Windows x86	191.22 MB	⬇jdk-8u131-windows-i586.exe
Windows x64	198.03 MB	⬇jdk-8u131-windows-x64.exe

根据不同的电脑系统选择对应的内容

图 8-6　下载 JDK

② 下载完毕后(也可在本书提供的下载资源中找到"8/8.1.2/资源/jdk-8u131-windows-x64. exe"),双击安装文件进行安装。

步骤 03　配置 Java JDK 的环境变量。

① 打开配置环境变量的窗口,右击"我的电脑",在快捷菜单中单击"属性",打开控制面板主页,单击"高级系统设置",打开"系统属性"对话框,单击"环境变量",打开"环境变量"对话框,如图 8-7 所示。

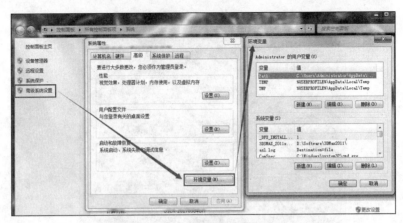

图 8-7 打开"环境变量"对话框

② 新建或修改三个系统变量。

■ 新建系统变量，设置变量名为 JAVA_HOME，设置变量值为刚刚安装 JDK 的目录，例如"C:\Program Files\Java\jdk1.8.0_131"，如图 8-8 所示。

■ 查看系统变量中有没有"PATH"，若没有，则新建一个系统变量，设置变量名为 PATH，设置变量值为"%JAVA_HOME%/bin"，如图 8-9 所示；若已经存在"PATH"，则在原始变量值后添加"%JAVA_HOME%/bin"，注意与原始变量值之间以";"分隔符隔开。

图 8-8 添加 JAVA_HOME 环境变量

图 8-9 添加 JAVA_HOME 到 PATH

■ 查看系统变量中有没有"CLASSPATH"，若没有，则新建一个系统变量，设置变量名为"CLASSPATH"，设置变量值为"%JAVA_HOME%\lib\dt.jar;%JAVA_HOME%\lib\tools.jar"，如图 8-10 所示；若已经存在"PATH"，则在原始变量值后添加"%JAVA_HOME%\lib\dt.jar;% JAVA_HOME%\lib\tools.jar"，注意与原始变量值之间以";"分隔符隔开。

图 8-10　设置系统变量

步骤 04 检查 Java JDK 配置是否成功。

① 打开 cmd 控制台，输入 "Java"，若输出如图 8-11 所示的内容，则证明 PATH 配置成功；若出现 "不是内部或外部命令，也不是可运行程序或批处理文件"，则表明 PATH 配置有问题。

② 在控制台中输入 "javac"，若输出如图 8-12 所示的内容，则证明 CLASSPATH 配置成功；若出现 "不是内部或外部命令，也不是可运行程序或批处理文件"，则表明 CLASSPATH 配置有问题。

图 8-11　检测 PATH 配置

图 8-12　检测 CLASSPATH 配置

步骤 05 安装 Android SDK。

① Android SDK 可以从官方网站下载，地址为 https://developer.android.com/studio/index.html，若官方网站下载速度太慢，则可使用本书提供的下载资源中的 "8/8.1.2/资源/adt-bundle-windows-x86_64-20140702.zip" 进行安装。

② 将下载的压缩文件解压到非中文路径下，打开 "SDK Manager.exe"，更新 API。

③ 卸载低于 Unity 要求的老版本 API。当前使用的 Unity 版本为 5.5.2，要求最低版本为 Android 6.0（API 23），卸载图中的 API 20，如图 8-13 所示。

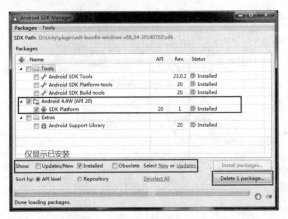

图 8-13　卸载老版本 API

④ 通过国内镜像服务器更新 API。

- 国内镜像源地址如下。
- 大连东软信息学院镜像服务器地址：
  http://mirrors.neusoft.edu.cn 端口：80
- 单击 SDK Manager 菜单栏中的
  "Tools"→"Options"，打开设置对
  话框。
- 在 HTTP Proxy Server 处填写上述地
  址，在 Http Proxy Port 处填写对应的
  端口号。
- 勾选 "Use download cache" 复选框与
  "Force https://... sources to be fetched
  using http://..." 复选框，如图 8-14
  所示。

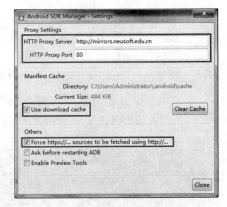

图 8-14　设置代理服务器

- 返回 SDK Manager 主界面，单击菜单栏 "Package" 中的 "Reload" 按钮。

⑤ 更新 API。在 SDK Manager 主界面中选择需要更新的 API，进行下载安装，如图 8-15
  所示。

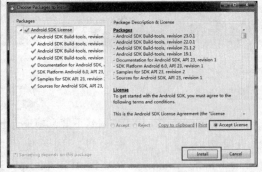

图 8-15　更新 API

⑥ 配置 Android SDK 环境变量。

- 与配置 Java JDK 一样，打开环境变量找到系统环境变量中的 Path，填入 Android

SDK 中的 tools 路径与 platform-tools 路径。两者之间用 ";" 分号分隔开，例如 D:\Unity\\adt-bundle-windows-x86_64-20140702\sdk\tools;D:\Unity\plugin\adt-bundle-windows-x86_64-20140702\sdk\platform-tools。

■ 打开 cmd 控制台，输入 adb，若出现 "不是内部或外部命令，也不是可运行程序或批处理文件"，则证明环境变量路径配置出错了。

步骤 06 在 Unity 编辑器中设置 SDK 与 JDK 的路径。

① 打开 Unity 编辑器的参数设置界面，单击菜单栏中的 "Edit" → "Preferences" → "External Tools" 选项。

② 选择 SDK 与 JDK 的安装路径，如图 8-16 所示。

图 8-16　设置 SDK 与 JDK 路径

8.1.3　Vuforia 开发准备

本小节将学习 Vuforia 插件的下载与项目密钥的创建。

编写本书时，Vuforia 的版本为 8.2.10，打开官网站（https://developer.vuforia.com/downloads/sdk），选择页面中的 "Download for Unity"，如图 8-17 所示。

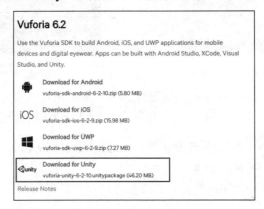

图 8-17　下载 Vuforia SDK

登录后，即可进行下载，同时也可以在本书提供的下载资源中下载（8/8.1.3/资源/vuforia-unity
-6-2-10.unitypackage）。

将下载好的资源包导入 Unity 编辑器中，如图 8-18 所示。

能够发现资源包中分为三部分，接着将对其中的"VuforiaConfiguration"Vuforia 的配置文件进行设置，如图 8-19 所示。

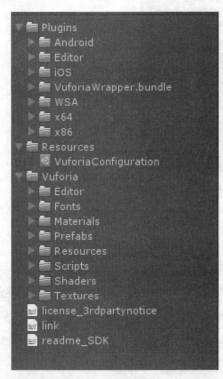

图 8-18　路径展示

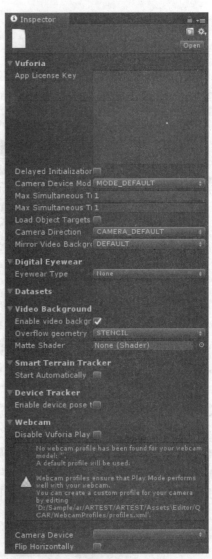

图 8-19　配置文件

其中第一项就是 App License Key，这是使用 Vuforia 制作项目时不可或缺的一步，App License Key 需要在官方网站进行申请，其中的分类在 8.1.1 小节中已经提到了。

步骤 01 打开 Vuforia 官方网站的开发者页面"https://developer.vuforia.com/license-manager"。

步骤 02 输入账号、密码进行登录。

步骤 03 单击"Add License Key"按钮，添加密钥，如图 8-20 所示。

图 8-20　新增密钥

步骤 04 按照需求选择不同的密钥类型，这里以开发者为例。

步骤 05 填写 App 的名称，如图 8-21 所示。

步骤 06 确认 License 信息，如图 8-22 所示。确认无误后，单击"Confirm"按钮进行确认。

图 8-21　选择密钥类型　　　　　　　　　　图 8-22　确认创建密钥

步骤 07 在"License Manager"页面中打开刚创建的名为"AR"的选项，在打开的页面中即可看到申请的"License Key"，如图 8-23 所示。

步骤 08 将 License Key 复制到 Unity 的 VuforiaConfiguration 中的"App License Key"一栏中，如图 8-24 所示。

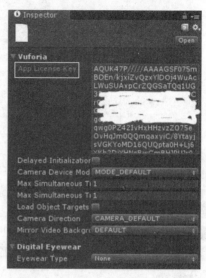

图 8-23　查看密钥　　　　　　　　图 8-24　在 Unity 编辑器中输入密钥

8.2　智慧翻译

8.2.1　案例概述

在使用 Vuforia 开发的 AR 应用中大都是使用图像识别追踪技术，例如小朋友识别水果、蔬菜等应用。

在本案例中，向大家介绍一个 Vuforia 比较另类的用法——识别文字，将识别到的英文翻译成中文并配上英文的读音。使用这种比较有趣的方式来学习英语可以加深对单词的记忆。

此案例中有三个重要功能需要解决（见图 8-25）：

- 文字识别。
- 把英文翻译成中文。
- 配上英文读音。

确认识别文字

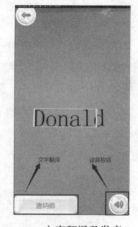

文字翻译及发音

图 8-25　三个重要功能

在上述的三个功能中，文字识别可以由 Vuforia 提供的方案解决（TextRecognition），翻译选择接入百度翻译 API 解决，英文读音使用有道词典在线读音来解决，这样对百度的 API 与有道的 API 都能有所了解。

本案例中将涉及以下内容：

- Vuforia 文字识别。
- 百度 API 的接入。
- MD 5 加密技术。
- Unity 的 WWW 类及 Post 表单请求。
- 使用 Unity 自带的 JsonUtility 工具类解析 Json 文件。
- 文件的下载及保存。
- 本地文件的加载。
- 适用于多平台的 Debug 信息显示插件，如图 8-26 所示。

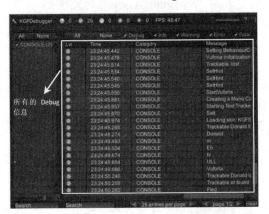

图 8-26　Debug 信息显示插件

8.2.2　资源设置

本节将导入项目需要的资源。其中包括 Vuforia 资源包、Vuforia 案例资源包、界面图片及按钮音效文件。

步骤 01 新建名为"AR Translate"的工程文件，新建名为"SmartTranslate"的场景文件。

步骤 02 将 Vuforia 资源包导入 Unity 编辑器中。

步骤 03 获取 Vuforia 文字识别需要的单词库，有两种方式，推荐第一种。

- 下载 Vuforia 的官方网站案例，其中就包括单词库。既可获得单词库又可以学习官方案例中的一些做法可以带来很大启发。
  - 官方案例下载地址为"https://developer.vuforia.com/downloads/samples"。选择其中 Core Features 的 Download for Unity，如图 8-27 所示。
  - 从本书提供的下载资源中下载，路径为"8/8.2/素材/VuforiaSamples-6-2-10.unitypackage"。
  - 将案例资源包导入 Unity 编辑器中。

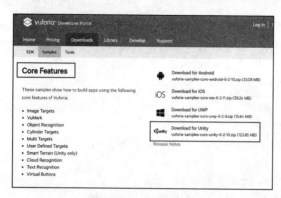

图 8-27　下载官方案例

● 从本书提供的下载资源中获取 Vufoira 的标准单词库，路径为 "8/8.2/素材/Vuforia-English-word.vwl"。

　　■　在 Unity 编辑器的 "Project" 面板中创建名为 "StreamingAssets" 的文件夹。

　　■　在 "StreamingAssets" 文件夹中创建名为 "QCAR" 的文件夹。

　　■　将 Vuforia-English-word.vwl 文件放入 "QCAR" 文件夹中。

步骤 04 导入界面图片。

① 在 "Project" 面板中创建名为 "UI" 的文件夹，用于存放界面图片。

② 将界面图片导入 "UI" 文件夹中，图片在下载资源中的路径为 "8/8.2/素材/UI"。

③ 将所有图片的格式设置为 "Sprite（2D and UI）"。

步骤 05 导入音频文件。

① 在 "Project" 面板中创建名为 "AudioClip" 的文件夹，用于存放音频文件。

② 将按钮音效导入 "AudioClip" 文件夹中，音效在下载资源中的路径为 "8/8.2/素材/AudioClip/ButtonSound.wav"。

步骤 06 添加场景到 "Scenes In Build" 中并切换为安卓平台，如图 8-28 所示。

图 8-28　切换平台

步骤 07 设置场景中的分辨率为 "1080 × 1920"。

8.2.3　文字识别

在本小节中将学习如何使用 Vuforia 来进行文字识别。

步骤 01 添加 Vuforia 的密钥。

① 打开 Vuforia 配置文件，路径为 "Resources/VuforiaConfiguration"。

② 在 App License Key 一栏中填入在 Vuforia 官方网站申请的密钥。

步骤 02 打开 "SmartTranslate" 场景文件，将 Project 面板中的 ARCamera 拖曳到场景中，路径为 Vuforia/Prefabs/ARCamera。

步骤 03 添加文字识别预制体。将 Project 面板中的 TextRecognition 预制体拖曳到场景中，路径为 Vuforia/Prefabs/TextRecognition。

步骤 04 设置文字识别库。

① 将 "TextRecognition" 的 "Text Recognition Behaviour" 组件中的 "Word List" 设置为 "Vuforia-English-word"，如图 8-29 所示。

② 勾选 "Use Word Prefabs"（使用文字预制体）复选框，如图 8-29 所示。

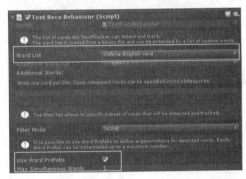

图 8-29　设置 "Text Recognition Behaviour" 组件

步骤 05 设置文字预制体。添加 "Word" 预制体（Vuforia/Prefabs/Word），并设置为 "TextRecognition" 的子物体。

步骤 06 新建识别文字后的提示框。

① 新建一个 Sprite，将其命名为 "Outline"，并设置为 "Word" 的子物体。

② 设置其 Sprite 为 vumark_Texture。

③ 设置其 Transform 属性，如图 8-30 所示。让其覆盖 Word，如图 8-31 所示。

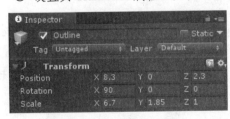

图 8-30　设置 Transform 属性

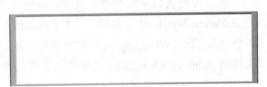

图 8-31　覆盖 Word 效果

步骤 07 至此，文字识别制作完毕，运行效果如图 8-32 所示。

图 8-32　效果展示

扩展内容：Vuforia 的文字识别依赖于 UTF-8 字符编码，现在支持的字符有 A~Z、a~z、换行符、空格、单引号、短斜杠，但是不支持中文及数字；支持的文字样式有加粗、斜体以及下划线。图 8-33 罗列出了支持的示例。

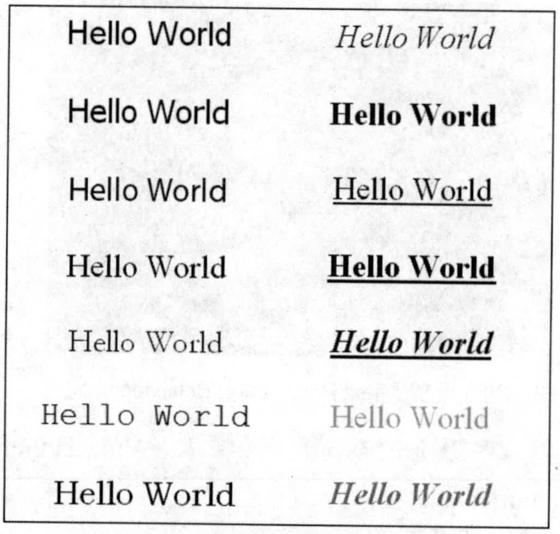

图 8-33　支持的示例

Vuforia 为用户提供了一个拥有 1 000 000 个高频使用率的英语单词库，用户也可以按照需求添加上自己的单词库，方法有两种：

● 添加单词库文件。

① 下载官方提供的单词库格式文件，地址为 "https://developer.vuforia.com /sites/default/files/ AdditionalWords.zip"，也可以从本书提供的下载资源中下载（8/8.2/素材/AdditionalWords.zip）。

② 将 AdditionalWords.zip 文件进行解压，用写字板或记事本打开 AdditionalWords.lst 文件。

③ 按照 AdditionalWords.lst 文件的格式写入需要添加的文件内容，如图 8-34 所示。

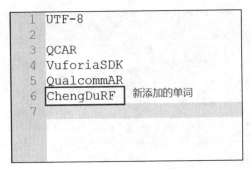

图 8-34　新增单词

④ 将 AdditionalWords.lst 文件放入 Unity 编辑器"Project"面板中的"StreamingAssets/ QCAR"
文件夹中。

● 在"Text Reco Behaviour"组件中添加单词。

① 找到场景中 TextRecognition 物体的"Text Reco Behaviour"组件。

② 将需要添加的单词填入"Addtional Words"列表中，一个单词一行，如图 8-35 所示。

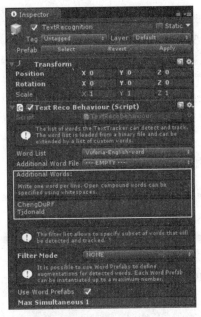

图 8-35　添加单词到"Addtional Words"列表

同时，Vuforia 提供了文字过滤器的功能，过滤器的模式将告诉 Vuforia 如何将这些单词用
于过滤。具体地讲，Vuforia 中定义了两种过滤模式：

● 白名单模式，当设置为白名单过滤模式时，Vuforia 将只识别白名单中的单词。

● 黑名单模式，当设置为黑名单过滤模式时，黑名单中的所有单词都不能被识别。

过滤器列表最多可以包含 10 000 个单词。过滤器模式的选择方式如图 8-36 所示。

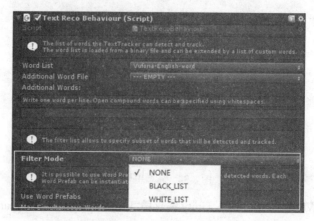

图 8-36　设置过滤模式

过滤器列表的添加和过滤单词的添加方式与添加单词库一样，这里就不再重复讲述。

8.2.4　接入百度翻译

百度翻译开放平台是百度翻译针对广大开发者提供的开放服务平台，提供多语种互译服务。用户只需要通过调用百度翻译 API 传入待翻译的内容，并指定要翻译的源语言（支持源语言语种自动检测）和目标语言种类，就可以得到相应的翻译结果。任何第三方应用或网站都可以通过使用百度翻译 API 为用户提供实时优质的多语言翻译服务，提升产品体验。

百度翻译每月提供 200 万字符免费额度，超出后需要按照字符数收费。字符数以翻译的源语言字符长度为标准计算。一个汉字、英文字母、标点符号等均计为一个字符。注：空格、html 标签等均计入在内。

接下来，我们将申请接入百度翻译 API 接口。

步骤 01　打开并登录百度翻译开放平台，地址为 "http://api.fanyi.baidu.com/"。

步骤 02　单击网页右上方账号信息中的开发者信息。

步骤 03　按照需求填入相关信息。需要注意的是，在 "服务器地址" 一栏中，若填写了 IP，则只有填写的 IP 才可被调用。

步骤 04　记录下申请的 APP ID 与密钥，如图 8-37 所示。

图 8-37　申请 API 接口

申请成功后，将学习如何使用 API 接口。

● API 地址如下。

翻译 API HTTP 地址：

http://api.fanyi.baidu.com/api/trans/vip/translate
翻译 API HTTPS 地址：

https://fanyi-api.baidu.com/api/trans/vip/translate

● 接入方式，可以使用 Post 或者 Get 方法发送如图 8-38 所示的字段访问服务。

字段名	类型	必填参数	描述	备注
q	TEXT	Y	请求翻译query	UTF-8编码
from	TEXT	Y	翻译源语言	语言列表(可设置为auto)
to	TEXT	Y	译文语言	语言列表(不可设置为auto)
appid	INT	Y	APP ID	可在管理控制台查看
salt	INT	Y	随机数	
sign	TEXT	Y	签名	appid+q+salt+密钥 的MD5值

图 8-38 接口说明

Form 源语言可以设置为语言简写，例如中文：zh，英文：en。当源语言不确定时，可以设置为 auto。

Sign 签名的生成方式为：

■ 将请求参数中的 APPID（appid），翻译 query（q，注意为 UTF-8 编码，随机数（salt），以及平台分配的密钥（可在管理控制台查看）按照 appid+q+salt+密钥的顺序拼接得到字符串 1。

■ 对拼接的字符串 1 做 md5 加密，得到 32 位小写的 sign。

■ 如果无法确认自己生成签名的结果是否正确，可以将生成的签名结果和在 https://md5jiami.51240.com/中生成的常规 md5 加密-32 位小写签名结果对比。

● 发送请求示例。例如，需要将 "apple" 这个单词翻译成中文。

请求参数：

q=apple
from=en
to=zh
appid=2015063000000001
salt=1435660288
平台分配的密钥: 12345678
生成 sign:

① 拼接字符串 1

拼接 appid=2015063000000001+q=apple+salt=1435660288+密钥=12345678

得到字符串 1 =2015063000000001apple143566028812345678

② 计算签名 sign（对字符串 1 做 md5 加密，注意计算 md5 之前，串 1 必须为 UTF-8 编码）

sign=md5(2015063000000001apple143566028812345678)

sign=f89f9594663708c1605f3d736d01d2d4

完整请求为:

http://api.fanyi.baidu.com/api/trans/vip/translate?q=apple&from=en&to=zh&appid=201506
3000000001&salt=1435660288&sign=f89f9594663708c1605f3d736d01d2d4

也可以使用 POST 方法传送需要的参数。

● 返回结果格式。返回结果是 Json 格式,包括的字段如图 8-39 所示。

字段名	类型	描述
from	TEXT	翻译源语言
to	TEXT	译文语言
trans_result	MIXED LIST	翻译结果
src	TEXT	原文
dst	TEXT	译文

图 8-39　返回结果的格式

其中,trans_result 包含 src 和 dst 字段。

● 场景错误码及解决方法如图 8-40 所示。

错误码	含义	解决方法
52000	成功	
52001	请求超时	重试
52002	系统错误	重试
52003	未授权用户	检查您的 appid 是否正确
54000	必填参数为空	检查是否少传参数
54001	签名错误	请检查您的签名生成方法
54003	访问频率受限	请降低您的调用频率
54004	账户余额不足	请前往管理控制平台为账户充值
54005	长query请求频繁	请降低长query的发送频率,3s后再试
58000	客户端IP非法	检查个人资料里填写的 IP地址 是否正确 可前往管理控制平台修改 IP限制,IP可留空
58001	译文语言方向不支持	检查译文语言是否在语言列表里

图 8-40　场景错误码及解决方法

8.2.5　MD5 加密及 Post 请求

在学习百度翻译接入方法之后,将在 Unity 中实现在线翻译。

步骤 01 打开在 8.2.2 小节中新建的名为 "SmartTranslate" 的场景文件。

步骤 02 在 "Project" 面板中创建一个名为 "Scripts" 的文件夹,用于存放所有的脚本文件。

步骤 03 在 "Scripts" 文件夹内创建一个名为 "WordManager" 的 C#脚本,此脚本用于保存翻译后的内容。打开脚本,进行如下编辑:

```csharp
using System.Collections.Generic;
using UnityEngine;


public class WordManager : MonoBehaviour
{
    /// <summary>
    /// 创建单例
```

```
    /// </summary>
    public static WordManager Instance;
    /// <summary>
    /// 保存单词翻译的字典
    /// Key 为源单词
    /// Value 为翻译后的文字
    /// </summary>
    public Dictionary<string, string> WordDic;
    /// <summary>
    /// 当前需要翻译的文字
    /// </summary>
    public string CurrentWord;
    void Awake()
    {
        Instance = this;
        WordDic = new Dictionary<string, string>();
    }
}
```

步骤 04 将该脚本挂载到场景中的 "ARCamera" 身上。

步骤 05 在 "Scripts" 文件夹内创建一个名为 "GetTranslateByBaiDu" 的 C#脚本，此脚本
用于接入百度翻译。

```
using System;
using System.Collections;
using System.Security.Cryptography;
using System.Text;
using UnityEngine;
public class GetTranslateByBaiDu : MonoBehaviour {
    /// <summary>
    /// appid
    /// </summary>
    private string appid;
    /// <summary>
    /// 随机数
    /// </summary>
    private string salt;
    /// <summary>
    /// 翻译后的文字
    /// </summary>
    private string dst;
    /// <summary>
    /// 本类的单例
    /// </summary>
```

```
public static GetTranslateByBaiDu Instance;
void Awake()
{
    Instance = this;
}
void Start()
{
    ///百度 APPID
    appid = "20170701000061054";
    //翻译 Apple
    Translate("Apple");
}
/// <summary>
/// 需要翻译时调用
/// </summary>
/// <param name="q">需要翻译的单词</param>
public void Translate (string q)
{
    //判断 q 原文是否被翻译过
    if (WordManager.Instance.WordDic.ContainsKey(q))
    {
        //从 WordDic 取出翻译后的文字
        dst = WordManager.Instance.WordDic[q];
        Debug.Log("已经翻译过");
        return;
    }
    //每次翻译生成不同的随机数
    salt = UnityEngine.Random.Range(1, 50000) + "";
    //创建一个表单
    WWWForm form = new WWWForm();
    //字段 q: 需要翻译的内容
    form.AddField("q", q);
    //字段 from: 源语言类型 - 英语
    form.AddField("from", "en");
    //字段 to: 译文语言类型 - 中文
    form.AddField("to", "zh");
    //字段: appid
    form.AddField("appid", appid);
    //字段 salt: 随机数
    form.AddField("salt", salt);
    //字段 sign: 签名
    form.AddField("sign", CreateMD5(appid + q + salt + "adZQbjZS_lITDF8PPs1g"));
    //开启协程 SendPost
StartCoroutine(SendPost(q,"http://api.fanyi.baidu.com/api/trans/vip/translate",
```

```
form));
    }
    /// <summary>
    /// 通过 Post 方式获取信息
    /// </summary>
    /// <param name="q">需要翻译的原文</param>
    /// <param name="url">API 地址</param>
    /// <param name="form">表单</param>
    /// <returns></returns>
    IEnumerator SendPost(string q,string url, WWWForm form)
    {
        WWW postdata = new WWW(url, form);
        yield return postdata;
        if (postdata.isDone && postdata.error == null)
        {
            dst = postdata.text;
            Debug.Log(postdata.text);
            //将百度翻译接口返回的值加入 WordDic 字典中
            WordManager.Instance.WordDic.Add(q, dst);
        }
    }
    /// <summary>
    /// MD5 加密
    /// </summary>
    /// <param name="old">appid+q+salt+密钥</param>
    /// <returns>返回经过加密的内容</returns>
    string CreateMD5(string old)
    {
        string sign = "";
        //实例化一个 md5 对像
        MD5 md5 = MD5.Create();
        // 加密后是一个字节类型的数组，这里要注意编码 UTF8/Unicode 等的选择
        byte[] s = md5.ComputeHash(Encoding.UTF8.GetBytes(old));
        // 通过使用循环将字节类型的数组转换为字符串，此字符串是常规字符格式化所得
        for (int i = 0; i < s.Length; i++)
        {
            // 将得到的字符串使用小写三十二进制类型格式
            sign = sign + s[i].ToString("x2");
        }
        Debug.Log(sign);
        return sign;
    }
}
```

在脚本中有以下三个知识点。

- Unity 中的表单：WWWForm。
- WWW。
  - WWW 是 Unity 开发中常用的工具类，主要提供一般 Http 访问的功能以及动态从网上下载图片、声音、视频 Unity 资源等。WWW 主要支持的协议有 http://，https://，file://，ftp://（只支持匿名账号），其中 file:// 是访问本地文件。
  - WWW 类主要支持 GET 和 POST 两种方式。GET 方式请求的内容会附在 url 的后面一起作为 URL 向服务器发送请求（请求的内容使用&符号隔开）；而 POST 方式中向服务器发送请求的数据是以一个数据包的形式和 url 分开传送的。相比 GET 方式，POST 的优点是比 GET 安全且传输数据没有长度限制。
- 创建 MD5 加密，使用在 System.Security.Cryptography 命名空间中的 MD5 md5 = MD5.Create()方法。

步骤 06 将 "GetTranslateByBaiDu" 脚本挂载到场景中的 "ARCamera" 上。

步骤 07 验证脚本内容。

① 运行程序。
② 在控制台中会输出一条 Json 信息："{"from":"en","to":"zh","trans_result":[{"src":"Apple","dst":"\u82f9\u679c"}]}"，其中 "dst" 后的内容即为翻译后的文字。

8.2.6 解析 JSON

在 8.2.5 小节中已经收到了百度翻译返回的 JSON 文件："{"from":"en","to":"zh","trans_result":[{"src":"Apple","dst":"\u82f9\u679c"}]}"，在本小节中将学习如何解析 JSON。

在学习如何解析 JSON 文件之前，必须先了解什么是 JSON：

- JSON 指的是 JavaScript 对象表示法（JavaScript Object Notation）。
- JSON 是轻量级的文本数据交换格式。
- JSON 独立于语言 *。
- JSON 具有自我描述性，更易理解。

* JSON 使用 JavaScript 语法来描述数据对象，但是 JSON 仍然独立于语言和平台。JSON 解析器和 JSON 库支持许多不同的编程语言。目前，非常多的动态编程语言（如 PHP、JSP、.NET）都支持 JSON。

我们可以将 "{"from":"en","to":"zh","trans_result":[{"src":"Apple","dst":"\u82f9\u679c"}]}" 进行在线格式化验证，方便进行观察。在线格式化验证的网址为 "http://www.bejson.com/"，格式化验证后显示为：

```
{
    "from": "en",
    "to": "zh",
    "trans_result":
```

```
[
    {
        "src": "Apple",
        "dst": "苹果"
    }
]
}
```

关于 JSON 的语法规则与获取方式如下：

- 数据在键/值（key/value）对中，例如 "from": "en"。其中，key 必须是字符串，value 可以是：
  - 数字（整数或浮点数）
  - 字符串（在双引号中）
  - 逻辑值（true 或 false）
  - 数组（在中括号中）
  - 对象（在大括号中）
  - Null

  key 与 value 之间必须使用冒号（:）进行分割。

- 数据由逗号分隔，例如：
  - "from": "en"
  - "to": "zh"

- 使用大括号保存对象，例如：

  ```
   {
   "src": "Apple",
   "dst": "苹果"
   }
  ```

  对象也可以包含多个键/值（key/value）对。获取对象值的方式如下：

  例如，Json 文件为 { "name":"rf", "age":18, "sex":"man"}，获取其中的 name。

  - 可以通过点号"."的方式获取：

    ```
    var myObj, x;
    myObj = { "name":"rf", "age":18, "sex":"man"};
    x = myObj.name;
    ```

  - 也可以通过中括号"[]"的方式来访问对象的值：

    ```
    var myObj, x;
    myObj = { "name":"rf", "age":18, "sex":"man"};
    x = myObj[name];
    ```

- 中括号保存数组，例如：

  ```
  "trans_result":
   [
     {
       "src": "Apple",
  ```

```
            "dst": "苹果"
        }
    ]
```

数组中也可以包含多个对象。访问数组的方式如下。

例如 Json 文件为：

```
{
"name":"rf",
"age":3,
"sites":[ "Google", "Runoob", "Taobao" ]
}
```

可以通过索引值来访问： x = myObj.sites[0];

在了解 JSON 之后，就可以结合本项目的内容进行解析。在 Unity 中，解析 JSON 的工具有很多，例如 LitJson、Simplejson 与 Unity 自带的 JsonUtility 等，这里我们以 Unity 自带的 JsonUtility 为例对百度翻译返回的 JSON 文件进行解析。

步骤 01 打开 "Project" 面板中的 "GetTranslateByBaiDu" C#脚本文件。

步骤 02 在 "GetTranslateByBaiDu" 文件最后添加百度翻译返回 Json 的原型，代码如下：

```
[Serializable]
public class Trans_resultItem
{
    public string src;
    public string dst;
}
[Serializable]
public class Trans
{
    public string from;
    public string to;
    public Trans_resultItem[] trans_result;
}
```

代码中包含两个类：Trans 和 Trans_resultItem，必须在类前添加[Serializable]表示该类是序列化的。

步骤 03 使用该原型解析返回的 Json 文件。

① 声明一个 "Trans" 变量。

```
private Trans trans;
```

② 在 Start 函数中初始化 "trans"。

```
trans = new Trans();
```

③ 在 "SendPost" 函数中使用 "trans" 解析百度翻译返回的值。

```
    IEnumerator SendPost(string q, string url, WWWForm form)
{
    WWW postdata = new WWW(url, form);
    yield return postdata;
    if (postdata.isDone && postdata.error == null)
    {
        trans = JsonUtility.FromJson<Trans>(postdata.text);
        Debug.Log("翻译后的内容为：  "+ trans.trans_result[0].dst);
        WordManager.Instance.WordDic.Add(q, trans.trans_result[0].dst);
    }
}
```

trans.trans_result[0].dst 为 Trans 类中 tras_result 数组的第一个 Trans_resultItem 类的 dst 的值，即为翻译后的内容。

步骤 04 验证程序。

① 运行程序。
② 在控制台会输出一条信息："翻译后的内容为：　苹果"。

8.2.7　获取文字读音

通过 8.2.6 小节的学习已经可以将单词翻译成中文了，接着将学习如何获取及播放单词的发音。在本小节中需要掌握以下内容：

● 通过 Unity 提供的 Get 方法获取单词的发音文件。
● 将发音文件保存到本地。
● 通过 Unity 的 www 方法加载本地的发音文件。

在有道词典中为大家提供了一个单词发音的网站，网站地址为 "http://dict.youdao.com/dictvoice?audio=XXX"，其中的 XXX 需要替换成需要发音的单词。例如，需要获取 "apple" 这个单词的读音，只需要在浏览器中输入 "http://dict.youdao.com/dictvoice?audio=apple" 即可获取读音。现在需要做的是在 Unity 中获取读音。

步骤 01 编辑 "Scripts" 文件夹中的 "WordManager" 脚本，添加用于存储音频文件的字典。

① 声明一个字典。key 为 String，value 为 AudioClip 格式。

```
public Dictionary<string, AudioClip> AudioDic;
```

② 在 Awake 函数中初始化字典。

```
AudioDic = new Dictionary<string, AudioClip>();
```

步骤 02 在 "Scripts" 文件夹内创建一个名为 "GetAudioByYouDao" 的 C# 脚本，此脚本用于获取单词的读音。打开脚本，进行如下编辑：

```
using System.Collections;
using System.IO;
using UnityEngine;
public class GetAudioByYouDao : MonoBehaviour
{
    /// <summary>
    /// 本类单例
    /// </summary>
    public static GetAudioByYouDao Instance;
    /// <summary>
    /// 音频播放控件
    /// </summary>
    private AudioSource AS;
    /// <summary>
    /// 保存路径
    /// </summary>
    private string path;
    void Awake()
    {
        Instance = this;
        //获取音频播放控件
        AS = GetComponent<AudioSource>();
    }
    void Start()
    {
        //设置不同平台中的保存路径
        //在 Unity 编辑器模式下，路径为 data
        //android 路径为 Application.persistentDataPath
        if (Application.platform == RuntimePlatform.Android)
            path = Application.persistentDataPath;
        else
        {
            path = Application.dataPath;
        }
        GetAudio("Apple");
    }
    /// <summary>
    /// 获取单词的读音
    /// </summary>
    /// <param name="q">单词</param>
    public void GetAudio(string q)
    {
```

```csharp
    //判断 AudioDic 字典中是否存在该音频
    if (WordManager.Instance.AudioDic.ContainsKey (q))
    {
        //获取单词的读音并设置为音频播放控件需要播放的音频
        AS.clip = WordManager.Instance.AudioDic[q];
        Debug.Log("已经存在音频");
        return;
    }
    //开启协程 SendGet
    StartCoroutine(SendGet("http://dict.youdao.com/dictvoice?audio=",q));
}
/// <summary>
/// 下载该音频文件
/// </summary>
/// <param name="url">在线发音的地址</param>
/// <param name="q">需要获取读音的单词</param>
/// <returns></returns>
IEnumerator SendGet(string url, string q)
{
    //声明一个 www 用来下载音频
    WWW www = new WWW(url+q);
    yield return www;
    if (www.error == null && www.isDone)
    {
        //声明一个临时变量存储下载后的 byte 数组
        var tmp = www.bytes;
        //将 byte 数组以 MP3 的格式保存到本地
        CreateFile(path, q + ".MP3", tmp, tmp.Length);
        //从本地加载 MP3 文件
        StartCoroutine(loadSound(q));
    }
}
/// <summary>
/// 保存音频文件
/// </summary>
/// <param name="savepath">保存的路径</param>
/// <param name="name">保存的文件名需要以文件格式后缀名结尾，例如 apple.mp3</param>
/// <param name="info">需要保存的 byte 数组文件</param>
/// <param name="length">大小</param>
void CreateFile(string savepath, string name, byte[] info, int length)
{
    //文件流信息
    Stream sw;
    FileInfo t = new FileInfo(savepath + "/" + name);
```

```
            if (t.Exists)
            {
                //若文件已经存在，则直接返回
                return;
            }
            else
            {
                //如果此文件不存在，就创建文件
                sw = t.Create();
            }
            //以行的形式写入信息
            sw.Write(info, 0, length);
            //关闭流
            sw.Close();
            //销毁流
            sw.Dispose();
        }
        /// <summary>
        /// 协程，从本地加载音频文件
        /// </summary>
        /// <param name="q">需要加载的音频文件名称</param>
        /// <returns></returns>
        IEnumerator loadSound(string q)
        {
            //创建一个www用以本地加载，本地加载需要在路径前添加"file://"
            WWW www = new WWW("file://" + path + @"/"+q + ".MP3");
            yield return www;
            if (www.isDone && www.error == null)
            {
                //设置加载的音频文件为音频播放器需要播放的音频
                AS.clip = www.audioClip;
                //将加载的音频文件添加到AudioDic字典中，方便重复使用
                WordManager.Instance.AudioDic.Add(q, www.audioClip);
                //播放该音频文件
                AS.Play();
            }
        }
    }
}
```

步骤 03 将此脚本挂载到场景中的"ARCamera"上。

步骤 04 在"ARCamera"物体上添加"Audio Source"音频播放组件，取消勾选初始播放复选框，如图 8-41 所示。

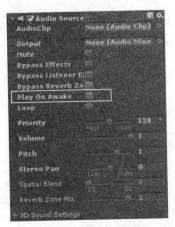

图 8-41　添加 "Audio Source" 音频播放组件

步骤 05 验证程序。运行程序后，将播放单词 apple 的发音文件。

8.2.8　UI 制作

前面学习了如何进行文字识别、接入百度翻译 API 获取单词翻译后的中文含义、从有道词典的网页获取单词的读音。但是这三者之间没有联系，翻译以及发音都是以一个固定的单词作为测试。在本节中将制作本程序的界面。

程序界面可以分为两部分：

● 显示与确认识别文字，如图 8-42 所示。
● 显示翻译文字、播放单词发音、返回第一步，如图 8-43 所示。

图 8-42　确认识别的文字

图 8-43　显示翻译界面

步骤 01 在场景中创建一个 "Canvas"，在 "Canvas" 下创建一个 "Empty"（空物体），设置锚点预设为全屏自适应，并命名为 "Step1"。

步骤 02 创建识别文字确认按钮，如图 8-44 所示。

① 在"Step1"下创建一个"Image"，将其命名为"Affirm"。

② 设置锚点预设为右下角，图片大小为"200×200"。

③ 选择"Image"组件的"Source Image"为图片"Affirm"。

④ 添加"Button"组件。

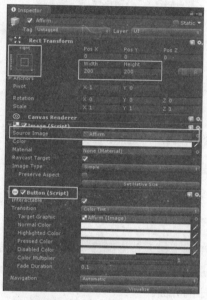

图 8-44　创建文字确认按钮

步骤 03　创建显示文字的界面。

① 在"Step1"下面创建一个"Image"，将其命名为"Word"，作为背景。

② 在"Word"下面创建一个"Text"，用以显示文字。

③ 设置"Word"的锚点预设为左下方，图片大小为"590×180"。

④ 设置"Word"组件"Image"的"Source Image"为"BG"，设置其"Image Type"为"Sliced"，如图 8-45 所示。

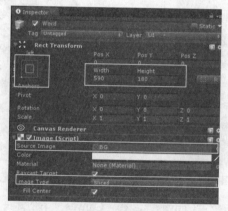

图 8-45　创建背景图片

⑤ 将"BG"图片进行九宫切图，如图 8-46 所示。

⑥ 设置物体"Text"的锚点预设为自适应全屏。

⑦ 设置物体 "Text" 的组件 "Text" 的字体大小为 60，对齐方式为上下居中、左右居中对齐，字体颜色为 "R: 255 G: 108 B: 0 A: 255"，如图 8-47 所示。

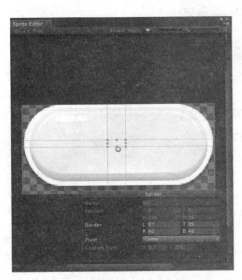

图 8-46　九宫切图

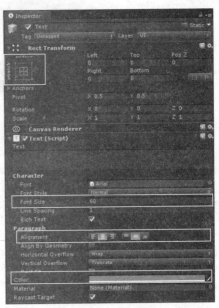

图 8-47　设置字体属性

步骤 04 创建 "Step2"。

① 复制物体 "Step1"，将新复制出的物体命名为 "Step2"。
② 将 "Step2" 物体下的 "Affirm" 重命名为 "Sound"，设置 "Source Image" 为 "Sound"。

步骤 05 创建返回按钮。

① 复制物体 "Sound"，将新复制出的物体命名为 "Back"。
② 设置 "Back" 的锚点预设为左上角。
③ 设置 "Back" 中 "Image" 组件的 "Source Image" 为 "Back"，如图 8-48 所示。

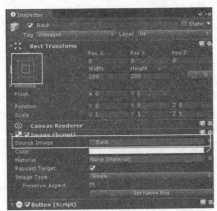

图 8-48　创建返回按钮

步骤 06 设置界面的初始状态。将物体 "Step2" 隐藏，默认显示 "Step1"。

此时，场景中物体的层级如图 8-49 所示。

图 8-49　层级展示

8.2.9　功能关联

在 8.2.8 小节中已经将界面制作完毕，本小节将实现界面功能及整体功能的关联。

步骤 01　获取文字识别功能中识别到的文字。

① 在"Project"面板的"Scripts"文件夹中创建一个名为"Text Trackable"的 C#脚本，双击打开并进行编辑：

```
using UnityEngine;
using UnityEngine.UI;
using Vuforia;
public class TextTrackable : MonoBehaviour, ITextRecoEventHandler {
    /// <summary>
    /// 显示识别文字的界面
    /// </summary>
    public Text ShowText;
    void Start()
    {
        //获取 TextRecoBehaviour 组件并注册事件
        var trBehaviour = GetComponent<TextRecoBehaviour>();
        if (trBehaviour)
        {
            trBehaviour.RegisterTextRecoEventHandler(this);
        }
    }
    /// <summary>
    /// 接口 ITextRecoEventHandler 实现的方法，初始化
    /// </summary>
    public void OnInitialized()
    {
    }
```

```
/// <summary>
/// 接口 ITextRecoEventHandler 实现的方法，当文字被检测到时触发
/// </summary>
/// <param name="word"></param>
public void OnWordDetected(WordResult word)
{
    //输出识别的文字
    Debug.Log(word.Word.StringValue);
    //显示识别的文字
    ShowText.text = word.Word.StringValue;
}
/// <summary>
/// 接口 ITextRecoEventHandler 实现的方法，当文字丢失时触发
/// </summary>
/// <param name="word"></param>
public void OnWordLost(Word word)
{
    //设置显示的文字为空
    ShowText.text = "";
}
}
```

本脚本中实现了 ITextRecoEventHandler 接口。

② 将本脚本挂载到场景中的物体"TextRecognition"上，指定属性 Show Text 为 Step1 中 Word 的子物体 Text，如图 8-50 所示。

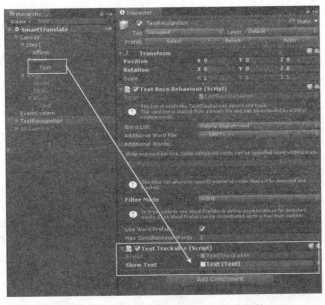

图 8-50　添加"TextTrackable"脚本组件

步骤 02　实现界面的功能。

① 在"Project"面板的"Scripts"文件夹中创建一个名为"UIController"的 C#脚本，双击
打开并进行编辑：

```csharp
using System;
using UnityEngine;
using UnityEngine.UI;

public class UIController : MonoBehaviour {

    /// <summary>
    /// 步骤一的物体
    /// </summary>
    public GameObject Step1;
    /// <summary>
    /// 确认按钮
    /// </summary>
    public Button AffirmBtn;
    /// <summary>
    /// 显示的文字
    /// </summary>
    public Text showText;
    /// <summary>
    /// 步骤二的物体
    /// </summary>
    public GameObject Step2;
    /// <summary>
    /// 播放声音按钮
    /// </summary>
    public Button PlaySound;
    /// <summary>
    /// 返回按钮
    /// </summary>
    public Button BackBtn;
    /// <summary>
    /// 播放声音组件（单词声音）
    /// </summary>
    public  AudioSource AS;
    /// <summary>
    /// 播放声音组件（按钮声音）
    /// </summary>
    private AudioSource BtnAudio;

    void Awake()
    {
```

```
    //获取播放按钮声音的组件
    BtnAudio = GetComponent<AudioSource>();
    //当单击确认按钮时
    AffirmBtn.onClick.AddListener(() =>
    {
        //播放按钮声音
        BtnAudio.Play();
        //若显示的文字为空或者显示的文字为"未识别文字"
        if (String.IsNullOrEmpty(showText.text)|| showText.text == "未识别文字")
        {
            //设置显示的文字为未识别文字
            showText.text = "未识别文字";
            return;
        }
        //设置需要翻译的文字为 showText 显示的文字
        WordManager.Instance.CurrentWord = showText.text;
        //隐藏步骤一的界面
        Step1.SetActive(false);
        //显示步骤二的界面
        Step2.SetActive(true);
    });
    //当单击返回按钮时
    BackBtn.onClick.AddListener(() =>
    {
        //设置需要翻译的文字为空
        WordManager.Instance.CurrentWord = null;
        //设置界面中显示的文字为空
        showText.text = null;
        //显示步骤一的界面
        Step1.SetActive(true);
        //隐藏步骤二的界面
        Step2.SetActive(false);
        //播放按钮声音
        BtnAudio.Play();
    });
    //当单击播放单词发音的按钮时
    PlaySound.onClick.AddListener(() =>
    {
        //播放按钮声音
        BtnAudio.Play();
        //播放单词的读音
        AS.Play();
    });
}
```

```
}
```

② 将本脚本挂载到场景中的 "Canvas" 上，并设置其属性，如图 8-51 所示。

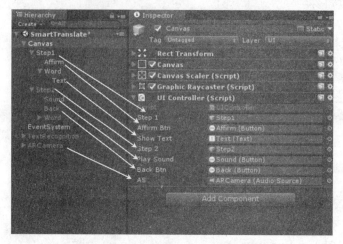

图 8-51　添加 "UIController" 脚本组件

③ 为 "Canvas" 添加 "Audio Source" 组件，设置 "AudioClip" 为按钮音效 "ButtonSound"，取消勾选 "Play On Awake" 复选框，并设置其音量为 0.6，如图 8-52 所示。

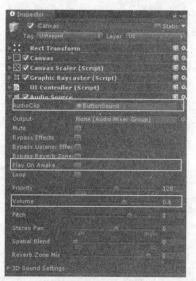

图 8-52　添加音频组件

④ 调用查询单词翻译与下载音频。在 "Scripts" 文件夹中创建一个名为 "GetInfo" 的 C# 脚本，双击打开并进行编辑：

```
using UnityEngine;
public class GetInfo : MonoBehaviour {
    /// <summary>
    /// 当物体 Step2 显示时调用
    /// </summary>
    void OnEnable()
```

```
{
    //查询单词翻译
    GetTranslateByBaiDu.Instance.Translate(WordManager.Instance.CurrentWord);
    //获取单词发音文件
    GetAudioByYouDao.Instance.GetAudio(WordManager.Instance.CurrentWord);
  }
}
```

将该脚本挂载到物体"Step2"上，当物体"Step2"显示时调用"OnEnable"方法。

步骤 03 完善翻译脚本"GetTranslateByBaiDu"。

① 在脚本"GetTranslateByBaiDu"中，为了方便测试，在 Start 函数中调用了一次翻译（Translate）函数。现在不需要一开始就调用翻译，所以可以把 Start 函数中的 Translate 函数注释掉。

② 添加翻译后显示的文本。

```
/// <summary>
/// 显示翻译文字
/// </summary>
public Text TranslateText;
```

③ 设置翻译后在文本中显示翻译内容。

■ 在 Translate 函数中判断单词是否翻译过，若已经翻译过，则设置显示文本显示翻译的内容。

```
//判断 q 原文是否被翻译过
if (WordManager.Instance.WordDic.ContainsKey(q))
{
    //从 WordDic 取出翻译后的文字
    dst = WordManager.Instance.WordDic[q];

    //显示翻译的内容
    TranslateText.text = WordManager.Instance.WordDic[q];

    Debug.Log("已经翻译过");
    return;
}
```

■ 在 SendPost 函数中获取解析的翻译内容后，显示文本显示翻译的内容。

```
IEnumerator SendPost(string q, string url, WWWForm form)
{
    WWW postdata = new WWW(url, form);
    yield return postdata;
    if (postdata.isDone && postdata.error == null)
```

```
        {
            trans = JsonUtility.FromJson<Trans>(postdata.text);
            Debug.Log("翻译后的内容为: "+ trans.trans_result[0].dst);
            WordManager.Instance.WordDic.Add(q, trans.trans_result[0].dst);
            //显示翻译的内容
            TranslateText.text = WordManager.Instance.WordDic[q];
        }
    }
```

④ 在物体"ARCamera"中指定此脚本 Translate Text 属性的物体，如图 8-53 所示。

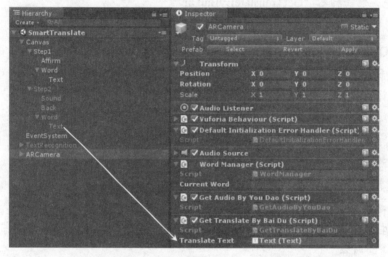

图 8-53 设置"GetTranslateByBaiDu"脚本的属性

步骤 04 完善获取读音脚本"GetAudioByYouDao"。注释掉测试时在 Start 函数中添加的
GetAudio("Apple")。

步骤 05 程序测试。

8.2.10 多平台输出 Debug 信息

通过前面几节的内容，程序制作基本完成。在本节中将补充两方面内容：完善程序与多平台输出 Debug 信息。

● 完善程序，例如相机的对焦、退出程序等功能。

步骤 01 相机的对焦是 AR 项目中使用频率很高的功能，我们设计其功能为：单击屏幕就会
自动对焦，单击两次结束对焦。在"Scripts"文件夹中创建一个名为
"ARTouchAutoFocus"的 C#脚本，双击打开并进行编辑：

```
using UnityEngine;
using System.Collections;
using Vuforia;
/// <summary>
```

```csharp
/// AR 相机的触屏自动对焦功能
/// 单击一次开始对焦，单击两次结束对焦
/// </summary>
public class ARTouchAutoFocus : MonoBehaviour
{
    private float touchduration;
    private Touch touch;
    void Update()
    {
        if (Input.touchCount > 0)
        {
            touchduration += Time.deltaTime;
            touch = Input.GetTouch(0);
            if (touch.phase == TouchPhase.Ended && touchduration < 0.2f)
            {
                StartCoroutine("singleOrDouble");
            }
        }
        else
        {
            touchduration = 0;
        }
    }
    IEnumerator singleOrDouble()
    {
        yield return new WaitForSeconds(0.3f);
        if (touch.tapCount == 1)
            StartCoroutine(Focus());

        else if (touch.tapCount == 2)
        {
            StopCoroutine(Focus());
        }
    }
    private IEnumerator Focus()
    {
CameraDevice.Instance.SetFocusMode(CameraDevice.FocusMode.FOCUS_MODE_TRIGGERAUTO);
        yield return new WaitForSeconds(1.0f);

CameraDevice.Instance.SetFocusMode(CameraDevice.FocusMode.FOCUS_MODE_CONTINUOUSAUTO);
    }
}
```

步骤 02 退出程序的脚本很简单，在 "Scripts" 文件夹中创建一个名为 "QuitAPP" 的 C# 脚本，双击打开并编辑：

```
using UnityEngine;

public class QuitAPP : MonoBehaviour {

    void Update()
    {
        //当按下退出键时退出程序
        if (Input.GetKeyDown(KeyCode.Escape))
        {
            Application.Quit();
        }
    }
}
```

步骤 03 将上述两个脚本挂载到场景中的 "ARCamera" 上。

● 多平台输出 Debug 信息。

在移动平台开发时，经常会遇到 Debug 信息不好查看的问题。Asset Store 中有一款多平台输出 Debug 信息的插件 "KGFDebug"，这款插件有以下特点：

- 支持安卓与 ISO。
- 内含 5 种 Log：调试、信息、警告、错误、致命问题。
- 支持日志过滤器。
- 可以将 Log 信息粘贴到文本中。
- 优异、清晰的代码文档。
- 显示当前的 FPS。
- 在界面中详细显示 Log 信息的对象路径、时间、描述、信息，如图 8-54 所示。

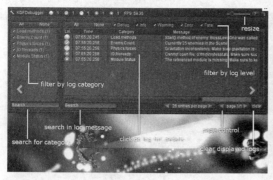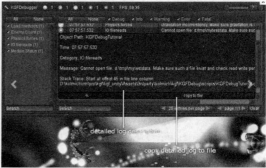

图 8-54　KGFDebug 界面

使用方法如下：

步骤 01 将 "KGFDebug" 资源包导入工程中。

步骤 02 将"Project"文件夹中的"KGFDebugGUI"与"KGFDebug"这两个 Prefab 拖曳到场景中，Prefab 路径为"kolmich/KGFDebug/prefabs/KGFDebug/"。"KGFDebugGUI"属性面板如图 8-55 所示。

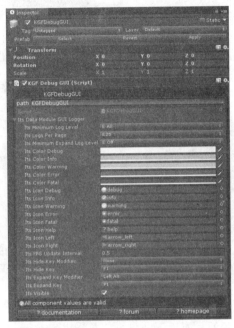

图 8-55　配置界面

步骤 03 到这步为止，运行程序就能发现游戏界面顶部出现了 KGFDebug，非常简单方便，我们也可以自定义其中的一些参数，例如：

- 显示信息的类型（Debug、信息、警告、错误、致命错误、不显示、全部显示）。
- 显示信息的颜色以及图标。
- FPS 显示刷新的频率。
- 显示隐藏的快捷键。

8.2.11　项目发布

关于本案例的内容基本介绍完毕，下面介绍项目的发布工作。

步骤 01 打开 Unity 编辑器中的播放器设置。单击菜单栏中的 File→Build Settings→Player Settings 打开，也可以通过单击菜单栏中的 Edit→Project Settings→Player 打开。

- 设置基础信息，例如公司名、APK 名称、APK 的 Logo，如图 8-56 所示。
- 修改（Bundle Identifier）标识符。找到 Other Settings 中的 Bundle Identifier，按照 "com.Company.ProductName"（com.公司名.产品名）的格式改成自己的标识符，例如 "com.RF.AR"，如图 8-57 所示。
- 修改（Minimum API Level）最低 API 的级别。主要注意的是，若选择的 API 在 Android SDK Manager 中没有，则发布时会报错。

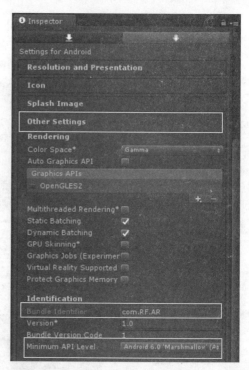

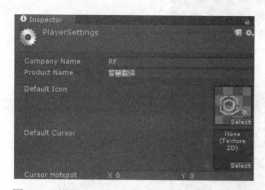

图 8-56　设置公司名、APK 名、APK 的 Logo 图片　　　图 8-57　设置 Bundle Identifier 与最低 API 级别

步骤 02 打开 Unity 编辑器的发布设置，单击菜单栏中的 File→Build Settings，然后单击界面中的 "Build" 按钮，即可发布一个 APK 程序。

第 9 章
◀ 基于EasyAR的AR开发 ▶

EasyAR 是 2015 年上海视辰信息在 AWE 增强现实国际博览会发布的国内首个投入应用的免费 AR 引擎。其全称为 Easy Augmented Reality，意义为让增强现实变得更加简单易实施。

视辰 CEO 张小军在 EasyAR SDK 发布会上讲述了国内开发者受制于国外 AR 引擎的尴尬处境。

● 收费昂贵，动辄好几万的授权费，个人和小型工作室根本无力承担。

● 屡次发生中断服务，让开发者背负巨大的商业风险、学习成本和开发成本。

● 严重缺乏本土化服务。没有中文文档和中文社区，学习成本高。服务器在国外，服务器响应慢而且中断率高。由于文化差异，因此对于本土化的一些特殊需求响应慢。

在本章中将学习 EasyAR 的单图识别、多图识别、云识别，再以一个房地产的案例对知识进行整合。其中涉及图片识别、视频识别、脱卡模式设置、手势控制、拍照与视频录制等知识。

9.1　EasyAR 简介

2015 年 10 月获得 AWE Asia 全场唯一大奖。

2016 年 9 月获得 AWE Asia 2016 Auggie Award 最佳软件奖。

2017 年 5 月 EasyAR SDK 2.0 发布。

在 EasyAR SDK 2.0 版本中分为基础版与专业版，其中基础版可以免费使用，专业版一个应用为 2999 元。使用同一个 Bundle ID（iOS）或者 Package name（Android）的应用。例如，视+App（iOS 版）和视+App（Android 版）使用同一个 Bundle ID（iOS）/Package name（Android），视为一个应用，在大版本内免费升级。

基础版功能包括：

● C API/C++11 API/traditional C++ API

● Java API for Android

- Objective- C API for iOS
- Android/iOS/Windows/Mac OS 可用
- 使用 H.264 硬解码
- 透明视频播放
- 二维码识别
- Unity 3D 4.x 支持
- Unity 3D 5.x 支持
- 可对接 3D 引擎
- 平面图像跟踪
- 无识别次数限制
- 多目标识别与跟踪
- 1000 个本地目标识别
- 云识别支持（云识别服务单独收费，1200 元/月）

专业版在基础版中增加以下功能：
- SLAM
- 3D 物体跟踪
- 不同类型目标同时识别与跟踪
- 录屏

专业版提供了试用版本，每天限制 100 次 AR 启动，功能与正式版相同。

9.2 EasyAR 开发准备

在开发之前需要做好前期准备，包括获取密钥、Bundle ID、SDK 与案例的下载。

1. 获取密钥、Bundle ID

步骤 01 在 EasyAR 官方网站中注册账号，地址为 "http://www.easyar.cn/"。

步骤 02 打开 "开发" 界面，单击 "创建应用" 按钮，如图 9-1 所示。

图 9-1 创建应用

步骤 03 填入应用名称、Bundle ID（如果需要在 Android/iOS 设备上使用 EasyAR，就必须填写 Bundle ID/Package Name，这个与所创建的应用的 Bundle ID/Package Name 必须一致，否则可能初始化失败），如图 9-2 所示。

图 9-2　设置应用名称与包名

步骤 04 查看密钥。单击应用名称对应的"查看 Key"按钮。在新的页面中会出现 EasyAR SDK 2.0 与 EasyAR SDK 1.X 两个密钥，如图 9-3 所示。根据不同的 SDK 版本选择对应的密钥。在本书中，以 2.0 版本为例进行介绍。

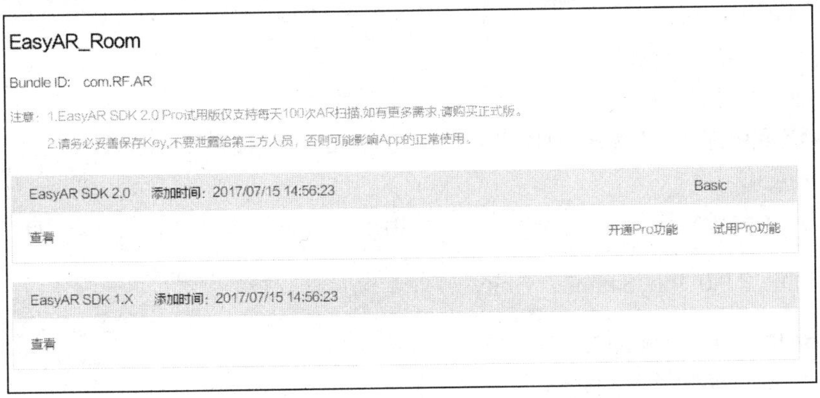

EasyAR_Room
Bundle ID:　com.RF.AR
注意：1.EasyAR SDK 2.0 Pro试用版仅支持每天100次AR扫描,如有更多需求,请购买正式版。
2.请务必妥善保存Key,不要泄露给第三方人员，否则可能影响App的正常使用。

图 9-3　获取密钥

步骤 05 开通试用专业版功能。单击图 9-3 中的"试用 Pro 功能"即可开通。

2. 获取 SDK 与案例的资源包

可以通过学习官方提供的案例资源包更好地掌握 EasyAR。需要下载三个资源包，分别为 EasyAR SDK 2.0.0 Pro for Unity3D、EasyAR_SDK_2.0.0_ Basic_Samples_Unity、EasyAR_SDK_ 2.0.0_Pro_Samples_Unity。官方下载地址为 http://www. easyar.cn/view/download.html，也可以从本书提供的下载资源中下载（9/9.2）。

EasyAR SDK 2.0.0 Pro for Unity 3D 资源包除了拥有 EasyAR SDK Basic 所有功能之外，还有更多激动人心的特性，包括 3D 物体跟踪、基于 SLAM 的跟踪和录屏等。

EasyAR_SDK_2.0.0_Basic_Samples_Unity 基础案例包括：

- HelloAR
  - 演示如何创建第一个 EasyAR 应用。
  - 演示使用 EasyAR 在 target 上面显示 3D 内容和视频的最简单的方法。
- HelloARTarget
  - 演示创建 target 的不同方法。
  - 演示如何动态创建 target。

- HelloARVideo
  - 演示如何使用 EasyAR 加载并在 target 上播放视频。
  - 演示本地视频播放。
  - 演示透明视频播放。
  - 演示流媒体视频播放。
- HelloARMultiTarget_SingleTracker
  - 演示如何使用一个 tracker 同时跟踪多个目标。
- HelloARMultiTarget_MultiTracker
  - 演示如何使用多个 tracker 同时跟踪多个目标。
- HelloARMultiTarget_SameImage
  - 演示如何同时跟踪多个相同目标。
- HelloARQRCode
  - 演示如何同时检测二维码并跟踪目标。
- HelloARCloud
  - 演示如何使用云识别。
- TargetOnTheFly
  - 演示如何直接从相机图像中实时创建 target 并加载到 tracker 中。
- Coloring3D
  - 演示如何创建"AR 涂涂乐",使绘图书中的图像实时"转换"成 3D。

EasyAR_SDK_2.0.0_Pro_Samples_Unity 专业案例包括:

- HelloARObjectTracking (pro)
  - 演示如何跟踪 3D 物体。
- HelloARSLAM (pro)
  - 演示如何使用 SLAM 跟踪。
- HelloARRecording (pro)
  - 演示如何录屏。
- HelloARMultiTarget-MultiType (pro)
  - 演示如何同时跟踪多个不同类型的目标。

9.3　EasyAR 入门

在本节中将学习 EasyAR 基础知识。可以打开官方案例 EasyAR_SDK _2.0.0_Basic_Samples_ Unity 中的"HelloAR"工程文件,以此为蓝本学习最简单的图像识别。

步骤 01 打开"HelloAR"工程文件夹。

步骤 02 设置密钥。

① 打开"Project"面板中的"HelloAR/Scenes/HelloAR"场景。

② 复制在官方网站申请的密钥。

③ 将密钥粘贴到 "Hierarchy" 面板中 "Easy AR_Startup" 物体的 "Easy AR Behaviour" 组件中，如图 9-4 所示。

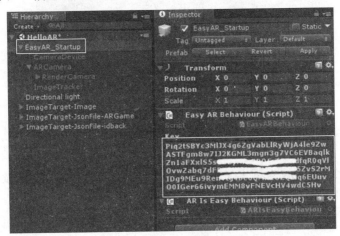

图 9-4　设置密钥

步骤 03　查看识别图。在 "Hierarchy" 面板中能够发现有三个以 "ImageTarget" 开头的物体。查看这三个物体的贴图，这就是场景中的三个识别图。而这三个物体中的子物体则是识别到图片后会被显示出来的物体。

步骤 04　运行程序并查看效果。

● 双击打开其中任意一张识别图。
● 运行 Unity 程序。
● 摄像头对准识别图，该识别图对应的物体就会被显示出来。

看过了官方案例，可以尝试着模仿做一个案例。当识别出一张 "Unity 娘" 的图片后，显示出 "Unity 娘" 的模型。

步骤 01　下载并导入 "Unity 娘"。在 Asset Store 中搜索 "Unity-Chan" 并下载，也可在本书提供的下载资源中下载（9/9.3/Unity-chan Model.unitypackage）。

步骤 02　在 Project 面板中创建一个名为 "Textures" 的文件夹，用于存放图片。

步骤 03　将识别图分别导入 "Textures" 与 "StreamingAssets" 文件夹中，识别图在下载资源中的路径为 "9/9.3/unity-chan.JPG"。

步骤 04　新建一个场景文件，将其命名为 "UnityChanAR"，删除场景中默认的相机。

步骤 05　设置 "EasyAR_Startup"。

① 将 Project 面板中 EasyAR/Prefabs 文件夹中的预制体 "EasyAR_Startup" 拖曳到场景中。
② 将在官方网站申请的密钥粘贴到 "Easy AR Behaviour" 组件中。

步骤 06　设置识别的核心 "ImageTarget"。

① 将 Project 面板中 EasyAR/Prefabs/Primitives 文件夹中的预制体 "ImageTarget" 拖曳到场景中。
② 设置其组件 "Image Target Behaviour" 参数，如图 9-5 所示。

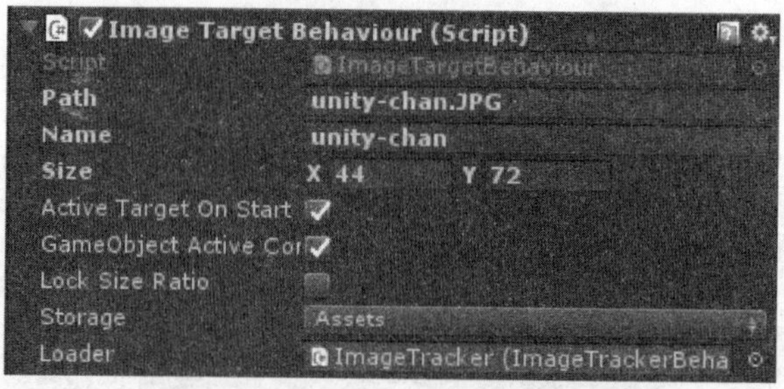

图 9-5　设置"Image Target Behaviour"脚本组件

■　Path：识别图的路径。有以下两种常用指定方式：

◆　指定识别图，例如图 9-5 中的"unity-chan.JPG"。

◆　指定 JSON 配置文件，例如"targets.json"。JSON 完整的数据集接口示例如下：

```
{
  "images" :
  [
    {
      "image" : "idback.jpg",
      "name" : "idback",
      "size" : [8.56, 5.4],
      "uid" : "uid-string"
    }
  ]
}
```

上面的 json 包含所有可以被 EasyAR 使用的配置项：target 图像路径、target 名字、target 大小以及 target 的 uid。这里面只有 target 图像路径是必需的。所以下面这个 JSON 也是可以接受的。

```
{
  "images" :
  [
    {
      "image" : "argame00.jpg",
      "name" : "argame"
    }
  ]
}
```

当然，下面这个 JSON 也是可以接受的。

```
{
  "images" :
  [
    {
```

```json
            "image" : "argame00.jpg"
        }
    ]
}
```

可以将多个 target 放入 JSON 文件中，然后一起或分别加载。

```json
{
    "images" :
    [
        {
            "image" : "argame00.jpg",
            "name" : "argame"
        },
        {
            "image" : "idback.jpg",
            "name" : "idback",
            "size" : [8.56, 5.4],
            "uid" : "uid-string"
        }
    ]
}
{
    "images" :
    [
        {
            "image" : "sightplus/argame01.jpg",
            "name" : "argame01"
        },
        {
            "image" : "sightplus/argame02.jpg",
            "name" : "argame02"
        },
        {
            "image" : "sightplus/argame03.jpg",
            "name" : "argame03"
        }
    ]
}
```

有时并不太关心图像大小或名字这样细节的配置，只需要加载很多图像并生成 target，因此提供了简化的配置方式。

```json
{
    "images": [
```

```
            "argame00.jpg"
    ]
}
```

如上，只需要写一行图像路径就可以了。当有很多图像的时候，写法如下：

```
{
    "images": [
        "argame00.jpg",
        "argame01.jpg",
        "argame02.jpg",
        "argame03.jpg",
        "argame04.jpg",
        "argame05.jpg"
    ]
}
```

当然，也可以将上面这些配置组合进一个 JSON 文件。下面这个示例将演示一个组合，并使用不同的路径书写方式。路径书写需要确保是 UNIX 方式的（使用 / 来分隔路径元素）。当前版本的 EasyAR 不支持非 ASCII 字符的路径，不支持中文路径。

```
{
    "images": [
        "path/to/argame00.jpg",
        "path/to/argame01.png",
        "argame02.jpg",
        {
            "image" : "path/to/argame03.jpg"
        },
        {
            "image" : "argame04.png",
            "name" : "argame"
        },
        {
            "image" : "idback.jpg",
            "name" : "idback",
            "size" : [8.56, 5.4],
            "uid" : "uid-string"
        },
        "c:/win/absolute/path/to/argame05.png",
        "/unix/absolute/path/to/argame06.jpg"
    ]
}
```

- Name：识别图名称。
- Size：识别图尺寸，若 Json 文件中有配置，可以不填写。

> ■ Storage: 路径的位置。
>> ◆ App: 演示如何直接从相机图像中实时创建 target 并加载到 tracker 中（如果 App 是一个 bundle，这个目录就在 bundle 内部）。
>> ◆ Assets: StreamingAssets 路径。
>> ◆ Absolute: 绝对路径或 URL。
> ■ Loader:为其指定 Image Tracker。

③ 为其添加材质球，让其清晰可见。

> ■ 在 Project 面板中创建一个名为 "Mat" 的文件夹，用于存放材质球。
> ■ 在 "Mat" 文件夹中创建一个名为 "Target" 的材质球，设置其 Shader 为 "Mobile/Diffuse"。
> ■ 设置材质球 "Target" 的图片为 "unity-chan"。
> ■ 设置 "ImageTarget" 的材质球为 "Target"。

步骤 07 设置 Unity-Chan 模型。

① 将 Project 面板中 UnityChan/Prefabs/ 中的预制体 "unitychan" 拖曳到场景中。

② 设置为 "ImageTarget" 的子物体。

③ 设置 "unitychan" 的大小与方向，使之与识别图大小匹配，如图 9-6 所示。

图 9-6　设置 "Transform" 属性

步骤 08 验证制作。当摄像头对准识别图时，"Unity 娘" 就会被显示出来，如图 9-7 所示。

图 9-7 效果展示

9.4 多图识别

在 9.3 节的官方案例中一共有三张识别图，运行程序时发现同时只能识别一张。但是在一些项目中，我们需要同时识别多张识别图。本节将学习如何制作多图同时识别。官方为我们准备了以下三个案例。

● HelloARMultiTarget_SingleTracker：演示如何使用一个 Tracker 同时跟踪多个目标，或者追踪单个 Tracker 的方案。

可以设置 tracker 的 simultaneous number 来限制最多可被同时跟踪的目标的个数。只需要一个调用，tracker 就可以同时跟踪多个 target。甚至在运行时动态修改这个数值，就会按你期望的方式工作。

● HelloARMultiTarget_MultiTracker：演示如何使用多个 tracker 同时跟踪多个目标，多个Tracker 的方案。

在 EasyAR 设计之初就可以创建多个 tracker，可以使用多个 tracker 来跟踪不同的 target 集合。一个 tracker 总是会跟踪最多 simultaneous number 个 target，只能跟踪加载到它自身的 target。如果创建了多个 tracker，就可以同时跟踪某个 target 集合中的一些 target，以及另外一个 target集合中的另外一些 target。总共可以被跟踪的 target 个数是所有 tarcker 的最大跟踪数的总和。

两种方案的对比如下：

两种方案的主要区别是，对于单 tracker 的情况，只能同时跟踪一个 target 集合中预先设置的数量的 target，但不能控制哪个 target 永远可以被跟踪（即使这个 target 在场景中，由于检测顺序是随机的，因此无法保证某个 target 一定会被检测到并被跟踪）。但是多个 tracker 可以做到这一点，可以将一个 target 分配给某个只跟踪一个 target 的 tracker 来跟踪，只要这个 target 在场景中，就一定会被检测并跟踪到。

相对于单 tracker 方案，多 tracker 方案没有性能影响，跟踪性能主要取决于所有 tracker 同时跟踪的 target 数目之和。

● HelloARMultiTarget_SameImage：演示如何同时跟踪多个相同目标。

EasyAR 逻辑上不限制最大可跟踪的 target 数目。最大的可跟踪 target 的个数取决于硬件性能和 target 在场景中的大小。

在 PC 上可以流畅的同时跟踪 10 个以上的 target。在主流智能机上，可以流畅的同时跟踪 4~6 个 target。

在本节中，我们以 HelloARMultiTarget_MultiTracker 案例为蓝本进行学习，再做出自己的多图识别。

步骤 01 打开 HelloARMultiTarget_MultiTracker 工程文件。

步骤 02 打开 Project 面板中 HelloARMultiTarget-MultiTracker/Scenes/ 文件夹中的 HelloARMultiTarget-MultiTracker 场景文件，并填入密钥。

步骤 03 查看识别图，场景中一共有两个识别图。初看与 9.3 节中的识别图设置是一样的，再仔细观察一下，就不难发现指定的 Loader 不是同一个组件。在物体"EasyAR_ImageTracker-3"中一共有三个"Image Tracker"，两个识别图中的 Loader 就是指定的其中两个"Image Tracker"，如图 9-8 所示。这就是使用多个 tracker 同时跟踪多个目标，以达到多图识别的效果。

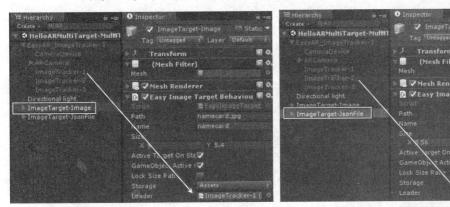

图 9-8　使用多个 tracker

步骤 04 运行程序查看效果。

① 同时打开两张识别图。

② 运行 Unity 程序。

③ 摄像头对准识别图，两张识别图对应的物体都会被显示出来。

在了解了如何使用多个 tracker 同时跟踪多个目标后，我们可以自己动手来制作多图识别。这里以幼教中常使用的动物认知为例进行介绍，场景中分别有大象、犀牛、斑马三种识别图（见图 9-9），要求可以同时被识别。

图 9-9　识别图

① 素材准备。

　a. 将下载资源中的模型资源包（9/9.4/素材/Animal.unitypackage）导入 Unity。

　b. 在 Project 面板中新建名为 "Textures" 的文件夹，存放用于显示的识别图。

　c. 将下载资源 "9/9.4/素材/" 文件夹中的三张识别图分别导入 "Textures" 与 "StreamingAssets" 文件夹中。

② 新建一个名为 "Animal" 的场景文件。

③ 按照 9.3 节的方式添加预制体 "EasyAR_Startup"、设置密钥、添加三个 "ImageTarget"。

④ 复制多个追踪器。将 "EasyAR_Startup" 的子物体 "ImageTracker" 复制出两个，分别作为三张识别图的单独追踪器。

⑤ 设置 "ImageTarget"。

　a. 将 "ImageTarget" 按照识别图的名称重新命名，以方便查找，如图 9-10 所示。

　b. 分别设置 "Image Target Behaviour" 中的 Path、Name、Size（5.12×5.12）与 Storage（Assets）。例如，大象的识别图设置如图 9-11 所示。

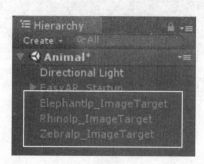

图 9-10　重命名

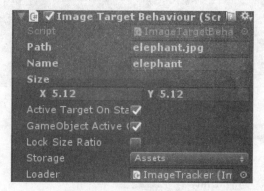

图 9-11　设置 "Image Target Behaviour" 组件属性

　c. 分别指定 "Image Target Behaviour" 中的 "Loader"，每个 "Loader" 对应一个 "ImageTracker"，如图 9-12 所示。

　d. 将识别图对应模型的预制体拖曳到场景中，设置为 "ImageTarget" 的子物体，如图 9-13 所示。预制体路径分别为 Project 面板中的 Animal/Elephant/Prefab/Elephant（大象）、Animal/Rhinoceros/Prefab/Rhino（犀牛）、Animal/Zebra/Prefab/Zebra（斑马）。

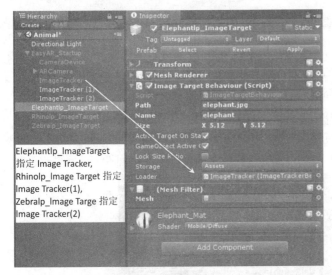

Elephantlp_ImageTarget
指定 Image Tracker,
Rhinolp_Image Target 指定
Image Tracker(1),
Zebralp_Image Targe 指定
Image Tracker(2)

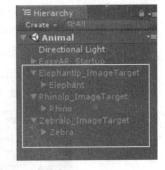

图 9-12　指定 Loader　　　　　　　图 9-13　层级展示

⑥ 设置模型默认播放的动作。

步骤 05　验证制作。当摄像头对准三张识别图时，三张图都能被识别，对应的模型能正常地被显示，如图 9-14 所示。

图 9-14　效果展示

多图识别的制作到此告一段落，下面我们继续了解一下拓展知识。

当有多张同样的识别图时，我们发现其实只有其中的一张被识别了，如图 9-15 所示。

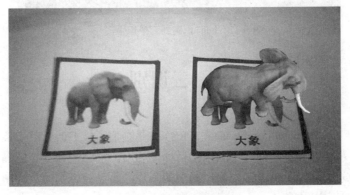

图 9-15　只识别到一张图

其实可以通过设置最大的识别数量让多张同样的识别图同时显示出来，这里以大象为例进行介绍。

① 确认最大可同时识别的数量，例如可同时识别三只大象。

② 将物体"Elephantlp_ImageTarget"复制两个，场景中就一共有三张大象的识别图。

③ 设置"Elephantlp_ImageTarget"组件"Image Target Behaviour"中"Loader"指定的"ImageTracker"组件"Image Tracker Behaviour"中的"Simultaneous Target Number"同时存在的数量，设置最大可同时识别的数量为3，如图9-16所示。

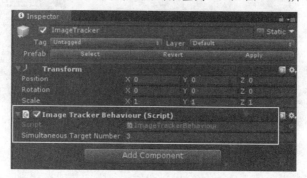

图9-16　设置最大可同时识别的数量

④ 验证制作。运行程序，摄像头同时对准三张大象的识别图，三张识别图都被识别，如图9-17所示。

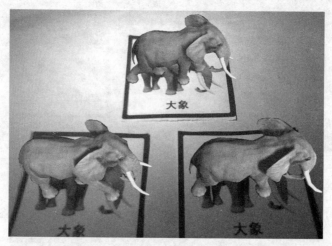

图9-17　同时识别到三个识别图

9.5　云识别

云识别服务（Cloud Recognition Service，CRS），是视辰科技 EasyAR SDK 之上为开发者推出的增值云服务，帮助开发者解耦应用和识别目标，利用云端强大和安全的隔离技术使有限的智能终端（手机等）支持一个应用识别上万级别的图片，而且被识别的目标图片可以作为内容动态更新管理，无须应用升级。

云识别服务简单、安全、扩展性强，每个用户的图库是一个独立空间。不同的图库间，用户即便有一样的图片仍然独立不受影响。官方为开发者提供了云识别案例“HelloARCloud”，我们以此案例为模板制作出自己的云识别。

步骤 01 打开“HelloARCloud”工程文件。

步骤 02 打开 Project 面板中 HelloARCloud/Scenes/文件夹中的 HelloARCloud 场景文件，并填入密钥。

步骤 03 设置云识别图库。

① 登录 EasyAR 官方网站“http://www.easyar.cn/”。

② 进入开发页面，选择云识别类型。根据需求选择是否试用，如图 9-18 所示。

新建云识别图库
应用列表
云识别
云识别图库
服务类型
图库类型
图片个数
图库大小
创建时间
状态
操作
EasyAR提供14天免费试用,你可以先试用一下

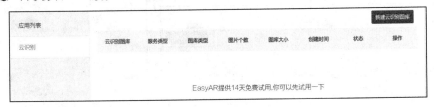

图 9-18　云识别

EasyAR 提供了 14 天的免费试用，下面讲解试用方式。

① 绑定手机号，设置图库名称，如图 9-19 所示。

试用云识别图库
图库名称:
EasyAR
试用期限:
14天
日活:
1000日活/月
图库大小:
10万张
立即试用

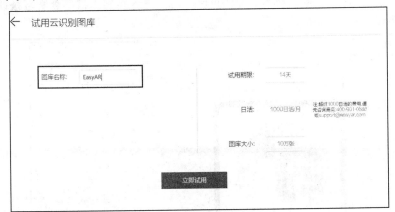

图 9-19　设置图库名称

② 等待 3~5 分钟，后台分配云空间。在开通成功后，会有邮件通知。我们可以在云识别项中查看图库信息，如图 9-20 所示。

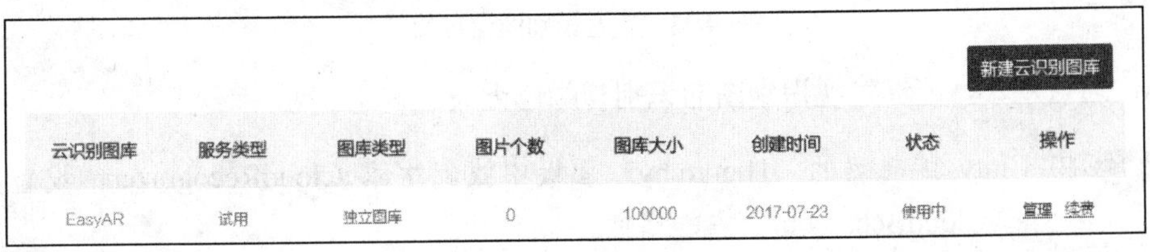

新建云识别图库
云识别图库
服务类型
图库类型
图片个数
图库大小
创建时间
状态
操作
EasyAR
试用
独立图库
0
100000
2017-07-23
使用中
管理 续费

图 9-20　图库信息

③ 单击图 9-20 中的“管理”按钮，记录图 9-21 中图库的 Key、Secret 与访问地址。

④ 上传云识别图片，进入上传图片页面。单击图 9-21 中的"上传识别图"按钮。

⑤ 设置识别图信息，如图 9-22 所示。

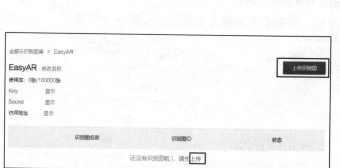

图 9-21　上传识别图

图 9-22　设置识别图

⑥ 查看识别图信息。单击识别图名称"elephant"，进入识别图信息查看与修改页面，如图 9-23 所示。

图 9-23　查看识别图信息

提示：通过观察，能够发现识别图的识别与颜色无关。

步骤 04　在 Unity 编辑器的"Hierarchy"面板中找到物体 CloudRecognizer，设置其组件 "EasyCloudBehaviour"中的属性。

● Server：对应图库中移动端的 SDK 访问地址。

● Key：对应图库中的 Key。

● Secret：对应图库中的 Secret。

步骤 05 验证制作。当摄像头对准识别图时，识别图被正常识别，显示出一个正方体的模型，如图 9-24 所示。

图 9-24 识别到识别图

在对云识别有了初步认识之后，可以尝试制作，以进一步了解云识别的要点。当识别到图片后，动态加载大象的模型。

步骤 01 设置素材。

① 将大象素材导入工程文件（9/9.4/素材/Animal.unitypackage）中。
② 在 "Project" 面板中新建一个名为 "Resources" 的文件夹，用于程序的动态加载。
③ 将大象的预制体（Animal/Elephant/Prefab/Elephant）拖曳到 "Resources" 文件夹中。

步骤 02 新建一个场景文件，将其命名为 elephant_Cloud。
步骤 03 向场景中添加预制体 "EasyAR_Startup" 并设置密钥。
步骤 04 向场景中添加云识别的核心预制体 "CloudRecognizer"（EasyAR/Prefabs/Primitives/CloudRecognizer），设置为物体 "EasyAR_Startup" 的子物体。
步骤 05 编写云识别的脚本。

① 在 "CloudRecognizer" 物体中有一个名为 "EasyCloudBehaviour" 的脚本组件，之前我们有对其属性赋值。在本节中将仿照该脚本写出自己的云识别。在一般情况下，我们不会对 SDK 中的脚本直接进行修改，而是复制一个脚本或者继承该脚本，再进行编辑。
② 新建一个名为 "ElephantCloud" 的 C# 脚本，挂载到 "CloudRecognizer" 物体中，删除其原有的 "EasyCloudBehaviour" 脚本。
③ 将 "ElephantCloud" 脚本仿照 "EasyCloudBehaviour" 脚本进行编辑，代码如下：

```
using EasyAR;
using System.Collections.Generic;
using System.IO;
```

```
using System.Threading;
using UnityEngine;
public class ElephantCloud : CloudRecognizerBehaviour
{
    /// <summary>
    /// 记录云识别图中 UID 的集合
    /// </summary>
    private List<string> uids = new List<string>();
    private ImageTrackerBaseBehaviour trackerBehaviour;
    /// <summary>
    /// 识别信息保存路径
    /// </summary>
    private string persistentDataPath;
    /// <summary>
    /// 是否保存
    /// </summary>
    public bool SaveNewTarget;
    private void Awake()
    {
        //初始化 EasyARBehaviour
        FindObjectOfType<EasyARBehaviour>().Initialize();
        //设置路径
        persistentDataPath = Application.persistentDataPath;
        //注册云识别, 更新状态
        CloudUpdate += OnCloudUpdate;
        if (ARBuilder.Instance.ImageTrackerBehaviours.Count > 0)
            trackerBehaviour = ARBuilder.Instance.ImageTrackerBehaviours[0];
    }
    /// <summary>
    /// 云识别更新
    /// </summary>
    /// <param name="cloud">云识别</param>
    /// <param name="status">状态</param>
    /// <param name="targets"></param>
    private void OnCloudUpdate(CloudRecognizerBaseBehaviour cloud, Status status,
List<ImageTarget> targets)
    {
        //若识别成功
        if (status != Status.Success && status != Status.Fail)
        {
            Debug.LogWarning("cloud: " + status);
        }
        //若未指定 trackerBehaviour, 则直接返回
        if (!trackerBehaviour)
```

```
            return;
        foreach (var imageTarget in targets)
        {
            if (uids.Contains(imageTarget.Uid))
                continue;
            Debug.Log("New Cloud Target: " + imageTarget.Uid + " (" + imageTarget.Name + ")");
            uids.Add(imageTarget.Uid);
            //新建一个空物体
            var gameObj = new GameObject();
            ///添加 EasyImageTargetBehaviour 组件
            var targetBehaviour = gameObj.AddComponent<EasyImageTargetBehaviour>();
            if (!targetBehaviour.SetupWithTarget(imageTarget))
                continue;
            //绑定追踪器
            targetBehaviour.Bind(trackerBehaviour);
            //从 Resources 文件夹中加载名为"Elephant"的大象三维物体，并进行实例化
            var gameObj2 = Instantiate(Resources.Load<GameObject>("Elephant"));
            //设置大象的父物体
            gameObj2.transform.parent = gameObj.transform;
            //设置大象的本地坐标
            gameObj2.transform.localPosition = Vector3.zero;
            //设置大象的本地缩放
            gameObj2.transform.localScale = new Vector3(0.2f, 0.2f, 0.2f);
            //若保存
            if (SaveNewTarget)
            {
                //新开启线程保存云识别信息
                Var thread = new Thread(SaveRunner) { Priority =
                System.Threading.ThreadPriority.BelowNormal };
                thread.Start(imageTarget);
            }
        }
}
/// <summary>
/// 将云识别信息存为 Json 格式
/// </summary>
/// <param name="args"></param>
private void SaveRunner(object args)
{
    var imageTarget = args as ImageTarget;
    var image = imageTarget.Images[0];
    byte[] fileHeader = new byte[14] { (byte)'B', (byte)'M', 0, 0, 0, 0, 0, 0, 0, 0,
54, 4, 0, 0 };
    byte[] infoHeader = new byte[40] { 40, 0, 0, 0, 0, 0, 0, 0, 0, 0, 0, 0, 1, 0, 8,
```

```
0, 0, 0, 0, 0, 0, 0, 0, 0, 0, 0, 0, 0, 0, 0, 0, 0, 0, 0, 0, 0, 0, 0, 0 };
        byte[] pallate = new byte[1024];
        byte[] bmpPad = new byte[3] { 0, 0, 0 };
        int fileSize = 54 + 1024 + image.Width * image.Height;
        fileHeader[2] = (byte)(fileSize);
        fileHeader[3] = (byte)(fileSize >> 8);
        fileHeader[4] = (byte)(fileSize >> 16);
        fileHeader[5] = (byte)(fileSize >> 24);
        infoHeader[4] = (byte)(image.Width);
        infoHeader[5] = (byte)(image.Width >> 8);
        infoHeader[6] = (byte)(image.Width >> 16);
        infoHeader[7] = (byte)(image.Width >> 24);
        infoHeader[8] = (byte)(image.Height);
        infoHeader[9] = (byte)(image.Height >> 8);
        infoHeader[10] = (byte)(image.Height >> 16);
        infoHeader[11] = (byte)(image.Height >> 24);
        for (int i = 0; i < 256; i++)
        {
            pallate[4 * i] = (byte)i;
            pallate[4 * i + 1] = (byte)i;
            pallate[4 * i + 2] = (byte)i;
            pallate[4 * i + 3] = 0;
        }
        FileStream fs = File.Create(Path.Combine(persistentDataPath, imageTarget.Uid +
".bmp"));
        BinaryWriter bw = new BinaryWriter(fs);
        bw.Write(fileHeader);
        bw.Write(infoHeader);
        bw.Write(pallate);
        int widthAligned = image.Width + image.Width % 4 > 0 ? (4 - image.Width % 4) : 0;
        for (int i = 0; i < image.Height; i++)
        {
            bw.Write(image.Pixels, image.Width * (image.Height - i - 1), image.Width);
            if (image.Width % 4 > 0)
            {
                bw.Write(bmpPad, 0, 4 - image.Width % 4);
            }
        }
        bw.Close();
        fs.Close();
        string json = ""
                + @"{"
                + @"  ""images"": [{"
                + @"    ""image"" : " + @"""" + imageTarget.Uid + ".bmp" + @"""" + ","
```

```
            + @"      ""name"" : " + @"""" + imageTarget.Name + @"""" + ","
            + @"      ""size"" : " + "[" + imageTarget.Size.x + ", " +
imageTarget.Size.y + "]" + ","
            + @"      ""uid"" : " + @"""" + imageTarget.Uid + @"""" + ","
            + @"      ""meta"" : " + @"""" + imageTarget.MetaData + @"""" + "  }]"
            + @"}";
        File.WriteAllText(Path.Combine(persistentDataPath, imageTarget.Uid + ".json"),
json);
        Debug.Log("saved: " + imageTarget.Uid + " -> " + persistentDataPath);
    }
}
```

④ 填入 "ElephantCloud" 组件中的 "Server、Key、Secret" 属性。

步骤 06 验证程序。

① 运行程序,将摄像头对准识别图,会出现大象模型,如图 9-25 所示。

图 9-25　验证

② 若勾选 "ElephantCloud" 组件中的 "Save New Target" 属性,则会把识别图与识别图的信息保存到本地,路径为 C:/Users/Administrator/AppData/LocalLow/VisionStar Information Technology (Shanghai) Co_, Ltd/HelloARCloud,文件夹中会有以识别图 ID 命名的图片与 Json 文件,如图 9-26 所示。

图 9-26　本地文件

9.6　AR 房地产

9.6.1　案例概述

在技术飞速发展的今天，越来越多的行业开始使用 AR。在本节中将向大家介绍在房地产领域中对 AR 的简单使用，利用户型宣传的 DM 单进行交互，让顾客从 DM 单中获取更多的信息。传统的 DM 单受到篇幅与技术的限制，能够给顾客展示的信息有限，而且千篇一律，没有任何变化与新意。现在可以将 DM 单做成识别图，在 DM 单中存入大量信息，例如房地产公司信息、小区宣传视频、户型模型展示等。

在本案例中使用了两张 DM 单，如图 9-27 所示。能发现其中包含的信息并不多，均是以图文形式排列。

图 9-27　识别图

通过程序的实现，我们在左边第一页的对应位置播放宣传视频，在右边第二页中显示页面中对应的户型模型，如图 9-28 所示。

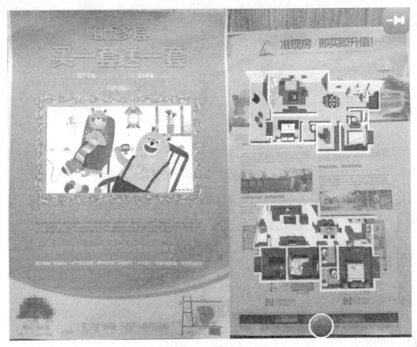

图 9-28　效果展示

9.6.2　交互设计

在本案例中分为两页，交互功能也可以大致分为三部分：

- 第一页，视频的播放。视频播放位置正好在第一页的框中。当识别到图片时，视频播放；当丢失识别图时，视频停止。
- 第二页，展示户型。
  - 户型交互：双击其中的一个户型，该户型的角度旋转并缩放移动到最佳的观看角度，如图 9-29 所示。同时，另一个户型隐藏。双击已经最大化的户型后，户型复原到原始状态，另一个户型显示，如此交替。
  - 脱卡模式：在已经识别图片后启用脱卡模式，相机可以不用对准识别图。户型依旧会被显示，相机会移动到预设的位置，让户型处于最佳的观察角度。
  - 户型交互：户型交互功能只能在脱卡模式下使用，单指移动模型，双指对模型进行缩放，如图 9-30 所示。

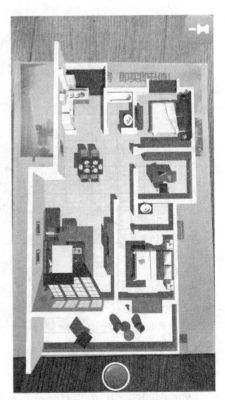

图 9-29　最大化展示户型

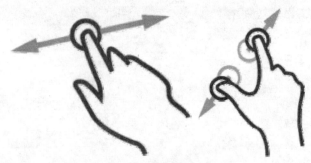

图 9-30　手势

● 通用交互：在第一页与第二页中均能拍照与录像。单击按钮即为拍照，长按按钮即为录像，录像时启用计时功能。

9.6.3　资源设置

步骤 01　建立项目。

② 新建名为 Realty 的工程文件。

② 导入 EasyAR_SDK_2.0.0_Pro 插件。

③ 新建名为 Realty 的场景文件，保存于 "Scenes" 文件夹中。

④ 切换 Unity 平台为安卓，如图 9-31 所示。

步骤 02　导入项目资源包。资源包路径为 "9/9.6/素材/DM.unitypackage"，如图 9-32 所示。

图 9-31　切换到安卓平台

图 9-32　资源目录

● AudioClip 文件夹内存放音频文件，"Photo" 为拍照时的音频，"Record" 为录像时的音频。

● Models 文件夹内存放第二页中需要展示的户型模型。我们可以直接使用 "page02_1" 与 "page02_2" 两个预制体文件。

- StreamingAssets 文件夹内存放两页识别图 "Page01" 与 "Page02" 以及第一页中需要播放的视频文件。
- Textures 文件夹内存放图片相关的文件。"ICON" 为程序的 Logo 文件，"Page01" "Page02" 两张贴图用于场景中识别图的显示。
- UI 文件夹存放与界面相关的文件。"Nail_00" 为正常模式下的图标，"Nail_01" 为脱卡模式下的图标，"Photo" 为拍照的图标，"Record" 为录像的图标，"Photo_Bg" 为拍照录像的背景图标。

步骤 03 导入手势控制插件 EasyTouch，方便在安卓平台获取用户手势。

步骤 04 导入补间动画插件 DoTween，方便户型之间的切换。

步骤 05 设置 EasyAR 密钥。

② 打开 "Realty" 场景文件。

② 删除场景中原有的相机。

③ 将 "Project" 面板中的 "EasyAR/Prefabs/EasyAR_Startup" 预制件拖曳到场景中。

④ 将在 EasyAR 官方网站中申请的密钥填入 EasyAR_Startup 的 Easy AR Behaviour 组件中。

步骤 06 设置参考分辨率。在 "Game" 视图中设置参考分辨率为 1920×1080。

9.6.4　识别设置

在本节中将实现两页基本的图像识别。

步骤 01 设置第一页的识别图。

② 将 "Project" 面板中的 "EasyAR/Prefabs/Primitives/ImageTarget" 预制件拖曳到场景中，命名为 "Page01_ImageTarget"。

② 设置其组件 "Image Target Behaviour" 中的属性，如图 9-33 所示。

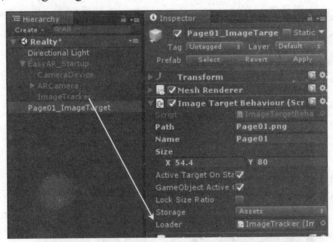

图 9-33　设置 "Image Target Behaviour" 组件

提示：指定 Loader 为 EasyAR_Startup 的子物体 ImageTracker。

③ 在"Project"面板中创建一个名为"Mat"的文件夹，用于存放新建的材质球。

④ 在"Mat"文件夹中创建一个名为"Page01"的材质球，指定其 Shader 为"Mobile/Diffuse"，指定贴图文件为"Page01"。

⑤ 将物体"Page01_ImageTarget"的材质球指定为新建的"Page01"。

⑥ 创建一个"Plane"，设置为"Page01_ImageTarget"的子物体，作为播放视频的载体。

⑦ 设置"Plane"的位置与大小，使之与识别图中的框位置大小相当，如图 9-34 所示。

图 9-34 设置"Plane"的"Transform"属性

步骤 02 设置第二页的识别图。

② 复制场景中的物体"Page01_ImageTarget"，命名为"Page02_ImageTarget"，作为第二页的识别图。

② 删除物体"Page02_ImageTarget"的子物体"Plane"。

③ 拖动物体"Page02_ImageTarget"的，与"Page01_ImageTarget"的位置错开。

④ 复制场景中"EasyAR_Startup"的子物体"ImageTracker"，命名为"ImageTracker_Page2"作为第二页识别图的追踪器。

⑤ 设置"Page02_ImageTarget"中"Image Target Behaviour"的属性，如图 9-35 所示。

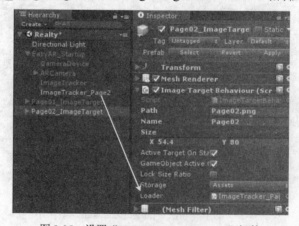

图 9-35 设置"Image Target Behaviour"组件

⑥ 复制"Project"面板"Mat"文件夹中的"Page01"材质球，命名为"Page02"。设置材

质球的贴图为"Page02"。

⑦ 设置物体"Page02_ImageTarget"的材质球为"Page02"。

⑧ 将"Project"面板中两个户型预制体拖曳到场景中，并设置为"Page02_ImageTarget"的子物体。

⑨ 创建两个"Cube"，分别命名为"1""2"，作为两个户型的外选择框。

⑩ 设置物体"1""2"的大小与位置，使其能包裹住户型预制体。

⑪ 将户型预制体"page02_1"与"page02_2"分别设置为"1""2"的子物体。

⑫ 设置物体"1""2"的大小与位置，使其分别位于识别图两端，如图 9-36 所示。

⑬ 在"Mat"文件夹内创建一个名为"Fade"的材质球，用于使户型边框呈现蓝色半透明效果。设置其 Shader 为"Legacy Shaders/Transparent/Diffuse"，设置其颜色为"R:62，G:231，B:255，A:50"，效果如图 9-37 所示。

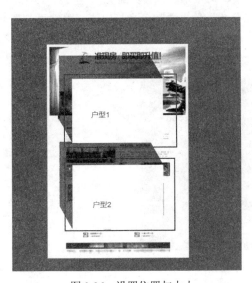

图 9-36　设置位置与大小

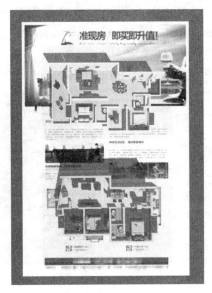

图 9-37　效果展示

⑭ 此时，"Hierarchy"面板中的层级关系如图 9-38 所示。

图 9-38　层级展示

⑮ 验证识别设置。当摄像头对准第一页时，对应位置用来播放视频的面片将会出现；当摄

像头对准第二页时，两个户型模型将被显示。

9.6.5 视频识别

在 9.6.4 小节中，已经能够识别两页识别图。但是在识别第一页图片后，只能显示出一片白板。在本节中将学习如何添加视频与控制视频。EasyAR 支持普通的视频、透明视频和流媒体播放。

步骤 01 添加视频播放组件。

① 为 "Page01_ImageTarget" 的子物体 "Plane" 添加 EasyAR 的视频播放组件 "Video Player Behaviour"。VideoPlayerBaseBehaviour 是在 AR 场景中控制 VideoPlayer 的组件，也可以被添加到任何物体上，视频会在其上播放。如果要使用自动缩放功能，它应该作为 ImageTargetBaseBehaviour 的子物体存在于场景中。如果要播放透明视频，就需要设置物体的材质能够显示 Alpha 通道。

② 设置 "Video Player Behaviour" 组件，参数如图 9-39 所示。

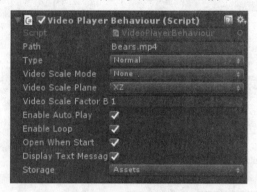

图 9-39 设置 "Video Player Behaviour" 组件

- Path 视频地址。可以为本地视频，默认文件夹为 "StreamingAssets"，直接指定文件，也可以指定路径 "path/to/video.mp4"，同时可以是网络视频（url），例如 "http://www.../.../video.mp4"。
- Type 视频类型。
  - ◆ Normal: 普通视频。
  - ◆ Transparent Side By Side: 透明视频，左半边是 RGB 通道，右半边是 Alpha 通道。
  - ◆ Transparent Top And Bottom: 透明视频，上半边是 RGB 通道，下半边是 Alpha 通道。
- Video Scale Mode: 视频缩放模式。
  - ◆ None: 不进行缩放。
  - ◆ Fill: 填充 ImageTarget，视频会被缩放到与 Imagetarget 同样大小。
  - ◆ Fit: 适配 ImageTarget，视频会被缩放到最大可适配到 Imagetarget 里面的大小。
  - ◆ Fit Width: 适配 ImageTarget 的宽度，视频宽度会被设成和 Imagetarget 的宽

度相同，而视频比例不变。

  ◆ FitHeight: 适配 ImageTarget 的高度，视频高度会被设成和 Imagetarget 的高度相同，而视频比例不变。

- Video Scale Plane: 视频缩放方向。物体在这个平面上的大小将根据缩放模式和 ImageTarget 的大小自动调整。

  ◆ XY: 在 XY 平面缩放。
  ◆ XZ: 在 XZ 平面缩放。
  ◆ YX: 在 YX 平面缩放。
  ◆ YZ: 在 YZ 平面缩放。
  ◆ ZX: 在 ZX 平面缩放。
  ◆ ZY: 在 ZY 平面缩放。

- Video Scale Factor Base: 视频基础缩放系数。在视频缩放过程中，缩放后的视频大小会乘以这个系数。通常可以将 plane 设为 0.1，其他简单物体设为 1。

- Enable Auto Play: 启用自动播放，如果启用，当视频成功打开之后，会自动开始播放。

- Enable Loop: 启用循环播放。如果启用，当视频播放到结束的时候，会自动从头再次播放。

- Open When Start: 在 MonoBehaviour.Start 被调用的时候打开视频。

- Display Text Message: 在不支持的平台上显示不支持的信息。

- Storage: 视频存储路径的类型，与 Image Target Behaviour 中的路径类型一样。

步骤 02 控制视频的播放。

● 对于视频的播放，在交互设计中已经有提到，当识别图片时，视频从头播放；当识别图丢失时，视频停止播放。就现在已经完成的功能而言，当识别图丢失后再次被识别时，视频是继续播放而不是重新播放。

● 我们需要对视频的播放进行控制，可以在 Image Target Behaviour 中进行设置。本着不修改源码的原则，可以写一个控制第一页的脚本。脚本继承 ImageTargetBehaviour，并在其中添加对视频的控制。

① 在 "Project" 面板中创建 "Scripts" 文件夹，用于存放脚本文件。在文件夹中创建一个名为 "Page1ImageTarget" 的 C#脚本，用于控制视频播放。双击打开并进行编辑：

```csharp
using EasyAR;
using UnityEngine;

//第一页识别图
//继承，识别图类
public class Page1ImageTarget : ImageTargetBehaviour
{
    //视频播放组件
    public VideoPlayerBehaviour VPB;
    //重写父类方法
    protected override void Awake()
```

```
{
    //执行父类的 Awake 方法
    base.Awake();
    //注册，识别图被识别与丢失的事件
    TargetFound += OnTargetFound;
    TargetLost += OnTargetLost;
}
/// <summary>
/// 当识别图被识别时执行
/// </summary>
/// <param name="behaviour"></param>
void OnTargetFound(TargetAbstractBehaviour behaviour)
{
    //播放视频
    VPB.Open();
    VPB.Play();
}
/// <summary>
/// 当识别图丢失时执行
/// </summary>
/// <param name="behaviour"></param>
void OnTargetLost(TargetAbstractBehaviour behaviour)
{
    //停止视频
    VPB.Stop ();
    VPB.Close();
}
}
```

② 将本脚本挂载到场景中的 Page01_ImageTarget 物体中，删除物体中原有的 "Image TargetBehaviour" 组件。

③ 对 Page01_ImageTarget 组件的属性进行赋值，如图 9-40 所示。

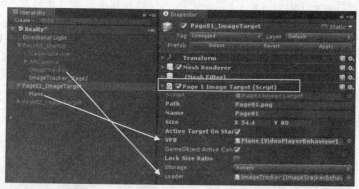

图 9-40　设置 "Page01_ImageTarget" 组件属性

步骤 03　运行程序，摄像头对准第一页识别图时，发现视频没有正常播放，而是在视频区域显示了黄色的提示文字 "Video playback is available only on Android & iOS. Win32 & Mac will be supported in later EasyAR versions."，当时 EasyAR 中的视频播放仅支持安卓与 iOS 系统。若要验证制作，则需要发布出之后才可以。在后面将有专门的章节讲解如何发布 EasyAR。

9.6.6　操作设置

在 9.6.5 小节中完成了对第一页的制作。在本小节中将制作第二页的模型操作功能。在 9.6.2 小节中已经对第二页的功能有了阐述，现在直接进行脚本的编写。

步骤 01　在 Scripts 文件夹中创建一个名为 "ShowModel" 的 C#脚本，用于控制第二页中的模型。

步骤 02　双击打开脚本，并进行如下编辑：

```csharp
using UnityEngine;
using DG.Tweening;                        //DoTween 命名空间
using HedgehogTeam.EasyTouch;             //EasyTouch 命名空间
/// <summary>
/// 第二页中模型的操作控制
/// </summary>
public class ShowModel : MonoBehaviour
{
    /// <summary>
    /// 当选择模型时，模型需要移动的位置
    /// </summary>
    public Vector3 MoveToPos;
    private Vector3 MoveToRoate;
    public Vector3 MoveToScale;

    /// <summary>
    /// 第一个户型模型
    /// </summary>
    public GameObject model_1;
    /// <summary>
    /// 第二个户型模型
    /// </summary>
    public GameObject model_2;

    /// <summary>
    /// 户型 1 与户型 2 的初始位置信息
    /// </summary>
    private Vector3 model1InitPos;
```

```csharp
    private Vector3 model2InitPos;

    /// <summary>
    /// 户型 1 与户型 2 的初始角度信息
    /// </summary>
    private Vector3 model1InitRotate;
    private Vector3 model2InitRotate;

    /// <summary>
    /// 户型 1 与户型 2 的初始大小信息
    /// </summary>
    private Vector3 model1InitScale;
    private Vector3 model2InitScale;

    /// <summary>
    /// 户型 1 与户型 2 是否被缩放
    /// </summary>
    private bool model1Scale;
    private bool model2Scale;

    /// <summary>
    /// 户型 1 与户型 2 中淡蓝色的包裹框材质球
    /// </summary>
    private Material model1Mat;
    private Material model2Mat;

    /// <summary>
    /// 初始时，淡蓝色包裹框材质球中的颜色
    /// </summary>
    private Color InitColor;

    private void OnEnable()
    {
        //注册，在 EasyTouch 中双击事件
        EasyTouch.On_DoubleTap += On_DoubleTap;
    }


    private void Start()
    {

        MoveToRoate = Vector3.zero;


        // 设置户型 1 与户型 2 属性的默认值
```

```
        model1InitPos = model_1.transform.localPosition;
        model2InitPos = model_2.transform.localPosition;

        model1InitScale = model_1.transform.localScale;
        model2InitScale = model_2.transform.localScale;

        model1InitRotate = model_1.transform.localEulerAngles;
        model2InitRotate = model_2.transform.localEulerAngles;

        model1Mat = model_1.transform.GetComponent<MeshRenderer>().material;
        model2Mat = model_2.transform.GetComponent<MeshRenderer>().material;

        InitColor = model1Mat.color;

        model1Scale = false;
        model2Scale = false;
    }
    /// <summary>
    /// 当识别图丢失时，将模型设置为初始状态
    /// </summary>
    public void ResetModel()
    {
        //停止所有的 DOTween 运动
        DOTween.KillAll();

        model_1.transform.localPosition = model1InitPos;
        model_2.transform.localPosition = model2InitPos;

        model_1.transform.localScale = model1InitScale;
        model_2.transform.localScale = model2InitScale;

        model_1.transform.localEulerAngles = model1InitRotate;
        model_2.transform.localEulerAngles = model2InitRotate;

        model_1.SetActive(true);
        model_2.SetActive(true);

        model1Mat.color = InitColor;
        model2Mat.color = InitColor;

        model1Scale = false;
        model2Scale = false;
    }
    /// <summary>
```

```
        /// 双击事件
        /// </summary>
        /// <param name="gesture"></param>
        void On_DoubleTap(Gesture gesture)
        {
            //若双击的对象为户型 1 时
            if (gesture.pickedObject == model_1)
            {
                //GestureController.Inst.ReSetModel();
                //若户型 1 为初始状态，则将户型 1 设置为最大化
                if (!model1Scale)
                {
                    //隐藏户型 2
                    model_2.SetActive(false);
                    //设置 户型 1 的位置、大小、角度信息
                    model_1.transform.DOLocalMove(MoveToPos,
2f).SetEase(Ease.Linear).SetAutoKill();
                    model_1.transform.DOScale(MoveToScale,
2f).SetEase(Ease.Linear).SetAutoKill();
                    model_1.transform.DOLocalRotate(MoveToRoate,
2f).SetEase(Ease.Linear).SetAutoKill();
                    //设置户型 1 蓝色包裹框材质球渐变为透明
                    model1Mat.DOFade(0, 2f).SetEase(Ease.Linear).SetAutoKill();
                }
                //若户型 1 已经为最大化，则将其设置为初始状态
                else
                {
                    model_1.transform.DOLocalMove(model1InitPos,
2f).SetEase(Ease.Linear).SetAutoKill();
                    model_1.transform.DOScale(model1InitScale,
2f).SetEase(Ease.Linear).SetAutoKill();
                    model_1.transform.DOLocalRotate(model1InitRotate,
2f).SetEase(Ease.Linear).SetAutoKill();
                    model1Mat.DOFade(0.2f,
2f).SetEase(Ease.Linear).SetAutoKill().OnComplete(
                        () =>
                        {
                            //当户型 1 设置为初始状态时，显示户型 2
                            model_2.SetActive(true);
                        });
                }
                //设置户型 1 的状态
                model1Scale = !model1Scale;
            }
```

```
            if (gesture.pickedObject == model_2)
            {
                //GestureController.Inst.ReSetModel();

                if (!model2Scale)
                {
                    model_1.SetActive(false);

                    model_2.transform.DOLocalMove(MoveToPos,
2f).SetEase(Ease.Linear).SetAutoKill();
                    model_2.transform.DOScale(MoveToScale,
2f).SetEase(Ease.Linear).SetAutoKill();
                    model_2.transform.DOLocalRotate(MoveToRoate,
2f).SetEase(Ease.Linear).SetAutoKill();
                    model2Mat.DOFade(0, 2f).SetEase(Ease.Linear).SetAutoKill();
                }
                else
                {
                    model_2.transform.DOLocalMove(model2InitPos,
2f).SetEase(Ease.Linear).SetAutoKill();
                    model_2.transform.DOScale(model2InitScale,
2f).SetEase(Ease.Linear).SetAutoKill();
                    model_2.transform.DOLocalRotate(model2InitRotate,
2f).SetEase(Ease.Linear).SetAutoKill();
                    model2Mat.DOFade(0.2f,
2f).SetEase(Ease.Linear).SetAutoKill().OnComplete(
                        () =>
                        {
                            model_1.SetActive(true);

                        });
                }
                model2Scale = !model2Scale;
            }
        }

        void OnDisable()
        {
            UnsubscribeEvent();
        }

        void OnDestroy()
        {
            UnsubscribeEvent();
```

```
    }

    void UnsubscribeEvent()
    {
        //注销，双击事件
        EasyTouch.On_DoubleTap-= On_DoubleTap;
    }
}
```

本脚本中的 ResetModel 方法用于当识别到图片时重置模型属性，在其他的脚本中进行调用。
在 DOTween 插件中常用的方法有：

（1）以 DO 开头补间动画的方法，例如 transform.DOMove(50,0.5f)。

（2）以 Set 开头的方法，用于设置补间动画的一些属性，例如 Tween.SetEase(Ease.Linear)。

（3）以 On 开头的方法，用于补间动画的回调方法，例如 Tween.OnComplete(CompleteFunction)。

更多 DOTween 的用法可以参考其官方网站：http://dotween.demigiant.com/。

在本脚本中使用到了 EasyTouch 插件的双击事件 On_DoubleTap，关于 EasyTouch 更多的用法可以在 http://www.thehedgehogteam.com/中交流。

步骤 03 在场景中创建一个空物体，将其命名为 Manager。

① 为其添加名为 "Easy Touch" 的组件，用于控制 EasyTouch 插件。

② 为其添加 "ShowModel" 组件，并设置其属性，参数如图 9-41 所示。

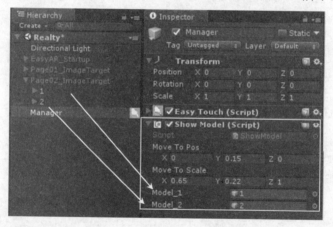

图 9-41 添加 "ShowModel" 组件

步骤 04 验证制作。

① 当识别第二页识别图时，两个户型被显示。

② 双击其中一个户型，旋转缩放到设定的最佳位置时，蓝色外框消失，同时另一个户型消失。

③ 双击处于最大化的户型时，将旋转缩放至户型初始状态并以蓝色外壳显示，另一个户型也被显示。

9.6.7 脱卡模式

在本节中我们将学习如何实现脱卡模式。在默认情况下，当摄像头未捕捉到识别图时，识别图连带其子物体都会被隐藏。解决的方法为让识别图不被隐藏，再设置相机的角度与位置达到最佳观察角度。

步骤 01 创建脱卡模式的开关。

① 在场景中创建一个"Toggle"组件。

② 将"Canvas"设置为物体"Page02_ImageTarget"的子物体，只有在第二页才能使用脱卡模式。

③ 设置"Toggle"组件的"Rect Transform"属性，参数如图 9-42 所示。让 Toggle 处于屏幕的右上角。

④ 设置"Toggle"组件的"Is On"属性为 false，让默认状态为关闭，如图 9-43 所示。

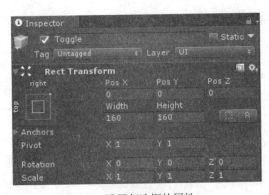

图 9-42　设置复选框的属性

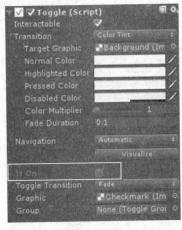

图 9-43　设置复选框是否选中

⑤ 删除"Toggle"的子物体"Label"，不用显示文字。

⑥ 设置"Toggle"子物体"Background"的锚点为自适应全屏，设置需要显示的图片"Image"为"Nail_00"，如图 9-44 所示。

⑦ 设置"Background"子物体"Checkmark"的锚点为自适应全屏，设置需要显示的图片"Image"为"Nail_01"。

步骤 02 编写脱卡模式脚本。

① 在"Project"面板的"Scripts"文件夹中创建一个名为"Page2ImageTarget"的 C#脚本，用于控制脱卡模式。

② 双击打开脚本，进行如下编辑：

```
using EasyAR;
using UnityEngine;
using DG.Tweening;
```

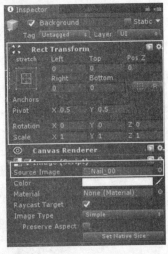

图 9-44　设置复选框默认的图片

```csharp
using UnityEngine.UI;

/// <summary>
/// 第二页识别图
/// </summary>
public class Page2ImageTarget : ImageTargetBehaviour
{
    /// <summary>
    /// 主相机
    /// </summary>
    public GameObject ARCamera;
    /// <summary>
    /// 主相机的位置
    /// </summary>
    public Vector3 ARCameraPos;
    /// <summary>
    /// 主相机的角度
    /// </summary>
    public Vector3 ARCameraRotate;
    /// <summary>
    /// ShowModel 这个类
    /// </summary>
    public ShowModel SM;
    /// <summary>
    /// 脱卡模式的 Toggle
    /// </summary>
    public Toggle TakeOffToggle;
    /// <summary>
    /// 当前识别图是否被识别
    /// </summary>
    private bool istracked;
    /// <summary>
    /// 是否脱卡
    /// </summary>
    private bool cardState;

    /// <summary>
    /// 重写父类 Awake 方法
    /// </summary>
    protected override void Awake()
    {
        //执行父类 Awake 方法
        base.Awake();
        //默认识别图没有被识别
```

```
        istracked = false;
        //注册识别图被识别与丢失的事件
        TargetFound += OnTargetFound;
        TargetLost += OnTargetLost;
        //设置当前脱卡状态为默认未脱卡
        cardState = false;
        //单击脱卡模式这个 Toggle 时 触发
        // a 为 Toggle 的状态
        TakeOffToggle.onValueChanged.AddListener((a) =>
        {
            // 设置脱卡状态
            cardState = !cardState;
            //正常模式下，识别图没有被追踪
            if (!cardState && !istracked)
            {
                //执行 ShowModel 类的 InitModel 方法，即重置第二页中模型的位置、角度、缩放等属性
                SM.ResetModel();
                //隐藏本物体
                this.gameObject.SetActive(false);
            }
        });
    }
    /// <summary>
    /// 当本页识别图被识别时执行
    /// </summary>
    /// <param name="behaviour"></param>
    void OnTargetFound(TargetAbstractBehaviour behaviour)
    {
        // 设置当前状态为被识别
        istracked = true;
    }
    /// <summary>
    /// 当本页识别图丢失时执行
    /// </summary>
    /// <param name="behaviour"></param>
    void OnTargetLost(TargetAbstractBehaviour behaviour)
    {
        //设置当前状态为未识别
        istracked = false;
        //若当前为脱卡模式
        if (cardState)
        {
            this.gameObject.SetActive(true);
            //设置主相机的位置与角度，这里使用 DOTween 的方法
```

```
        ARCamera.transform .DOLocalMove(ARCameraPos, 1f);
        ARCamera.transform.DOLocalRotate(ARCameraRotate, 1f);
    }
    //若当前为正常模式
    else
    {
        //重置第二页中模型的位置、角度、缩放等属性
        SM.ResetModel();
    }
    }
}
```

步骤 03 设置脚本属性。

① 将脚本挂载到场景中的物体"Page02_ImageTarget"上，删除物体中原有的组件"Image Target Behaviour"。

② 设置脚本"Page2ImageTarget"的属性，参数如图 9-45 所示。

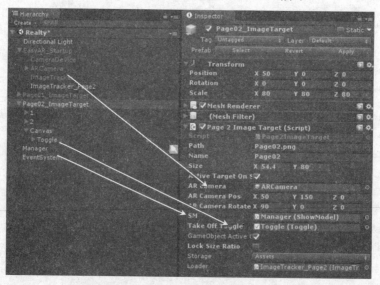

图 9-45　添加"Page2ImageTarget"组件

需要注意的是，"AR Camera Pos"中 X 轴的值需和物体 X 轴的值一致。

步骤 04 验证程序。

① 运行程序，将摄像头对准第二页识别图，两个户型与脱卡按钮均正常显示。

② 单击脱卡模式，移开摄像头，户型会呈现在屏幕中间。当再次识别到第二页识别图时，户型会被重置。

③ 离开脱卡模式，移开摄像头，户型与脱卡按钮会消失。

9.6.8　手势控制

如果启用脱卡模式，就只能从固定的位置来观察户型，用户的体验性很差。我们必须想办法解决多角度观察的问题。这里可以通过移动和缩放户型的方法来解决。通过单指的滑动达到移动户型的效果，通过双指的缩放达到户型的缩放效果，如图 9-46 所示。

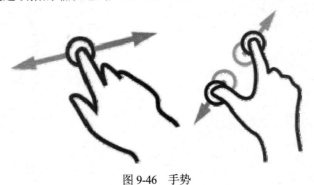

图 9-46　手势

步骤 01　创建手势识别脚本。

① 在 "Project" 面板的 "Scripts" 文件夹内创建一个名为 "GestureController" 的 C#脚本。
② 双击打开脚本，进行如下编辑：

```csharp
using UnityEngine;
using HedgehogTeam.EasyTouch;

public class GestureController : MonoBehaviour
{
    //单例
    public static GestureController Inst;
    /// <summary>
    /// 是否启用手势识别
    /// </summary>
    public bool Touch;
    /// <summary>
    /// 移动缩放的物体，这里指定为两个户型的父物体
    /// </summary>
    public Transform tran;

    private Touch oldTouch1;  //上次触摸点1(手指1)
    private Touch oldTouch2;  //上次触摸点2(手指2)


    private void Awake()
    {
        Inst = this;
```

```
        Touch = false;
    }

    #region Input.GetTouch

    //void Update()
    //{
    //    if (Touch )
    //    {
    //        //没有触摸
    //        if (Input.touchCount <= 0)
    //        {
    //            return;
    //        }
    //        //单点触摸，水平上下旋转
    //        if (Input.touchCount ==1&& Input.GetTouch(0).phase == TouchPhase.Moved)
    //        {
    //            Touch touch = Input.GetTouch(0);
    //            //移动
    //            Vector3 trans = new Vector3(Input.GetAxis("Mouse X") * 0.3f, 0,
//Input.GetAxis("Mouse Y") * 0.3f);
    //            transform.transform.root.Translate(trans);

    //        }

    //        //多点触摸，放大缩小
    //        Touch newTouch1 = Input.GetTouch(0);
    //        Touch newTouch2 = Input.GetTouch(1);

    //        //第2点刚开始接触屏幕，只记录，不做处理
    //        if (newTouch2.phase == TouchPhase.Began)
    //        {
    //            oldTouch2 = newTouch2;
    //            oldTouch1 = newTouch1;
    //            return;
    //        }

    //        //计算旧的两点间距离和新的两点间距离，变大要放大模型，变小要缩小模型
    //        float oldDistance = Vector2.Distance(oldTouch1.position,
//oldTouch2.position);
    //        float newDistance = Vector2.Distance(newTouch1.position,
//newTouch2.position);

    //        //两个距离之差为正表示放大手势，为负表示缩小手势
```

```
//        float offset = newDistance - oldDistance;

//        //放大因子，一个像素按 0.03 倍来计算(300 可调整)
//        float scaleFactor = offset / 300f;
//        Vector3 localScale = tran.localScale;
//        Vector3 scale = new Vector3(localScale.x + scaleFactor,
//                              localScale.y + scaleFactor,
//                              localScale.z + scaleFactor);

//        //最小缩放到 0.5 倍，最大放大到 4 倍
//        if (scale.x > 0.5f && scale.y > 0.5f && scale.z > 0.5f && scale.x < 4f //&&
scale.y < 4f && scale.z < 4f)
//        {
//            tran.localScale = scale;
//        }

//        //记住最新的触摸点，下次使用
//        oldTouch1 = newTouch1;
//        oldTouch2 = newTouch2;
//    }
//}
#endregion

/// <summary>
/// 重置移动物体的坐标与缩放尺寸
/// </summary>
public void ReSetModel()
{
    tran.localPosition = Vector3.zero;
    tran.localScale = Vector3.one;
}
#region EasyTouch

private Vector3 delta;
/// <summary>
/// 初始化注册
/// </summary>
void OnEnable()
{
    //单指滑动
    EasyTouch.On_Swipe += On_Swipe;
    //单指拖动
    EasyTouch.On_Drag += On_Drag;
    //缩放
```

```
            EasyTouch.On_Pinch += On_Pinch;
        }
        /// <summary>
        /// 物体被销毁时 注销
        /// </summary>
        void OnDestroy()
        {
            EasyTouch.On_Swipe -= On_Swipe;
            EasyTouch.On_Drag -= On_Drag;
            EasyTouch.On_Pinch -= On_Pinch;
        }
        /// <summary>
        /// 拖曳
        /// </summary>
        /// <param name="gesture"></param>
        void On_Drag(Gesture gesture)
        {
            On_Swipe(gesture);
        }
        /// <summary>
        /// 滑动
        /// </summary>
        /// <param name="gesture"></param>
        void On_Swipe(Gesture gesture)
        {
            ///若启用手势
            if (Touch)
            {
                //设置移动的位置
                Vector3 trans = new Vector3(gesture.deltaPosition.x * 0.005f, 0,
gesture.deltaPosition.y * 0.005f);
                tran.Translate(trans);
            }
        }
        /// <summary>
        /// 缩放
        /// </summary>
        /// <param name="gesture"></param>
        void On_Pinch(Gesture gesture)
        {
            ///若启用手势
            if (Touch)
            {
                //获取缩放尺寸
```

```
float pinch = gesture.deltaPinch * Time.deltaTime * 0.005f;
//设置模型的尺寸在 0.5 与 4 之间
if (tran.localScale.x <= 0.5f && gesture.deltaPinch < 0)
    return;
if (tran.localScale.x >= 4f && gesture.deltaPinch > 0)
    return;
//设置缩放的尺寸
Vector3 scale = new Vector3(tran.localScale.x + pinch, tran.localScale.y + pinch,
tran.localScale.z + pinch);
//判断模型的尺寸
if (scale.x > 0.5f && scale.x < 4f)
    //设置模型缩放
    tran.localScale = scale;
        }
    }
    #endregion
}
```

在本脚本中分别用 EasyTouch 插件与 Unity 的 API 实现了手势识别，脚本中默认使用 EasyTouch 的手势，在 Unity 编辑器状态中无法通过鼠标模拟多点触控，EasyTouch 为我们提供了可以使用 Alt 键与鼠标左键配合达到双指缩放的功能。

在 "Update" 函数中，我们使用 Unity 自带的 Input.GetTouch 函数与 Input.touchCount 函数来实现手势识别。需要注意的是，Unity 自带手势 API 在编辑器中不能使用，只有在真机中才有效果。

脚本中的 "Touch" 属性用于控制是否使用手势控制户型，默认是不使用，只有当进入脱卡模式时才能使用。所以下一步必须要控制 "Touch" 的值。

步骤 02 设置是否启用手势控制。打开 "Page2ImageTarget" 脚本，对其添加控制手势的开关。

● 当单击脱卡模式按钮时，设置手势控制的状态。在 Awake 函数的 TakeOffToggle 状态变化监听中添加手势控制的状态，代码如下：

```
//单击脱卡模式这个 Toggle 时触发
// a 为 Toggle 的状态
TakeOffToggle.onValueChanged.AddListener((a) =>
{
    // 设置脱卡状态
    cardState = !cardState;
    //正常模式下，识别图没有被追踪
    if (!cardState && !istracked)
    {
        //执行 ShowModel 类的 InitModel 方法，即重置第二页中模型的位置、角度、缩放等属性
        SM.ResetModel();
```

```
        //隐藏本物体
        this.gameObject.SetActive(false);
    }
    //设置是否启用手势
    GestureController.Inst.Touch = a;
});
```

● 当识别图片时，关闭手势控制并且重置模型。在 **OnTargetFound** 函数中添加代码：

```
/// <summary>
/// 当本页识别图被识别时执行
/// </summary>
/// <param name="behaviour"></param>
void OnTargetFound(TargetAbstractBehaviour behaviour)
{
    //关闭手势操作
    GestureController.Inst.Touch = false;
    //重置手势操作物体
    GestureController.Inst.ReSetModel();
    // 设置当前状态为被识别
    istracked = true;
}
```

● 当识别图丢失并且状态为脱卡模式时，启用手势控制。在 **OnTargetLost** 函数中添加代码：

```
/// <summary>
/// 当本页识别图丢失时执行
/// </summary>
/// <param name="behaviour"></param>
void OnTargetLost(TargetAbstractBehaviour behaviour)
{
    //设置当前状态为未识别
    istracked = false;
    //若当前为脱卡模式
    if (cardState)
    {
        //启用手势操作
        GestureController.Inst.Touch = true;
        this.gameObject.SetActive(true);
        //设置主相机的位置与角度，这里使用 DOTween 的方法
        ARCamera.transform .DOLocalMove(ARCameraPos, 1f);
        ARCamera.transform.DOLocalRotate(ARCameraRotate, 1f);
    }
    //若当前为正常模式
```

```
        else
        {
            //重置第二页中模型的位置、角度、缩放等属性
            SM.ResetModel();
        }
    }
```

步骤 03　设置 GestureController 脚本属性。

① 将脚本挂载到场景中的 "Page02_ImageTarget" 物体上。
② 在 "Page02_ImageTarget" 下创建一个名为 "Move" 的空物体，并重置其 "Transform" 组件。此物体是用于手势控制中移动的载体。
③ 将 "Page02_ImageTarget" 物体中的 "1" "2" 两个物体设置为 "Move" 的子物体，使两个户型会跟随空物体一起运动。此时，层级如图 9-47 所示。
④ 设置 GestureController 脚本属性，参数如图 9-48 所示。

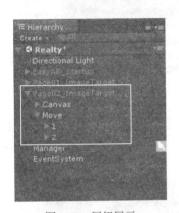

图 9-47　层级展示

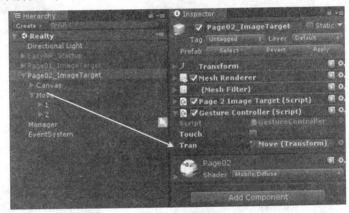

图 9-48　设置 GestureController 脚本属性

步骤 04　程序验证。

● 运行程序，当识别到第二页识别图时单击脱卡模式，可以使用鼠标控制户型的移动与缩放。
● 当取消脱卡模式时，户型不能被控制。

9.6.9　拍照与录屏

在本节中将学习如何录屏与拍照。我们将在界面中制作一个按钮作为触发，单击按钮进行拍照，长按按钮进行录屏，照片与录像将保存到手机中。在同一个按钮中，单击与长按的方式将用 EasyTouch 来实现。

步骤 01　制作界面。

① 在场景中创建一个 "Canvas"。
② 在 "Canvas" 下创建一个 "Image" 物体，命名为 "Photo_bg"，作为背景图片。

③ 设置"Photo_Bg"的属性，参数如图 9-49 所示。

④ 复制物体"Photo_bg"，命名为 Photo，作为按钮。设置其属性，如图 9-50 所示。

图 9-49　创建背景图片

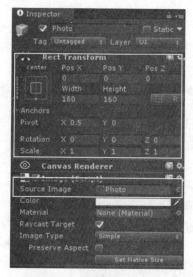

图 9-50　创建拍摄按钮

⑤ 创建一个"Text"控件，命名为"TimeText"。该文本显示框用于显示录像时的计时。设置其属性，如图 9-51 所示。

⑥ 此时，场景中显示的界面如图 9-52 所示。

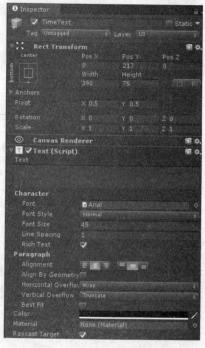

图 9-51　创建文本控件

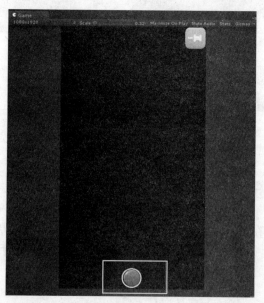

图 9-52　界面展示

步骤 02　实现拍照功能。

① 在 Project 面板的 Scripts 文件夹中创建一个名为 "Photos" 的 C#脚本，用于拍摄照片。
② 双击该脚本进行编辑，内容如下：

```csharp
using System.Collections;
using System.IO;
using UnityEngine;
public class Photos : MonoBehaviour
{
    //照片名
    private string  photoName;
    //保存路径
    private string path;
    void Start()
    {
        //若当前为安卓平台，则设置路径为 "/sdcard/RF/Photos/"
        if (Application.platform == RuntimePlatform.Android)
        {
            path = "/sdcard/RF/Photos/";
        }
        //若当前平台为 Windows 或者编辑器，则路径为工程文件
        else if (Application.platform == RuntimePlatform.WindowsPlayer ||
Application.platform == RuntimePlatform.WindowsEditor)
        {
            path = Application.dataPath;
        }
        //判断路径是否存在，若不存在，则创建路径
        if (!Directory.Exists(path))
        {
            Directory.CreateDirectory(path);
        }
    }

    /// <summary>
    /// 提供拍照方法
    /// </summary>
    public void TakePhoto()
    {
        //设置照片名，以当前时间作为照片名
        photoName = System.DateTime.Now.ToString("yyyy-MM-dd_HH-mm-ss") + ".png";
        //开始拍照
        StartCoroutine(SetPhoto(new Rect(0, 0, Screen.width, Screen.height)));
    }
    /// <summary>
    /// 使用协程进行拍照
```

```
///* </summary>
/// <param name="rect"></param>
/// <returns></returns>
IEnumerator SetPhoto(Rect rect)
{
    yield return new WaitForEndOfFrame();
    //设置照片尺寸、读取屏幕像素并应用到贴图
    Texture2D texture = new Texture2D((int)rect.width, (int)rect.height ,
TextureFormat.RGB24, false);
    texture.ReadPixels(rect , 0, 0);
    texture.Apply();

    //当贴图保存为 Byte 数组
    byte[] bytes = texture.EncodeToPNG();

    //将 Byte 数组写入 fullPath 文件中
    File.WriteAllBytes(path + "/" + photoName, bytes);
}
}
```

在本脚本中，我们使用了协程进行拍照。协程是分部执行的，遇到条件（yield return 语句）会挂起，直到条件满足时，才会被唤醒继续执行后面的代码。

③ 将本脚本挂载到场景中的 "EasyAR_Startup" 物体上。

步骤 03 实现录像时的计时功能。

① 在 Project 面板的 Scripts 文件夹中创建一个名为 "TimeManager" 的 C#脚本，用于拍摄照片。

② 双击该脚本进行编辑，内容如下：

```
using UnityEngine;
using UnityEngine.UI;
/// <summary>
/// 时间类
/// </summary>
public class TimeManager : MonoBehaviour {
    /// <summary>
    /// 本类单例
    /// </summary>
    public static TimeManager Instance;
    /// <summary>
    /// 小时
    /// </summary>
    private int hour;
```

```csharp
/// <summary>
/// 分钟
/// </summary>
private int minute;
/// <summary>
/// 秒钟
/// </summary>
private int second;
// 已花费的时间
private float timeSpend;
// 显示时间区域的文本
private  Text timeText;
//是否计时
private bool isTiming;

void Awake()
{
    Instance = this;
}
void Start()
{
    timeSpend = 0.0f;
    timeText = this.GetComponent<Text>();
    isTiming = false;
}
void Update()
{
    //若开始计时
    if (isTiming)
    {
        //开始计时
        timeSpend += Time.deltaTime;
        //设置时间格式
        hour = (int)timeSpend / 3600;
        minute = ((int)timeSpend - hour * 3600) / 60;
        second = (int)timeSpend - hour * 3600 - minute * 60;
        //设置显示的格式 00:00:00
        timeText.text = string.Format("{0:D2}:{1:D2}:{2:D2}", hour, minute, second);
    }
}
/// <summary>
/// 提供对外函数，用于控制计时
/// </summary>
public void Timing()
```

```
    {
        // 设置是否计时
        isTiming = !isTiming;
        //若停止计时
        if (!isTiming )
        {
            //时间清零
            timeSpend = 0;
            //隐藏时间文本框
            timeText.enabled = false;
        }
        else
        {
            //显示时间文本框
            timeText.enabled = true ;
        }
    }
}
```

③ 将本脚本挂载到场景中的"TimeText"物体上。

步骤 04 实现录屏功能。在 EasyAR 2.0 版本中新增了录屏的功能。原生性能占用资源少，标准的 H.264/AAC/MP4 输出格式有多种标准分辨率，可调整录制参数和录制模式，支持 Android/iOS 平台。

① 在 Project 面板的 Scripts 文件夹中创建一个名为"TimeManager"的 C#脚本，用于拍摄照片。

② 双击该脚本进行编辑，内容如下：

```
using UnityEngine;
using EasyAR;
using System.IO;
public class Record : MonoBehaviour {
    //是否在录像
    private bool isRecording = false;
    /// <summary>
    ///录像保存路径
    /// </summary>
    private string path_root;
    private void Awake()
    {
        //初始化 EasyARBehaviour 组件
        var EasyARBehaviour = FindObjectOfType<EasyARBehaviour>();
        EasyARBehaviour.Initialize();
        //
```

```csharp
    if (ARBuilder.Instance.RecorderBehaviour)
        ARBuilder.Instance.RecorderBehaviour.StatusUpdate += OnRecorderUpdate;
    //当前平台若为安卓
    if (Application.platform == RuntimePlatform.Android)
    {
        //设置路径
        path_root = "/sdcard/RF/Movies/";
        //"/sdcard/RF/Movies/" 这个目录是否存在，若不存在，则创建目录
        DirectoryInfo dir = new DirectoryInfo(path_root);
        if (!dir.Exists)
            Directory.CreateDirectory(path_root);
    }
}
/// <summary>
/// 开始录像
/// </summary>
void StartRecord()
{
    //设置视频输出路径与文件名称
  //System.DateTime.Now.ToString("yyyy-MM-dd_HH-mm-ss") 以时间作为文件名称
    ARBuilder.Instance.RecorderBehaviour.OutputFile = path_root +
"EasyAR_Recording_" + System.DateTime.Now.ToString("yyyy-MM-dd_HH-mm-ss") + ".mp4";
    //开始录像
    ARBuilder.Instance.RecorderBehaviour.StartRecording();
    //设置状态为开始录像
    isRecording = true;
}
/// <summary>
/// 停止录像
/// </summary>
void StopRecord()
{
    //停止录像
    ARBuilder.Instance.RecorderBehaviour.StopRecording();
    //设置状态为停止录像
    isRecording = false;
}
/// <summary>
/// 状态更新时调用
/// </summary>
/// <param name="recorder"></param>
/// <param name="status"></param>
/// <param name="msg"></param>
void OnRecorderUpdate(RecorderBaseBehaviour recorder, RecorderBaseBehaviour.Status
```

```
status, string msg)
    {
        //若状态为停止
        if (status == RecorderBaseBehaviour.Status.OnStopped)
            //设置 isRecording 状态为停止录像
            isRecording = false;
    }
    /// <summary>
    /// 提供对外接口，开始或者停止录像
    /// </summary>
    public void TakeRecord()
    {
        //若状态为正在录像
        if (isRecording)
        {
            //停止录像
            StopRecord();
        }
        else
        {
            //开始录像
            StartRecord();
        }
        //设置录像的时间显示
        TimeManager.Instance.Timing();
    }
}
```

在本脚本中使用了 ARBuilder.Instance.RecorderBehaviour.StartRecording();方法进行录屏，使用 ARBuilder.Instance.RecorderBehaviour.StopRecording();停止录屏，使用 ARBuilder.Instance. RecorderBehaviour.StatusUpdate += OnRecorderUpdate;监听录屏时的状态。脚本中对外提供统一的录屏方法 TakeRecord();，在方法内部自动判断是录制还是停止，并且录制时启用计时，停止录屏时停止计时。

① 将本脚本挂载到场景中的"EasyAR_Startup"物体上。

② 添加视频后期处理脚本。此脚本在 EasyAR 官方录屏案例中有所展示，主要是用于视频的处理。我们可以直接将官方案例中的脚本拿来使用，也可以自己创建。在"Project"面板的"Scripts"文件夹中创建名为 PostProcess 的 C#脚本，双击进行编辑：

```
using UnityEngine;

namespace EasyAR
{
    [RequireComponent(typeof(Camera))]
```

```
public class PostProcess : MonoBehaviour
{
    void OnRenderImage(RenderTexture src, RenderTexture dest)
    {
        Graphics.Blit(src, dest);
        if (ARBuilder.Instance.RecorderBehaviour)
            ARBuilder.Instance.RecorderBehaviour.RecordFrame(src);
    }
}
```

③ 将脚本挂载到场景中的 "RenderCamera" 物体上。

④ 将 Project 面板中 "EasyAR/Prefabs/Primitives" 中的 "Recorder" 预制体拖曳到场景中，设置为 "EasyAR_Startup" 的子物体。此预制体中的组件 "Recorder Behaviour" 可以设置录屏的质量等。

步骤 05 利用 EasyTouch 插件实现拍照与录屏的切换。

① 设置 EasyTouch 插件，在场景中找到 "Manager" 物体中的 "Easy Touch" 组件，取消勾选 Unity UI compatibility 选项，如图 9-53 所示。

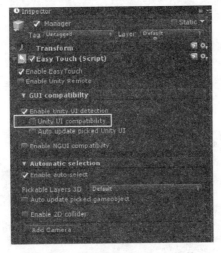

图 9-53　设置 "Easy Touch" 组件

② 在 "Manager" 物体上添加 "Audio Source" 组件，用于播放音频文件。

③ 在 "Project" 面板的 "Scripts" 文件夹中创建名为 "CameraManager" 的 C#脚本，用于控制录屏与拍照的切换，双击脚本进行编辑：

```
using System.Collections;
using UnityEngine;
using HedgehogTeam.EasyTouch;
using UnityEngine.UI;
public class CameraManager : MonoBehaviour {
    /// <summary>
```

```
    /// 控制拍照的脚本
    /// </summary>
    public Photos photos;
    /// <summary>
    /// 控制录像的脚本
    /// </summary>
    public Record record;
    /// <summary>
    /// 拍照的界面
    /// </summary>
    public Sprite PhotoSprite;
    /// <summary>
    /// 录像的界面
    /// </summary>
    public Sprite RecordSprite;
    /// <summary>
    /// 拍照的音效
    /// </summary>
    public AudioClip PhotoAudio;
    /// <summary>
    /// 录像的音效
    /// </summary>
    public AudioClip RecordAudio;
    /// <summary>
    /// 音频播放组件
    /// </summary>
    public AudioSource As;
    /// <summary>
    /// 显示拍照或录像的UI, 注意 UnityEngine.UI 与 EasyAR 这两个命名空间中均有 Image 属性
    /// </summary>
    private  Image image;


void Start()
{
    //获取 image 组件
    image = this.GetComponent<Image>();
}


 void OnEnable()
{
    //组件 EasyTouch 中的按与长按两个事件
    EasyTouch.On_SimpleTap += EasyTouch_On_SimpleTap;
    EasyTouch.On_LongTapStart += EasyTouch_On_LongTapStart;
```

```
        EasyTouch.On_LongTapEnd += EasyTouch_On_LongTapEnd;
}

private void EasyTouch_On_LongTapEnd(Gesture gesture)
{
    //若结束长按的界面是本界面
    if (gesture.pickedUIElement == this.gameObject)
    {
        //设置界面为拍照
        image.sprite = PhotoSprite;
    //调用 HelloARRecording 中的 Record 方法，在该方法内部判断是录像还是停止录像，这里是停止录像
        record.TakeRecord();
    }
}


/// <summary>
/// 长按录像
/// </summary>
/// <param name="gesture"></param>
private void EasyTouch_On_LongTapStart(Gesture gesture)
{
    //若长按的界面是本界面
    if (gesture.pickedUIElement == this.gameObject)
    {
        // 设置界面显示录像的图标
        image.sprite = RecordSprite;
        //设置音频组件的音频为录像
        As.clip = RecordAudio;
        //播放音频
        As.Play();
        //开始录像
        record.TakeRecord();
    }
}
/// <summary>
/// 按下，需要判断是拍照还是停止录像
/// </summary>
/// <param name="gesture"></param>
private void EasyTouch_On_SimpleTap(Gesture gesture)
{
    //若按的界面是本界面
    if (gesture.pickedUIElement == this.gameObject)
    {
        StartCoroutine(TakePhoto());
```

```
        }
    }
    /// <summary>
    /// 协程，用于拍照
    /// </summary>
    /// <returns></returns>
    IEnumerator TakePhoto()
    {
        yield return new WaitForEndOfFrame();
        //设置为拍照图片
        image.sprite = PhotoSprite;
        //隐藏 拍照界面
        image.enabled = false;
        //设置音频文件为拍照
        As.clip = PhotoAudio;
        //播放音频
        As.Play();
        //等待2.5秒
        yield return new WaitForSeconds(0.25f);
        //执行拍照方法
        photos.TakePhoto();
        //显示拍照界面
        image.enabled = true;

    }
    /// <summary>
    /// 注销事件
    /// </summary>
    void OnDestroy()
    {
        EasyTouch.On_SimpleTap -= EasyTouch_On_SimpleTap;
        EasyTouch.On_LongTap -= EasyTouch_On_LongTapStart;
        EasyTouch.On_LongTapEnd -= EasyTouch_On_LongTapEnd;
    }
}
```

在本脚本中，通过 EasyTouch 提供的事件 On_SimpleTap（单击）与 On_LongTap（长按）来控制录屏还是拍照，从而设置不同的音效与不同的界面显示图片。当长按结束时，停止录屏。

④ 将本脚本挂载到场景中的"Photo"物体上，并设置其属性，参数如图 9-54 所示。

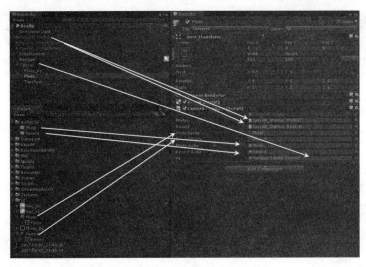

图 9-54　设置"Camera Manager"组件

步骤 06 程序验证。

● 单击按钮进行拍照。若是在 Unity 编辑器中，则保存图片的路径为工程目录下。若是在安卓手机中，则图片路径为 SD 卡中的"RF/Photos/"。

● 长按按钮进行录屏。在安卓手机中，视频保存路径为 SD 卡中的"RF/Movies/"。

● 结束长按停止录屏。

9.6.10　项目发布

在项目制作完毕之际，有一些功能是在 Unity 编辑器中不能实现的，比如视频的播放与录屏功能，只有发布到移动端才能展示。在本小节中以安卓为例进行项目发布。

步骤 01 设置 Bundle ID。

① 打开 EasyAR 官方网站，登录进入开发者页面。

② 获取与项目密钥对应的 Bundle ID。

③ 打开 Unity 编辑器的导出设置。

④ 输入 Bundle ID，如图 9-55 所示。

图 9-55　设置包名

步骤 02 设置 Graphics API。

在导出 Android 应用的时候，需要设置 Graphics API 为 OpenGL ES 2.0。这个设置在不同的 Unity 版本中有所不同。

在 Unity 4.x 中，设置如图 9-56 所示。

图 9-56　Unity 4.x 发布设置

在 Unity 5.x 中，设置如图 9-57 所示。

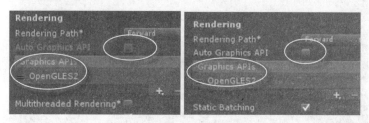

图 9-57　Unity 5.x 发布设置

步骤 03　设置应用名称、公司名、应用标志等。

在 Unity 编辑器导出设置中填入应用名、公司名，设置应用标志图片为 ICON。设置参数如图 9-58 所示。

步骤 04　添加需要发布的场景。在 Unity 编辑器中打开发布设置，添加 "Realty" 场景，如图 9-59 所示。单击 "Build" 按钮，选择路径及名称进行发布。

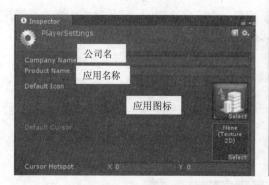

图 9-58　设置公司名、应用名与应用的图标

图 9-59　发布

第 10 章
◀ 混合现实入门 ▶

混合现实（Mixed Reality，MR）有时被称为 Hybrid Reality，是虚拟现实技术的进一步发展，该技术通过在现实场景呈现虚拟场景信息，在现实世界、虚拟世界和用户之间搭起一个交互反馈的信息回路，以增强用户体验的真实感。在 20 世纪 90 年代初，美国空军阿姆斯特朗实验室开发了第一个沉浸式混合现实系统，提供视线、声音和触感的虚拟装置平台。

10.1　混合现实简介

混合现实指的是合并现实和虚拟世界而产生的新的可视化环境。在新的可视化环境里，物理和数字对象共存，并实时互动。系统通常有三个主要特点：

- 结合虚拟和现实
- 在虚拟的三维
- 实时运行

混合现实的实现需要在一个能与现实世界各种事物相互交互的环境中。如果一切事物都是虚拟的，那就是 VR 的领域了。如果展现出来的虚拟信息只能简单叠加在现实事物上，那就是 AR。MR 的关键点是与现实世界进行交互和信息的及时获取。

传统的 VR 是纯虚拟数字画面，例如通过戴上智能眼镜就可以看电影，完全不需要任何现实设备支持；而 AR 是虚拟数字画面加上裸眼现实，通过投影仪在桌子上投射出一个跳舞女郎，这就是 AR 的初步技术；MR 则是数字化现实加上虚拟数字画面。简单来说，MR 和 AR 的区别在于，MR 能通过一个摄像头让你看到裸眼看不到的现实，AR 只管叠加虚拟环境而不管现实本身。

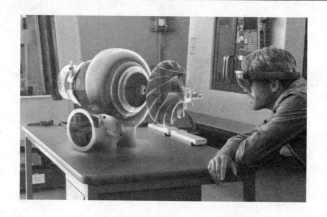

10.2 现阶段的混合现实

在 20 世纪七八十年代，为了增强简单的自身视觉效果，让眼睛在任何情境下都能够"看到"周围环境，Steve Mann 设计出了可穿戴智能硬件，这被看作是初步对 MR 技术的探索。

VR 是纯虚拟数字画面，而 AR 是虚拟数字画面加上裸眼现实，MR 是数字化现实加上虚拟数字画面。从概念上来说，MR 与 AR 更为接近，都是一半现实一半虚拟影像，但传统 AR 技术运用棱镜光学原理折射现实影像，视角不如 VR 视角大，清晰度也会受到影响。

MR 技术结合了 VR 与 AR 的优势，能够更好地将 AR 技术体现出来。

根据 Steve Mann 的理论，智能硬件最后都会从 AR 技术逐步向 MR 技术过渡。

在现阶段，MR 主流大致可以分为三种类型：

● 基于 HTC Vive 实时绿幕抠像技术的 MR 影片。

Mixed Reality 影片就是通过 VR 中的影像+人像合成的影片。相较一般方法录制的 VR 影片，Mixed Reality 视频更适合用来做游戏直播和制作宣传影片。其制作的流程如图 10-1 所示。

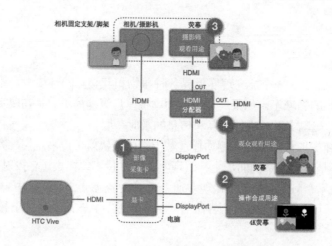

图 10-1　流程图

其达到的最终效果如图 10-2 所示。

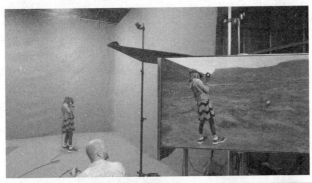

图 10-2　效果展示

● 基于微软 HoloLens 的 MR 头显。

Microsoft HoloLens 是微软首个不受线缆限制的全息计算机设备，如图 10-3 所示，能让用户与数字内容交互，并与周围真实环境中的全息影像互动。

图 10-3　Microsoft HoloLens

用户可以通过 HoloLens 以实际周围环境作为载体，在图像上添加各种虚拟信息。无论是在客厅中玩 Minecraft 游戏、查看火星表面还是进入虚拟的知名景点，都可以通过 HoloLens 成为可能。头戴装置在黑色的镜片上包含透明显示屏，并且立体音效系统不仅能让用户看到，同时也能听到来自周围全息影像中的声音，HoloLens 还内置了一整套传感器，用来实现各种功能。

与混合现实中的全息影像交互，让你能够将数字内容可视化，并将其作为现实世界的一部分使用，如图 10-4 所示。

图 10-4　将数字内容可视化并进行交互

　　将工作可视化。通过在 3D 空间中工作，超越 2D 渲染可以完成的事项。在你检查每个有利位置时，可以更快地做出更明智的决策和更智能的原型，如图 10-5 所示。

图 10-5　工作可视化

　　探索位置和想法。从同事的视角看全息影像，即使他远在世界的另一端。从里到外探索现实世界中的想法，如图 10-6 所示。

图 10-6　探索位置和想法

● 基于 Vuforia 中数字眼镜技术的 MR 方案。关于此方案将在第 11 章中结合 Gear VR 硬件详细说明。

第 11 章
◄ 基于Gear VR的MR开发 ►

在第 10 章中介绍了目前主流的混合现实解决方案，包括 HTC Vive 的实时绿幕抠像技术、HoloLens 头显与 Vufoira 的数字眼镜技术。在本章中将结合 Gear VR 硬件，使用 Vuforia 的数字眼镜技术开发一个房地产案例。在案例中，将学习到 Vuforia 的数字眼镜模式、视选功能、MR 模式与 VR 模式之间的切换、Gear VR 的触摸板控制方式等。

11.1　Gear VR 简介

Gear VR 是由三星与 Oculus 公司联合研发的虚拟现实头戴式显示器，本书中将以第4代Gear VR 为例进行说明，如图 11-1 所示。Gear VR 支持的三星手机型号有 Galaxy S6、Galaxy S6 Edge+、Galaxy S7、Galaxy S7 Edge+、Note5、Note6，其他的安卓手机与苹果手机均不支持。

- 传感器：加速度传感器、陀螺仪传感器、靠近传感器。
- 外观尺寸：98.6mm × 207.8mm × 122mm。
- 重量：312g。
- 视场角度：101°。

图 11-1　外观

外观说明如图 11-2 所示。

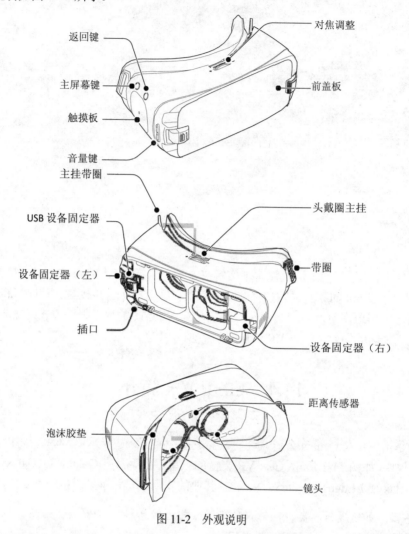

图 11-2　外观说明

- 返回键。
  - 按下以返回上一个屏幕。
  - 按住可打开通用菜单，可以查看 Gear VR 的状态并进行设置。
- 对焦调整：旋转此滚轮即可通过调整移动设备和 Gear VR 镜头之间的距离来进行对焦。
- 主屏幕键：按下以返回 Gear VR 的主屏幕。
- 触摸板：单击以选择项目，可以向前或向后滑动来移至下一个或上一个项目。
- 音量键：按下以调整 Gear VR 的音量。
- 连接移动设备。
  - 将设备固定器（右）完全拉到右边❶，然后轻推设备固定器（左）❷并将其滑动到位置 A 或 B❸，如图 11-3 所示。具体位置取决于要使用的移动设备屏幕的大小。

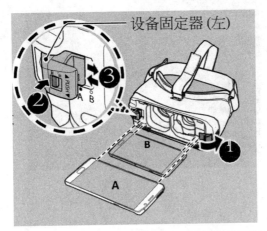

位置 A：用于较大的设备；位置 B：用于较小的设备

图 11-3 固定器

在移动设备开启的情况下，将其连接到设备固定器上的连接器，如图 11-4 所示。

（1）将移动设备插入 Gear VR 的中央并轻推移动设备，直到其锁定到位为止。

（2）设备固定器 (右) 将返回之前的位置，然后锁定移动设备。

（3）移动设备正确连接到 Gear VR 后将发出声音。

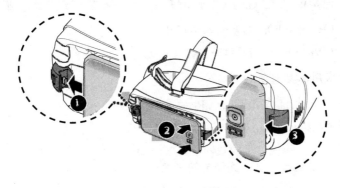

图 11-4 连接到连接器

将连接器插入移动设备时有以下注意事项。

● 请勿强行将连接器插入移动设备，否则可能会损坏连接器。

● 在连接移动设备或从其断开连接时，请勿扭曲或弯折 Gear VR 的连接器，否则可能会损坏连接器。

● 用力将移动设备推入 Gear VR，直到锁定到位。如果没有牢固锁定，移动设备可能会从 Gear VR 中意外掉落并损坏。

● 如果插入移动设备时倾向一侧，可能会引起不适感。

● 如果在将连接器插入移动设备时未听到提示音，可能表示 Gear VR 未识别设备。重新连接设备，直到听到提示音为止。

可以使用通用菜单（见图 11-5）来配置 Gear VR 的设置，也可以截取 Gear VR 的屏幕，还可以查看当前的时间、剩余电量等信息。按住返回键可打开通用菜单，如果要返回前一个屏幕，按下返回键即可。

图 11-5　通用菜单

- ⌂：返回到 Gear VR 主屏幕。

- ⚡：查看来电和消息通知。

- ⚙：显示设置选项。

  - 🔊：调整音量。

  - ☀：调整亮度。

  - ⊗(重新调整方位)：将屏幕与当前面向的方向对齐。

  - 🔔(通知)：设置 Gear VR 以打开或关闭来电和通知的弹出消息。

  - ✳（Bluetooth）：启动或取消蓝牙功能。

  - 📶（Wi-Fi）：启动或取消 WLAN 功能。

- ⊗：显示实用工具选项。

  - 📷（截图）：截取 Gear VR 的屏幕。

  - 🎥（拍摄视频）：录制 Gear VR 的屏幕。

  - 📷（实景摄像头）：启动移动设备的后置相机镜头来观看 Gear VR 外面的情况。如果要关闭相机，选择关闭摄像头图标即可。

11.2　开发准备

在对 Gear VR 有了初步认识之后，我们将在本节中为后续的开发做准备。使用 Unity 开发有以下必备条件：

- Gear VR 头盔。
- 支持 Gear VR 的三星手机。
- Android SDK 与 Java Development Kit。
- Oculus 签名文件。

步骤 01 获取手机设备号。

方法一：使用 Device IDApp 获取手机的 ID。

① 下载并安装 Device IDApp（11/11.2/Android Device ID 1.3.2.apk）。

② 打开该 App，查看设备号。

注意：我们需要记录的 Device ID 是图 11-6 中的 Hardware Serial 项，而不是图 11-7 中的 Android Device ID。

图 11-6　获取设备 ID

图 11-7　Android Device ID

方法二：在电脑中使用命令提示符手动获取设备 ID。

① 将手机连接到电脑（确保已经打开手机中的调试模式）。

② 打开命令提示窗口，进入 Android SDK 中的 platform-tools 目录，例如 cd D:\Unity\plugin\ adt-bundle-windows-x86_64-20140702\sdk\platform-tools。

③ 输入 adb devices 命令获取设备 ID，如图 11-8 所示。

图 11-8　通过 adb 获取设备

步骤 02　下载 Oculus 签名文件。

① 在 Oculus 的官方网站注册一个开发者账号，地址为 https://developer.oculus.com。

② 打开下载签名证书的页面：https://developer.oculus.com/osig/，在页面中输入 Device ID，如图 11-9 所示。

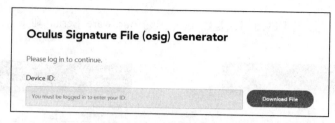

图 11-9　获取签名证书

③ 单击 Download File 下载签名文件，并妥善保存此文件。

11.3　Vuforia 数字眼镜案例学习

11.3.1　案例准备

我们可以从 Vuforia 的官方网站下载名为"Digital Eyewear"的数字眼镜示例程序（见图 11-10），官方下载地址为 https://developer.vuforia.com/downloads/samples，也可以在本书提供的下载资源中下载（11/11.3/vuforia-samples-eyewear-unity-6-2-10.zip）。将文件解压，会发现有三个案例，分别为：

- HoloLens 案例。
- 基于光学透视的 Stereo Rendering 案例，适用于 ODG R-6、ODG R-7、Epson BT -200。
- 基于视频合成技术的 AR/VR 案例。

本章所涉及的 MR 混合现实是基于第三种方式实现的。在本节中将学习官方的案例，以便后期开发自己的程序。

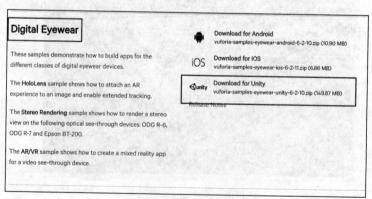

图 11-10　下载官方案例

步骤 01 将 AR/VR 案例资源包导入新建的工程文件中。

步骤 02 查看官方 Demo 信息。

① 打开 Project 面板 Scenes 文件夹中名为 "Vuforia-1-About" 的场景文件。

② 从场景文件中获取识别图的下载地址 "https://developer.vuforia.com/sites/default/files/sample-apps/targets/stones.pdf"，也可以在本书提供的下载资源中下载（11/11.3/stones.pdf）。

步骤 03 设置 App License Key。

① 在 Vuforia 的官方网站申请一个 App License Key。

② 在 Unity 编辑器中打开 Vuforia 配置文件（Resources/VuforiaConfiguration），填入申请的密钥。

步骤 04 运行示例程序，查看效果。

① 打开名为 Vuforia-3-AR-VR 的场景文件。

② 运行程序，程序会以左右分屏的方式呈现。用摄像头对准石头识别图。

③ 画面中心会出现小圆点。移动相机，当小圆点碰到黄色的 VR 图片时，VR 图片会变成绿色，如图 11-11 所示。当小圆点在 VR 图片上停留超过 1.5 秒后，将会切换到 VR 模式，如图 11-12 所示。

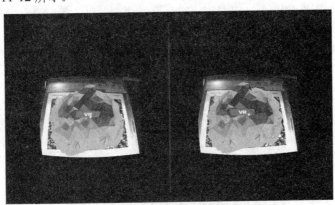

图 11-11　AR 模式

图 11-12　VR 模式

④ 在 VR 模式中，我们可以使用 Ctrl 键让相机在其 Z 轴上旋转，使用 Alt 键让相机在其 X、Y 轴上旋转。

⑤ 当相机朝向地面时，会出现写着 AR 的图片（见图 11-13），当视觉中心点停留在 AR

图片上超过 1.5 秒后，将会切换到 AR 模式。

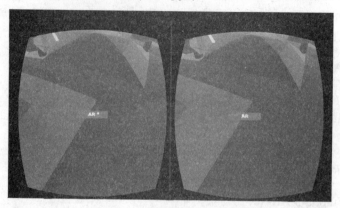

图 11-13　VR 切换到 AR 模式

11.3.2　数字眼镜模式

在这之前我们使用 Vuforia 时，没有出现过双屏显示的情况。在 11.3.1 小节中之所以展示出双屏效果，是在 Vuforia 配置文件中开启了数字眼镜的原因，如图 11-14 所示。

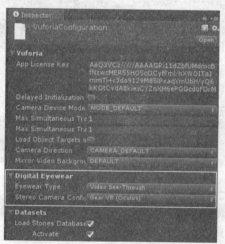

图 11-14　设置密钥

从 Vuforia 的 v4.13-beta 版本起，就开始支持数字眼镜，分别支持：

- Epson BT-200
- ODG R-6
- 三星 Gear VR

到了现在，Vuforia v6.2.10 版本中对数字眼镜的支持更加完善，大致可以分为两类：

- Optical See - Through：基于光学透视式，如图 11-15 所示。

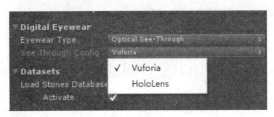

图 11-15　设置光学透视类型

■　Microsoft HoloLens

■　ODG R-6

■　ODG R-7

■　Epson BT-200

●　Video See - Through：基于视频合成技术，如图 11-16 所示。

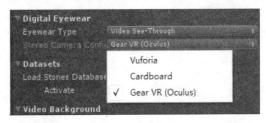

图 11-16　选择配置

如图 11-16 所示，数字眼镜分为三大类：

■　Vuforia（*提供主流的头盔参数*）

　◆　Generic Cardboard（Vuforia）：通用的 Cardboard（Vuforia）。

　◆　VR ONE（Zeiss）：*蔡司的* VR ONE *型号*。

　◆　VR Goggles（Merge）：Merge *的* VR Goggles *型号*。

　◆　C1-Glass（Go4D）：Go4D *的* C1-Glass *型号*。

　◆　Cardboard v1（Google）：Google *的* Cardboard v1。

　◆　Custom：*自定义参数*。

　　●　Name：*自定义参数的名称*。

　　●　Manufacturer：*制造商名称*。

　　●　Version：*版本号*。

　　●　Button Type：*按钮类型*。

　　●　Screen To Lens Distance：*手机屏幕到镜片之间的距离*。

　　●　Inter Lens Distance：*透镜之间的距离*。

　　●　Tray Alignment：*托盘对齐方式*。

　　●　Distortion Coefficients：*畸形系数*。

　　●　Field Of View：*视野*。

　　●　Contains Magnet：*是否含有磁铁*。

■　Cardboard

■　Gear VR（Oculus）

在本案例中，我们使用 Gear VR（Oculus）就好。

11.3.3 视选功能

在本节中将学习官方案例中 VR/AR 模式之间切换的方法——视选，这也是在很多头盔应用中经常用到的选择与触发方式。

打开名为 Vuforia-3-AR-VR 的场景文件，可以找到挂载在视选触发框 VRButton/ARPort（见图 11-17）上的脚本 View Trigger，该脚本中定义了物体被触发的条件与触发后的响应。

图 11-17　ARPort

```
using UnityEngine;
using System.Collections;
using System.Collections.Generic;
public class ViewTrigger : MonoBehaviour
{
    /// <summary>
    /// 触发器的类型
    /// </summary>
    public enum TriggerType
    {
        VR_TRIGGER,
        AR_TRIGGER
    }
    public TriggerType triggerType = TriggerType.VR_TRIGGER;
    /// <summary>
    /// 需要持续聚焦的时间
    /// </summary>
    public float activationTime = 1.5f;
    /// <summary>
    /// 聚焦时的材质球
    /// </summary>
    public Material focusedMaterial;
    /// <summary>
    /// 未聚焦时的材质球
    /// </summary>
    public Material nonFocusedMaterial;
    /// <summary>
```

```
            ///是否处于聚焦状态
            /// </summary>
            public bool Focused { get; set; }
            private float mFocusedTime = 0;
            private bool mTriggered = false;
            private TransitionManager mTransitionManager;
            void Start()
            {
                mTransitionManager = FindObjectOfType<TransitionManager>();
                mTriggered = false;
                mFocusedTime = 0;
                Focused = false;
                GetComponent<Renderer>().material = nonFocusedMaterial;
            }
            void Update()
            {
                //若处于聚焦状态，则直接返回
                  if (mTriggered)
                      return;
                //更新显示的材质球
                UpdateMaterials(Focused);
                // 是否立即激活使用
                  bool startAction = false;
                //若松开鼠标左键，则 startAction 设为真
                if (Input.GetMouseButtonUp (0))
                  {
                      startAction = true;
                  }
                //若处于聚焦状态
                if (Focused)
                {
                    // Update the "focused state" time
                    // 更新聚焦的时间
                    mFocusedTime += Time.deltaTime;
                    //若持续聚焦时间大于预设的需要持续聚焦的时间或者松开鼠标左键
                        if ((mFocusedTime > activationTime) || startAction)
                    {
                        //设置状态为正处于聚焦，防止多次执行
                        mTriggered = true;
                        //将聚焦时间归零
                        mFocusedTime = 0;
                        /// 触发后需要执行的内容
                        bool goingBackToAR = (triggerType == TriggerType.AR_TRIGGER);
                        mTransitionManager.Play(goingBackToAR);
```

```
                StartCoroutine(ResetAfter(0.3f*mTransitionManager.transitionDuration));
        }
    }
    else
    {

        //将聚焦时间归零
        mFocusedTime = 0;
    }
}
/// <summary>
/// 更新显示的材质球
/// </summary>
/// <param name="focused"></param>
private void UpdateMaterials(bool focused)
{
    Renderer meshRenderer = GetComponent<Renderer>();
    if (focused)
    {
        if (meshRenderer.material != focusedMaterial)
            meshRenderer.material = focusedMaterial;
    }
    else
    {
        if (meshRenderer.material != nonFocusedMaterial)
            meshRenderer.material = nonFocusedMaterial;
    }
    float t = focused ? Mathf.Clamp01(mFocusedTime / activationTime) : 0;
    foreach (var rnd in GetComponentsInChildren<Renderer>())
    {
        if (rnd.material.shader.name.Equals("Custom/SurfaceScan"))
        {
            rnd.material.SetFloat("_ScanRatio", t);
        }
    }
}
/// <summary>
/// 触发后执行
/// </summary>
/// <param name="seconds"></param>
/// <returns></returns>
private IEnumerator ResetAfter(float seconds)
{
    Debug.Log("Resetting View trigger after: " + seconds);
    yield return new WaitForSeconds(seconds);
```

```
            Debug.Log("Resetting View trigger: " + this.gameObject.name);
            // Reset variables
            mTriggered = false;
            mFocusedTime = 0;
            Focused = false;
            UpdateMaterials(false);
        }
    }
```

在上面的脚本中有一个名为 Focused 的布尔值公共属性，用于判定触发框是否处于聚焦状态，这个属性是由外部指定的。在 Hierarchy 面板中找到名为 GazeRay 的物体上挂载的 Gaze Ray 脚本，该脚本负责设置所有触发框的聚焦状态。

```
using UnityEngine;
public class GazeRay : MonoBehaviour
{
    /// <summary>
    /// 所有触发框的集合
    /// </summary>
    public ViewTrigger[] viewTriggers;
    void Update()
    {
        //碰撞信息
        RaycastHit hit;
        //声明一条沿着自身 Z 轴发出的射线
        // （射线的起点，射线的方向）
        Ray cameraGaze = new Ray(this.transform.position, this.transform.forward);
        //投射射线
        Physics.Raycast(cameraGaze, out hit, Mathf.Infinity);
        foreach (var trigger in viewTriggers)
        {
            //触发框的 Focused 属性等于当前触发的物体是否为触发框
            trigger.Focused = hit.collider && (hit.collider.gameObject ==
trigger.gameObject);
        }
    }
```

在 GazeRay 物体的属性面板中对 view Triggers 属性进行赋值（见图 11-18），将所有的触发框都填入 view Triggers 中。

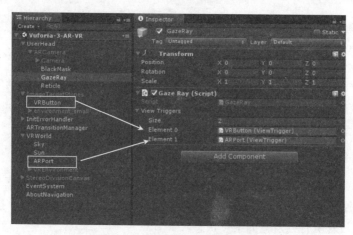

图 11-18 设置“Gaze Ray”组件

11.4 MR 房地产

11.4.1 案例概述

当虚拟现实与增强现实慢慢被大家熟知时，商家也尝试着使用一些新的技术手段来吸引消费者或者用户的注意，混合现实自然成为选择之一。

在本案例中，以一张 DM 宣传单为识别图（见图 11-19）侧重讲解三方面的知识：

- 在 Gear VR 中使用 Vuforia 的数字眼镜模式。
- Gear VR 自身的交互。
- 视选功能。

图 11-19 识别图

主要功能如下：

● 在 Vuforia 中对 DM 宣传单进行识别并显示出对应的两个户型模型，如图 11-20 所示。

图 11-20　AR 模式

● 视选户型并双击头盔触控板，对其进行最大化显示，如图 11-21 所示。

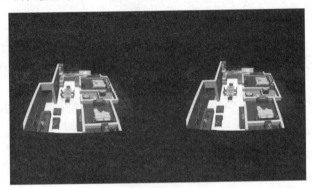

图 11-21　最大化显示户型

● 左右滑动头盔的触控板，对户型进行左右旋转。

● 视选 VR 按钮，进入 VR 模式，显示对应的户型，如图 11-22 所示。

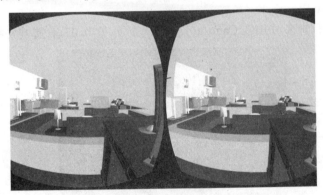

图 11-22　VR 模式

● 双击头盔的触控板，开始在户型中按照固定的路径进行漫游。

● 视选户型中固定地点的按钮，角色进行跳转，方便观察不同区域。

● 通过视选切换到 AR 模式，如图 11-23 所示。

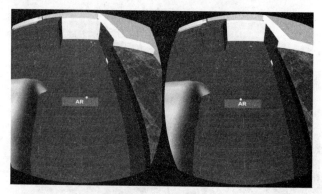

图 11-23　返回 AR 模式

11.4.2　设置 Gear VR 的 MR 模式

在本节中将向大家介绍如何开启 MR 模式。

步骤 01 新建一个名为 Gear VR 的工程文件，并导入 Vuforia 官方 AR/VR 案例，可以在本书提供的下载资源中进行下载（11/11.4/素材/ARVR-6-2-10.unitypackage）。

步骤 02 在 Unity 编辑器中切换为安卓平台，并打开 Scenes 文件夹中的 Vuforia-3-AR-VR 场景文件。

步骤 03 在场景 Vuforia-3-AR-VR 的层级面板中做如下操作（见图 11-24）：

① 创建一个空物体，命名为 CameraRig，设置其坐标为 "0, 2, -1"。

② 创建一个相机,命名为 LeftCamera,设置其坐标为"0, 0, 0",设置其父物体为 CameraRig。

③ 创建一个空物体，命名为 TrackableParent，设置其坐标为 "0, 0, 0"，设置其父物体为 LeftCamera。

④ 将场景中的物体 "ImageTargetStones" 设置为 TrackableParent 的子物体。

⑤ 创建一个空物体，命名为 VuforiaCenterAnchor，设置其坐标为 "0, 0, 0"，设置其父物体为 CameraRig。

⑥ 创建一个相机,命名为 RightCamera,设置其坐标为"0, 0, 0",设置其父物体为 CameraRig。

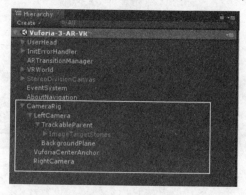

图 11-24　创建物体

步骤 04 设置相机的属性。

① 设置步骤 3 中所创建相机 LeftCamera 的 TargetEye 为 Left。

② 设置步骤 3 中所创建相机 RightCamera 的 TargetEye 为 Right。

③ 设置 LeftCamera、RightCamera 中的相同参数如下：

■ 将 Clear Flags 设置为 Solid Color。

■ 将 Background 设置为纯黑色。

■ 将 Clipping Planes[Near]设置为 0.05。

■ 将 Clipping Planes[Far]设置为 300。

Vuforia 官方推荐将 AR/VR 场景中近距裁切设置为 0.05、远距裁切设置为 300，如图 11-25 所示。在具体的 3D 场景中，可以对这两个值进行调整。

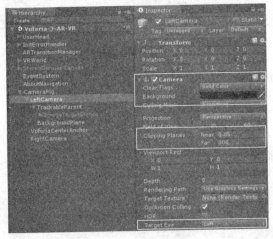

图 11-25　设置相机属性

④ 为 LeftCamera 与 RightCamera 添加名为 "VRIntegrationHelper" 的 C#脚本。

⑤ 在 LeftCamera 中，开启 VRIntegrationHelper 脚本的 Is Left 选项，设置 Trackable Parent 属性为 TrackableParent 物体，如图 11-26 所示。

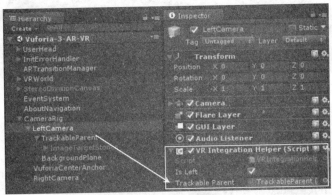

图 11-26　设置相机类型

步骤 05 设置 Vuforia 的配置文件。

① 双击打开 Project 工程面板 Resources 文件夹中的 VuforiaConfiguration 配置文件。

② 在 VuforiaConfiguration 配置文件中填入从 Vuforia 的官方网站中申请的密钥，如图 11-27 所示。

图 11-27　配置密钥

③ 设置 Eyewear Type 为 Video See - Through。

④ 设置 Stereo Camera Config 为 Gear VR（Oculus），如图 11-28 所示。

图 11-28　设置光学透视类型

步骤 06 设置 ARCamera。

① 打开物体 ARCamera 的属性面板。

② 设置 Vuforia Behaviour 组件中的属性，如图 11-29 所示。

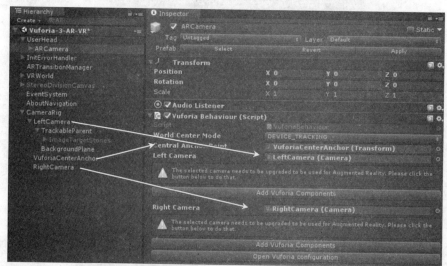

图 11-29　设置"Vuforia Behaviour"组件属性

③ 单击图 11-29 中的"Add Vuforia Components"按钮，为物体 Left Camera、Right Camera
添加 Video Background Behaviour 与 Hide Excess Area Behaviour 组件。

步骤 07 修改 Project 面板 Vuforia/Scripts/Utilities 文件中名为 VRIntegrationHelper 的 C#脚本
中的 OnPreRender 函数代码，具体如下：

```
void OnPreRender()
{
    if (IsLeft && !mLeftCameraDataAcquired)
    {
        if (
```

```
            !float.IsNaN(mLeftCamera.projectionMatrix[0, 0]) &&
            !float.IsNaN(mLeftCamera.projectionMatrix[0, 1]) &&
            !float.IsNaN(mLeftCamera.projectionMatrix[0, 2]) &&
            !float.IsNaN(mLeftCamera.projectionMatrix[0, 3]) &&
            !float.IsNaN(mLeftCamera.projectionMatrix[1, 0]) &&
            !float.IsNaN(mLeftCamera.projectionMatrix[1, 1]) &&
            !float.IsNaN(mLeftCamera.projectionMatrix[1, 2]) &&
            !float.IsNaN(mLeftCamera.projectionMatrix[1, 3]) &&
            !float.IsNaN(mLeftCamera.projectionMatrix[2, 0]) &&
            !float.IsNaN(mLeftCamera.projectionMatrix[2, 1]) &&
            !float.IsNaN(mLeftCamera.projectionMatrix[2, 2]) &&
            !float.IsNaN(mLeftCamera.projectionMatrix[2, 3]) &&
            !float.IsNaN(mLeftCamera.projectionMatrix[3, 0]) &&
            !float.IsNaN(mLeftCamera.projectionMatrix[3, 1]) &&
            !float.IsNaN(mLeftCamera.projectionMatrix[3, 2]) &&
            !float.IsNaN(mLeftCamera.projectionMatrix[3, 3])
        )
    {
        mLeftCameraMatrixOriginal = mLeftCamera.projectionMatrix;
        mLeftCameraPixelRect = mLeftCamera.pixelRect;
        mLeftCameraDataAcquired = true;
    }
}
else if (!mRightCameraDataAcquired)
{
    if (
        !float.IsNaN(mRightCamera.projectionMatrix[0, 0]) &&
        !float.IsNaN(mRightCamera.projectionMatrix[0, 1]) &&
        !float.IsNaN(mRightCamera.projectionMatrix[0, 2]) &&
        !float.IsNaN(mRightCamera.projectionMatrix[0, 3]) &&
        !float.IsNaN(mRightCamera.projectionMatrix[1, 0]) &&
        !float.IsNaN(mRightCamera.projectionMatrix[1, 1]) &&
        !float.IsNaN(mRightCamera.projectionMatrix[1, 2]) &&
        !float.IsNaN(mRightCamera.projectionMatrix[1, 3]) &&
        !float.IsNaN(mRightCamera.projectionMatrix[2, 0]) &&
        !float.IsNaN(mRightCamera.projectionMatrix[2, 1]) &&
        !float.IsNaN(mRightCamera.projectionMatrix[2, 2]) &&
        !float.IsNaN(mRightCamera.projectionMatrix[2, 3]) &&
        !float.IsNaN(mRightCamera.projectionMatrix[3, 0]) &&
        !float.IsNaN(mRightCamera.projectionMatrix[3, 1]) &&
        !float.IsNaN(mRightCamera.projectionMatrix[3, 2]) &&
        !float.IsNaN(mRightCamera.projectionMatrix[3, 3])
        )
    {
```

```
              mRightCameraMatrixOriginal = mRightCamera.projectionMatrix;
              mRightCameraPixelRect = mRightCamera.pixelRect;
              mRightCameraDataAcquired = true;
          }
      }
  }
```

步骤 08 另存场景文件，命名为 "Room"，将其保存在 Project 面板的 Scenes 文件夹中。

11.4.3　识别图设置

在 11.4.2 小节中，我们学习了在 Vuforia 的官方案例 AR/VR 中开启 Gear VR 的 MR 模式。接下来将针对房地产这个项目进行开发，需要处理素材的导入与识别图的设置工作。

步骤 01 导入项目素材，素材路径为本书提供的下载资源中的 "11/11.4/素材/Gear VR_ Resources.unitypackage"。

步骤 02 设置识别图。

① 在本书提供的下载资源中找到识别图（11/11.4/素材/DM.png）。

② 打开 Vuforia 开发者网站（https://developer.vuforia.com/license-manager），单击 Log In 进行登录。

③ 单击 Target Manager 进入目标信息界面，如图 11-30 所示。

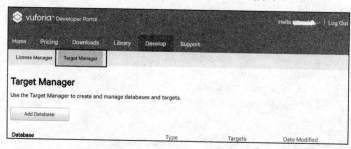

图 11-30　进入目标信息界面

④ 单击页面中的 "Add Database" 按钮新增一个目标信息，如图 11-31 所示。

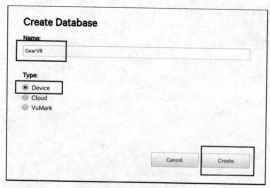

图 11-31　新建目标信息

⑤ 在 Database 列表中找到刚刚创建的名为 Gear VR 的选项，单击进入该页面。

⑥ 单击图 11-32 中的"Add Target"按钮新建一个目标。

图 11-32　添加目标

⑦ 可以将图片、立方体、圆柱体、三维物体作为目标信息，在本项目中选择图片作为识别的目标信息，如图 11-33 所示。

- ■ Type: 识别目标的类型，默认是图片。
- ■ File: 选择文件的路径，图片类型支持 PNG 与 JPG 格式，支持最大 2MB 的图片文件。
- ■ Width: 图片的宽度。
- ■ Name: 识别图的名称。

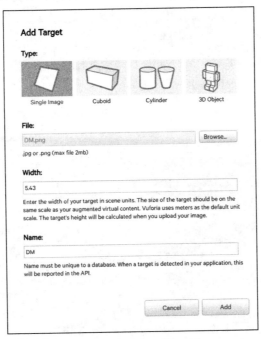

图 11-33　添加目标选项

⑧ 单击"Add"按钮，识别图将会被上传认证。在 Gear VR 栏中多了一栏名为 DM 的识别图信息，展示该识别图的一些基本信息（目标名称、类型、评级、状态、修改日期），如图 11-34 所示。单击 DM 就可以查看该识别图的详细信息，如图 11-35 所示。

图 11-34　查看基本信息

图 11-35　查看完整信息

在本页中可以修改目标的名称（Edit Name）、移除目标（Remove）、修改目标（Update Target）以及查看目标的特征（Show Features），如图 11-36 所示。

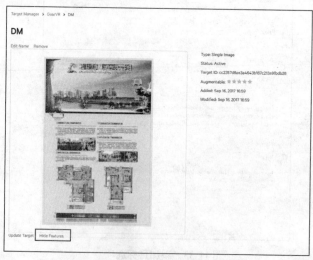

图 11-36　查看特征

⑨ 单击图 11-36 左上角的 Gear VR 返回上一级菜单，选中 DM 识别图，单击 "Download Database" 按钮下载该识别图。如图 11-37 所示，选择开发平台为 Unity Editor，单击

"Download" 按钮进行下载，就会得到一个名为 Gear VR.unitypackage 的 Unity 资源包。

图 11-37　下载 Database 文件

步骤 03 在 Unity 中设置识别图。

① 将下载的 Gear VR.unitypackage 文件导入 Unity 编辑器中。
② 打开 11.4.2 小节中另存的场景文件 "Room"。
③ 打开 Vuforia 的配置文件，选择载入并激活 Gear VR Database，如图 11-38 所示。

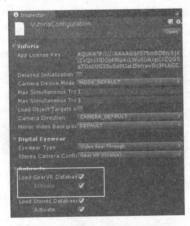

图 11-38　加载 Database

④ 找到场景中名为 "ImageTargetStones" 的物体，位置如图 11-39 所示。设置其 "Image target Behaviour" 属性，如图 11-40 所示。将案例原有的识别图换成我们新建的识别图。

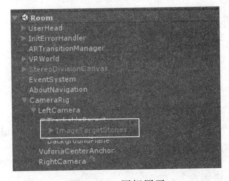

图 11-39　层级展示

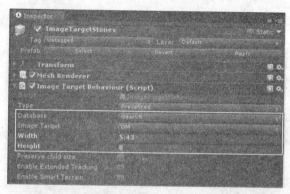

图 11-40　设置 "Image Target Behaviour" 组件属性

⑤ 到这一步，识别图已经更新完成，但是发现场景中识别图显示为白色，并没有显示识别图的图片，这里还需要进一步设置。

⑥ 在 Project 面板中找到由 Gear VR.unitypackage 识别图资源包导入的名为 DM_scaled 的识别图，路径为 Editor/Vuforia/ImageTargetTextures/Gear VR/DM_scaled，对这张图片进行属性设置，如图 11-41 所示。

■　将 Texture Type 设置为 Default。

■　将 Texture Shape 设置为 2D。

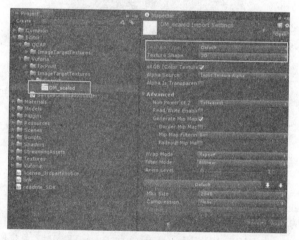

图 11-41　设置识别图类型

步骤 04 制作验证。运行程序，当摄像头对准新的识别图时，屏幕中的识别图上会显示 AR/VR 案例中山体的模型。

11.4.4　设置户型

在 11.4.3 小节中设置了新的识别图。在本小节中将对场景文件 Room 进行编辑，删除场景中原有的多余的物体，并添加户型模型。

步骤 01 删除场景原始的物体。

① 删除识别后出现的山体，路径为 CameraRig/LeftCamera /TrackableParent /ImageTarget

Stones / environment_small。

② 删除 VR 模式中的山体，路径为 VRWorld/VREnvironment。

③ 删除返回场景 Vuforia-1-About 的物体（AboutNavigation）。

步骤 02 设置识别后的户型，如图 11-42 所示。

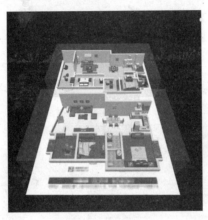

图 11-42　设置户型

① 创建一个名为 Room1 的 Cube，设置为物体 ImageTargetStones 的子物体，作为户型显示的外轮廓。

② 设置 Room1 的 Transform 属性，如图 11-43 所示，让其处于识别图中的上部。

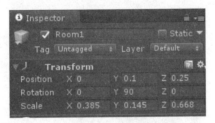

图 11-43　设置 Room1 的 "Transform" 属性

③ 设置 Room1 的 Mesh Renderer 属性，关闭其接收阴影与产生阴影，如图 11-44 所示。

图 11-44　不接收、不产生阴影

④ 在 Project 面板的 Materials 文件夹中创建一个名为 Fade 的材质球，将这个材质球赋给 Room1。设置材质球的 Shader 为 Standard、渲染模式为 Fade、颜色为（R:62，G:231，B:255，A:50），如图 11-45 所示。

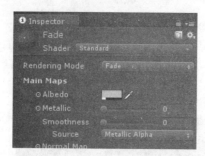

图 11-45　创建材质球

⑤ 复制一个 Room1，命名为 Room2，作为第二个户型预制体的外框，设置其 Transform 属性，如图 11-46 所示。

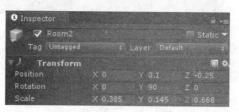

图 11-46　新建 Room2 并设置其"Transform"属性

⑥ 将 Project 面板中的 Models/page02_1/page02_1 户型预制体的 page02_1 拖曳到层级面板，设置为 Room1 的子物体，并设置其 Transform 属性（见图 11-47），让其处于 Room1 这个 Cube 的中心位置。

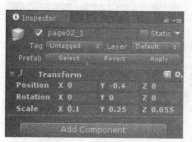

图 11-47　设置户型一的父物体及其"Transform"属性

⑦ 同上，将户型预制体 page02_2 设置为 Room2 的子物体，并设置其 Transform 属性，如图 11-48 所示。

图 11-48　设置户型二的父物体及其"Transform"属性

⑧ 创建一盏 Directional 平行光，设置为物体 ImageTargetStones 的子物体，并设置其属性，如图 11-49 所示。

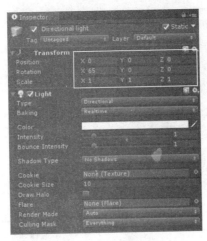

图 11-49　创建灯光

步骤 03　设置 VR 模式下的户型。

① 将户型预制体 page02_1 设置为 VRWorld 的子物体,重命名为 Room1,并设置其 Transform 属性,如图 11-50 所示。

图 11-50　设置 VR 模式中户型一的父物体及其 Transform 属性

② 同上,将户型预制体 page02_2 设置为 VRWorld 的子物体,重命名为 Room2,并设置其 Transform 属性,如图 11-51 所示。

图 11-51　设置 VR 模式中户型二的父物体及其 Transform 属性

步骤 04　修改物体 "ARTransitionManager" 中的 "TransitionManager" 组件。在第一步中删除了原有场景中的物体,造成 "TransitionManager" 组件的 "AR Only Objects" 属性中的第二个值不存在,所以运行时会报错,在这里暂时设置 "AR Only Objects" 中的数量为 1,避免这个报错,如图 11-52 所示。关于 "TransitionManager" 组件将在后面讲解。

图 11-52　修改 "TransitionManager" 组件属性

步骤 05　制作验证。

① 运行程序，当摄像头对准识别图时，在屏幕识别图中出现两个由 Cube 包裹的户型，如图 11-53 所示。

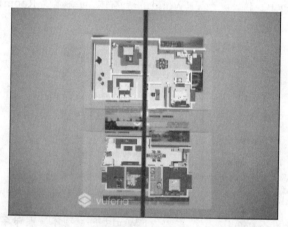

图 11-53　AR 模式

② 进入 VR 模式后，出现两个重叠的户型，如图 11-54 所示。

图 11-54　VR 模式

11.4.5 Gear VR 触摸板控制户型

在本节中将学习关于 Gear VR 触摸板的控制以及在案例中的视选功能。通过案例概述中的介绍，本节中具体要实现的功能有：

- 若户型处于最小化状态，则当视线中点在户型上并且双击触摸板时，该户型最大化展示，反之亦然。
- 当户型处于最大化状态时，手指在触摸板中前后滑动控制户型的旋转。
- 当户型处于最大化状态且正在旋转时，按下返回键停止旋转。
- 当户型处于最大化状态时，按下返回键后，户型回到最小化状态。

在 11.3.3 节中了解到官方案例中关于视选功能的使用方式：

- 使用视选的脚本需要是 ViewTrigger，或者需要继承 ViewTrigger。
- 在 Gaze Ray 脚本的 View Triggers 属性中添加使用视选的脚本。

对于户型的最大化与最小化，我们可以使用 DoTween 插件控制，使整个动画的制作更加方便，动画过程更加可控。关于 DoTween 的使用方法在第 9 章中会讲到，这里不再赘述。

步骤 01 导入 DoTween 插件。

步骤 02 在 Project 面板的 Scripts 文件夹中创建名为 Room 的文件夹，用于存放本案例中使用到的脚本，在 Room 文件夹中创建名为 "RoomManager" 的 C#脚本，用以使用触摸板控制户型。双击脚本进行编辑：

```csharp
using DG.Tweening;
using UnityEngine;
public class RoomManager : ViewTrigger
{
    public GameObject RoomGo;// 除去自身，另外一个户型
    public Vector3 RotateVec;//最大化时旋转的角度
    public Vector3 MoveVec;// 最大化时移动到的位置
    public Vector3 ScaleVec;//最大化时的缩放

    private Vector2 mouseDownPosition; //记录手指按下的位置
    private Vector2 mouseUpPosition; //记录手指抬起的位置
    private float lastMouseUpTime; //上一次手指抬起的时间
    private float doubleClickTime = 0.3f;//有效双击的最大时间间隔
    private float swipeWidth = 0.3f; //手指有效滑动的最小位移
    private bool isRotate = false; //是否旋转户型
    private bool isMax = false; //户型是否处于最大化状态
    private Vector3 rotateDir;//户型旋转的方向

    private Vector3 initMoveVec;//初始时的位置
    private Vector3 initRotateVec;//初始时的旋转
```

```
    private Vector3 initScaleVec;//初始时的缩放
    void Start()
    {
        initMoveVec = this.transform.localPosition;
        initRotateVec = this.transform.localEulerAngles;
        initScaleVec = this.transform.localScale;
    }
    void Update()
    {
        //旋转户型
        RotateRoom();

        //当按下Fire1键时即手指触碰到触摸板时
        if (Input.GetButtonDown("Fire1"))
        {
            //获取手指按下的位置
            mouseDownPosition = new Vector2(Input.mousePosition.x,
Input.mousePosition.y);
        }
        //当手指离开触摸板时
        if (Input.GetButtonUp("Fire1"))
        {
            //判断是否为双击
            if (Time.time - lastMouseUpTime < doubleClickTime)
            {
                if (Focused)
                {
                    isRotate = false;
                    //若户型处于最小化，则将户型最大化
                    if (isMax)
                    {
                        ToMin();
                    }
                    //反之将户型最小化
                    else
                    {
                        ToMax();
                    }
                }
                Debug.Log("注视户型且双击触摸板");
            }
            lastMouseUpTime = Time.time;
            //若户型处于最大化状态（用户可以控制户型的旋转）
            if (isMax)
```

```
        {
            //获取手指抬起时的位置
            mouseUpPosition = new Vector2(Input.mousePosition.x,
Input.mousePosition.y);
            //获取手指从触碰触摸板到离开触摸板时滑动的方向
            Vector2 swipeData = (mouseUpPosition - mouseDownPosition).normalized;
            //是否在水平方向滑动
            bool swipeIsHorizontal = Mathf.Abs(swipeData.y) < swipeWidth;
            //手指若向前滑动
            if (swipeData.x > 0 && swipeIsHorizontal)
            {
                Debug.Log("手指向前滑动");
                rotateDir = Vector3.up * 5f * Time.deltaTime;
                isRotate = true;
            }
            //手指若向后滑动
            if (swipeData.x < 0 && swipeIsHorizontal)
            {
                Debug.Log("手指向后滑动");
                rotateDir = -Vector3.up * 5f * Time.deltaTime;
                isRotate = true;
            }
        }
    }
    //若按下返回键
    if (Input.GetKeyDown (KeyCode.Escape))
    {
        //若正在旋转户型，则取消旋转
        if (isRotate)
        {
            isRotate = false;
            return;
        }
        //若户型处于最大化状态，则将重置户型到最小化状态
        if (isMax)
        {
            ToMin();
        }
    }
}
/// <summary>
/// 旋转户型
/// </summary>
private void RotateRoom()
```

```
        {
            if (isRotate)
            {
                this.transform.Rotate(rotateDir, Space.Self);
            }
        }
        /// <summary>
        /// 最小化户型
        /// </summary>
        private void ToMin()
        {
            //停止所有的 DoTween 动画
            DOTween.KillAll();
            //将户型的颜色、位置、角度、大小重置
            this.transform.DOLocalMove(initMoveVec, 5).SetEase(Ease.Linear).SetAutoKill();
            this.transform.DOLocalRotate(initRotateVec,
5).SetEase(Ease.Linear).SetAutoKill();
            this.GetComponent<MeshRenderer>().material.DOFade(0.2f,
5).SetEase(Ease.Linear).SetAutoKill();
            this.transform.DOScale(initScaleVec,
5).SetEase(Ease.Linear).SetAutoKill().OnComplete(() =>
            {
                //当重置完毕后，显示另一个户型
                RoomGo.SetActive(true);
            });
            isMax = false;
        }
        /// <summary>
        /// 最大化户型
        /// </summary>
        private void ToMax()
        {
            DOTween.KillAll();
            //隐藏另一个户型
            RoomGo.SetActive(false);
            //将户型的颜色、位置、角度、大小最大化
            this.transform.DOLocalMove(MoveVec, 5).SetEase(Ease.Linear).SetAutoKill();
            this.transform.DOLocalRotate(RotateVec, 5).SetEase(Ease.Linear).SetAutoKill();
            this.transform.DOScale(ScaleVec, 5).SetEase(Ease.Linear).SetAutoKill();
            this.GetComponent<MeshRenderer>().material.DOFade(0,
5).SetEase(Ease.Linear).SetAutoKill();
            isMax = true;
        }
    }
```

步骤 03 挂载脚本，将 "ImageTargetStones" 的子物体 Room1、Room2 挂载 RoomManager
脚本，并对其属性进行设置，如图 11-55 所示。

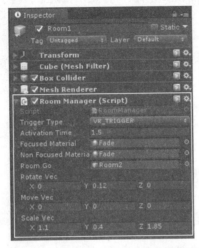

图 11-55 设置 "RoomManager" 脚本组件

Room2 的属性设置参数与 Room1 大致一样，只需要将 Room Go 指定为 Room1。

步骤 04 在 Gaze Ray 的 View Triggers 属性中添加 Room1 和 Room2，只有添加之后才能触
发视选，设置如图 11-56 所示。

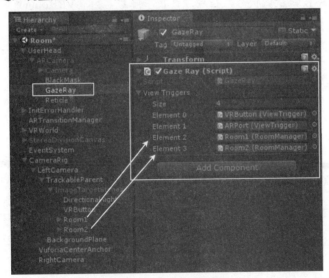

图 11-56 添加视选内容

步骤 05 解决返回键冲突问题。在官方案例中，若按下返回键，则加载初始场景（Back To
About 脚本），这与本案例中的返回键有冲突，也与本案例的功能不符，故必须删
除场景中关于返回键加载初始场景的内容。

① 删除物体 AboutNavigation。该物体只有 BackToAbout 脚本，故可以将整个物体删除。

② 删除物体 ARCamera 中的 BackToAbout 组件。

步骤 06 程序验证。

- 运行程序，当摄像头识别到识别图时，显示出两个户型。
- 当户型处于最小化时，视选中心对准户型并双击触摸板，该户型执行最大化，其他户型隐藏。
- 当户型最大化、手指在触摸板前后滑动时，户型左右旋转。
- 当户型最大化且在旋转时，按下返回键停止旋转。
- 当户型最大化时，按下返回键后，户型执行最小化。
- 当户型处于最大化时，视选中心对准户型并双击触摸板，该户型执行最小化，其他户型显示。

11.4.6 进入 VR 模式

在 11.4.5 节中完成了通过 Gear VR 触摸板对户型的控制。在本节中将完善进入 VR 模式的功能。

- 默认 VR 按钮不显示。
- 视选 VR 按钮，进入最大化的户型。
- 当户型最大化时，显示 VR 按钮。

步骤 01 设置 VR 按钮默认状态。在层级面板中隐藏名为 "VRRoom" 的物体，如图 11-57 所示。

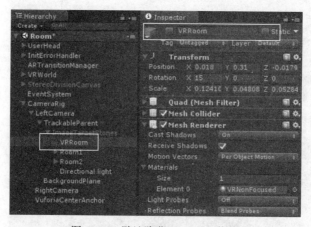

图 11-57 默认隐藏 VRRoom 物体

步骤 02 设置 VR 按钮的视选功能。在之前的章节中，我们曾提到视选功能是在 ViewTrigger 脚本中实现的，同样可以直接在 ViewTrigger 中写实现的内容，也可以修改 ViewTrigger 代码，将其中视选需要执行的内容提取出一个函数，再由脚本继承 ViewTrigger 重写该函数。

① 提取 ViewTrigger 中关于视选需要执行的内容。打开 ViewTrigger 脚本进行编辑：

```
void Update()
{
```

```
        if (mTriggered)
            return;
        UpdateMaterials(Focused);
        bool startAction = false;
        if (Input.GetMouseButtonUp (0))
        {
            startAction = true;
        }
    if (Focused)
    {
        mFocusedTime += Time.deltaTime;
        if ((mFocusedTime > activationTime) || startAction)
        {
            mTriggered = true;
            mFocusedTime = 0;
            //将需要执行的内容 提取到TriggerDoThing()方法
            TriggerDoThing();
        }
    }
    else
    {
        mFocusedTime = 0;
    }
}
/// <summary>
/// 视选需要执行的内容 标记为virtual
/// </summary>
public virtual void TriggerDoThing()
{
    bool goingBackToAR = (triggerType == TriggerType.AR_TRIGGER);
    mTransitionManager.Play(goingBackToAR);
    StartCoroutine(ResetAfter(0.3f * mTransitionManager.transitionDuration));
}
```

② 在 Project 面板的 Scripts/Room 文件夹中创建一个名为 "ToVRViewTrigger" 的 C#脚本，
双击打开并进行编辑：

```
using UnityEngine;
public class ToVRViewTrigger : ViewTrigger {
    /// <summary>
    /// 需要进入的户型由外部指定
    /// </summary>
    [HideInInspector]
    public GameObject VRGo;
    /// <summary>
```

```
/// 视选需要执行的内容
/// </summary>
public override void TriggerDoThing()
{
    //执行 ViewTrigger 中的 TriggerDoThing()方法
    base.TriggerDoThing();
    //显示户型
    VRGo.SetActive(true);
}
}
```

③ 删除物体 VRRoom 中的 ViewTrigger 脚本，挂载新的 "ToVRViewTrigger" 脚本并设置其属性，如图 11-58 所示。

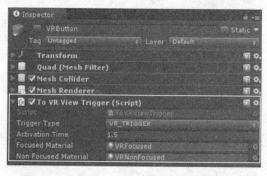

图 11-58　添加 "ToVRViewTrigger" 脚本组件

④ 由于物体 VRButton 删除了 ViewTrigger 组件，而使用的是 ToVRViewTrigger 组件，因此必须在 GazeRay 的 ViewTriggers 数组中重新指定，如图 11-59 所示。

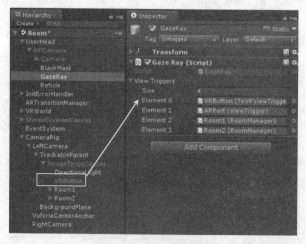

图 11-59　添加视选内容

步骤 03 设置当户型最大化时显示 VR 按钮、户型最小化时隐藏 VR 按钮。

① 在户型执行最大化、最小化操作时设置 VR 按钮的状态，打开脚本 "RoomManager" 并进行编辑，添加以下内容：

```
public GameObject VRGo;//本户型对应 VR 模式中的户型
public ToVRViewTrigger VRTrigger;//挂载在 VRButton 上的脚本
    /// <summary>
    /// 最小化户型
    /// </summary>
    private void ToMin()
    {
        //当户型最小化时，隐藏 VRButton 物体
        VRTrigger.gameObject.SetActive(false);
        DOTween.KillAll();
        this.transform.DOLocalMove(initMoveVec, 5).SetEase(Ease.Linear).SetAutoKill();
        this.transform.DOLocalRotate(initRotateVec,
5).SetEase(Ease.Linear).SetAutoKill();
        this.GetComponent<MeshRenderer>().material.DOFade(0.2f,
5).SetEase(Ease.Linear).SetAutoKill();
        this.transform.DOScale(initScaleVec,
5).SetEase(Ease.Linear).SetAutoKill().OnComplete(() =>
        {
            RoomGo.SetActive(true);
        });
        isMax = false;
    }
    /// <summary>
    /// 最大化户型
    /// </summary>
    private void ToMax()
    {
        DOTween.KillAll();
        RoomGo.SetActive(false);
        this.transform.DOLocalMove(MoveVec, 5).SetEase(Ease.Linear).SetAutoKill();
        this.transform.DOLocalRotate(RotateVec, 5).SetEase(Ease.Linear).SetAutoKill();
        this.transform.DOScale(ScaleVec, 5).SetEase(Ease.Linear).SetAutoKill();
        this.GetComponent<MeshRenderer>().material.DOFade(0, 5).SetEase(Ease.Linear).
SetAutoKill().OnComplete(()=>
        {
            //当户型变换完毕后执行
            //当户型最大化后，显示 VRButton
            VRTrigger.gameObject.SetActive(true);
            //设置 VRButton 中需要显示的 VR 户型
            VRTrigger.VRGo = VRGo;
        });
        isMax = true;
    }
```

② 对物体 ImageTargetStones 的子物体 Room1、Room2 中的 RoomManager 组件新增的属性
进行设置。图 11-60 中以 Room1 为例进行设置，Room2 的设置与之类似。

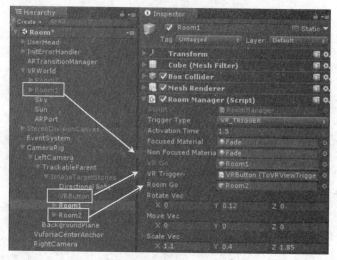

图 11-60 设置 "RoomManager" 组件属性

步骤 04 将物体 ARTransitionManager 的 TransitionManager 组件中 AR Only Objects 数组中
的 VRButton 移除，如图 11-61 所示。

图 11-61 移除 VRButton

步骤 05 默认将 VR 模式下的户型隐藏，如图 11-62 所示。

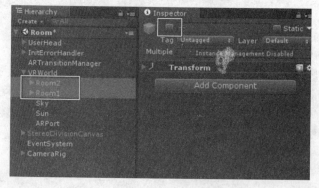

图 11-62 默认隐藏 VR 模式下的户型

步骤 06 制作验证。

① 运行程序，当摄像头对准识别图时，VRButton 处于隐藏状态。

② 当户型最大化时，VRButton 显示。

③ 当户型最小化时，VRButton 隐藏。

④ 视选 VRButton 后，进入 VR 模式，显示当前最大化的户型。

11.4.7　点位选择

在本节中将完成在 VR 模式户型中不同区域之间的跳转，例如从卧室跳转到客厅、跳转到厨房。在本案例中使用跳转的方式为视选，跳转的点位一共设置了三个：卧室、客厅、厨房。

步骤 01 将视选点位所需要的图片资源（11\11.4\素材\Textures）导入 Project 面板 Textures/Room 文件夹中。

步骤 02 创建视选需要的材质球。

① 在 Project 面板的 Materials 文件夹中创建名为 Room 的文件夹，用于存放视选的材质球。

② 创建 8 个 shader 为 Custom/Transparent Unlit 的材质球，材质球中的贴图与材质球的名称一致，分别如下。

- CF_Focused: 厨房点位聚焦状态时的材质球。
- CF_NonFocused: 厨房点位未聚焦状态时的材质球。
- KT_Focused: 客厅点位聚焦状态时的材质球。
- KT_NonFocused: 客厅点位未聚焦状态时的材质球。
- WS_Focused: 卧室点位聚焦状态时的材质球。
- WS_NonFocused: 卧室点位未聚焦状态时的材质球。
- MR_Focused: 返回 MR 模式时聚焦状态时的材质球。
- MR_NonFocused: 返回 MR 模式时未聚焦状态时的材质球。

步骤 03 在 VR 模式的户型中，创建对应点位的视选按钮（这里以 Room1 为例说明，Room2 的做法一样）。

① 为了方便在户型中定位，可以将 VRWorld/Room1 显示出来。

② 在 VRWorld 中创建一个名为 CF 的 Quad 物体，作为视选按钮。设置其 Transform 属性（见图 11-63），让其处于户型中的厨房区域。

图 11-63　设置 Transform 属性

③ 设置 CF 的 Mesh Renderer 组件，关闭接收与产生阴影，设置其材质球为 CF_ Non Focused，如图 11-64 所示。效果如图 11-65 所示。

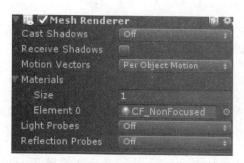

图 11-64　关闭接收与产生阴影

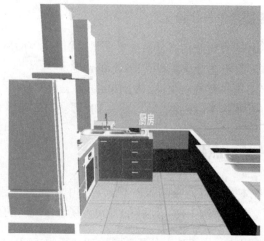

图 11-65　效果展示

④ 按照上面的步骤创建另外两个 Quad，分别命名为 WS、KF，作为厨房与客厅的视选按钮。

⑤ 将 CF、WS、KF 三个物体设置为 Room1 的子物体，只有当显示 Room1 时，户型对应的视选按钮才被显示。

⑥ 按照上面的步骤创建 Room2 户型中的三个视选按钮。

步骤 04 创建脚本，让视选按钮一直面向相机。

① 在 Project 面板的 Scripts/Room 文件夹中创建名为 LookAt 的 C#脚本，双击打开并进行编辑：

```csharp
using UnityEngine;
using Vuforia;
public class LookAt : MonoBehaviour {
    private Camera camera;
    void Start()
    {
        //获取相机
        camera = DigitalEyewearARController.Instance.PrimaryCamera;
    }
    void Update()
    {
        Vector3 relativePos = camera.transform.position - transform.position;
        Quaternion rotation = Quaternion.LookRotation(camera.transform.forward,
camera.transform.up);
        transform.rotation = rotation;
    }
}
```

② 将该脚本拖曳到刚刚创建的 6 个视选按钮中。

步骤 05 设置视选按钮的功能。当触发视选按钮后，相机父物体移动到视选按钮的位置，同时该视选按钮隐藏，移动另外的视选点位时，上一个点位的视选按钮被显示。

① 修改 ViewTrigger 脚本。在 TriggerType 枚举中添加 None，设置 mTriggered 的访问修饰符为 Protected，以便继承 ViewTrigger 的脚本进行修改。

```
public enum TriggerType
{
    VR_TRIGGER,
    AR_TRIGGER,
    None
}
protected bool mTriggered = false;
```

② 在 Project 面板的 Scripts/Room 文件夹中创建名为 MoveTo 的 C#脚本，并将脚本挂载到场景中的物体 UserHead 上。本脚本用以保存上一个点位信息，双击打开并进行编辑：

```
using UnityEngine;
/// <summary>
/// 记录在 VR 模式中的点位信息
/// </summary>
public class MoveTo : MonoBehaviour {
    //创建简易单例
    public static MoveTo Instance;
    /// <summary>
    /// 上一个点位
    /// </summary>
    [HideInInspector]
    public GameObject LastGo;
    void Awake()
    {
        Instance = this;
    }
}
```

③ 在 Project 面板的 Scripts/Room 文件夹中创建名为 MoveToPoint 的 C#脚本，用于控制视选后需要执行的内容。双击脚本并进行编辑：

```
using DG.Tweening;
using UnityEngine;

public class MoveToPoint : ViewTrigger
{
    /// <summary>
    /// 相机父物体
    /// </summary>
```

```
        public GameObject CameraRig;
        /// <summary>
        /// 当视选完成后需要执行的内容
        /// </summary>
        public override void TriggerDoThing()
        {
            //将相机父物体移动到当前点位的位置
            CameraRig.transform.DOMove(this.transform.position,
1f).SetEase(Ease.Linear).SetAutoKill();
            //若上一个点位不为空
            if (MoveTo.Instance.LastGo!= null )
            {
                //显示上一个点位，方便再次浏览
                MoveTo.Instance.LastGo.SetActive(true);
                //设置上一个点位的材质球为未被视选的材质球
                MoveTo.Instance.LastGo.GetComponent<Renderer>().material =
MoveTo.Instance.LastGo.GetComponent<MoveToPoint>().nonFocusedMaterial;
            }
            //当移动完成后，更新上一个点位为自身
            MoveTo.Instance.LastGo = this.gameObject;
            //隐藏自身
            this.gameObject.SetActive(false);
            //设置再次触发
            mTriggered = false;
        }
    }
```

④ 将该脚本挂载到 VR 模式下的 6 个视选按钮上，并设置其属性。这里以厨房 CF 为例，如图 11-66 所示。其余按钮的设置方式与此类似。

图 11-66　添加 "Move To Point" 脚本组件

步骤 06 注册 VR 模式下的视选按钮。在层级面板中找到物体 GazeRay,设置其 Gaze Ray 的 View Triggers 数组。将 VR 模式中的 6 个视选按钮添加到数组中,如图 11-67 所示。

步骤 07 制作验证。

① 运行程序,当进入 VR 模式时,户型在对应位置显示视选按钮。

② 视选按钮始终面向相机。

③ 默认状态下,视选按钮为未聚焦材质球。当触发视选按钮后,按钮转换为聚焦材质球。

④ 当触发视选按钮后,相机父物体移动到视选按钮处。

⑤ 当离开当前视选按钮点位时,显示该视选按钮。

11.4.8 返回 MR 模式

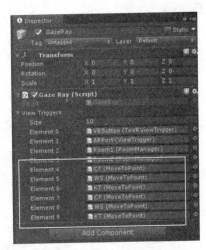

图 11-67 添加到视选

在本节中将学习如何从 VR 模式返回 MR 模式。在官方案例中也有关于从 VR 模式切换到 AR 模式的功能,我们将参考案例制作自己的返回功能。值得注意的是,不仅是模式之间的切换,还需要考虑切换之后 MR 模式中户型等的还原问题。

步骤 01 在层级面板中找到物体 AR Port,可以发现在物体上有两个脚本:"Button 3D"和"View Trigger"。

● 脚本"Button 3D"的功能是在 VR 模式下检测相机的角度,只有当相机朝向地面时,AR Port 才会被显示出来。

● 脚本"View Trigger"用于切换到 MR 模式。

步骤 02 在 Project 面板的 Scripts/Room 文件夹中创建名为"ToMRViewTrigger"的 C#脚本,使其继承 ViewTrigger,用于处理 VR 模式的切换以及初始化 MR 模式,代码如下:

```csharp
using UnityEngine;
public class ToMRViewTrigger : ViewTrigger
{
    public Transform MR_Room1;//MR 模式下的 Room1 户型
    public Transform MR_Room2;//MR 模式下的 Room2 户型

    public GameObject VR_Room1;//VR 模式下的 Room1 户型
    public GameObject VR_Room2;//VR 模式下的 Room1 户型

    public Transform CameraRig;//相机的父物体 CameraRig

    public GameObject VRRoomBtn;//VR 模式中的视选按钮
```

```csharp
    private Vector3 room1_InitPos;//MR 模式中户型 Room1 的初始位置
    private Vector3 room1_InitRotate;//MR 模式中户型 Room1 的初始角度
    private Vector3 room1_InitScale;//MR 模式中户型 Room1 的初始大小

    private Vector3 room2_InitPos;//MR 模式中户型 Room2 的初始位置
    private Vector3 room2_InitRotate;//MR 模式中户型 Room2 的初始角度
    private Vector3 room2_InitScale;//MR 模式中户型 Room2 的初始大小

    private Color initColor;//户型外框的初始颜色

    void Awake()
    {
        //设置 MR 模式下 Room1、Room2 的初始值
        room1_InitPos = MR_Room1.localPosition;
        room1_InitRotate = MR_Room1.localEulerAngles;
        room1_InitScale = MR_Room1.localScale;

        initColor = MR_Room1.GetComponent<Renderer>().material.color;

        room2_InitPos = MR_Room2.localPosition;
        room2_InitRotate = MR_Room2.localEulerAngles;
        room2_InitScale = MR_Room2.localScale;
    }
    /// <summary>
    /// 重写 TriggerDoThing 函数
    /// </summary>
    public override void TriggerDoThing()
    {
        //执行 ViewTrigger 的 TriggerDoThing()函数
        base.TriggerDoThing();

        //当返回MR 模式后，重置 MR 模式 Room1、Room2 的属性
        MR_Room1.localPosition = room1_InitPos;
        MR_Room1.localEulerAngles = room1_InitRotate;
        MR_Room1.localScale = room1_InitScale;
        MR_Room1.GetComponent<Renderer>().material.color = initColor;

        MR_Room2.localPosition = room2_InitPos;
        MR_Room2.localEulerAngles = room2_InitRotate;
        MR_Room2.localScale = room2_InitScale;
        MR_Room2.GetComponent<Renderer>().material.color = initColor;

        //隐藏VRRoom 视选按钮
        VRRoomBtn.SetActive(false);
```

```
//重置相机父物体CameraRig的位置角度，以便保证再次进入VR模式时位置角度一致
CameraRig.position = new Vector3(0, 2, -1);
CameraRig.eulerAngles = Vector3.zero;

//若VR模式中上一个点位不为空
if (MoveTo.Instance.LastGo != null)
{
    //显示上一个点位（例如在VR模式中从客厅这个点位触发回到MR模式，此时需要显示客厅的视选
//按钮，以保证下次进入VR模式所有的点位均被显示）
    MoveTo.Instance.LastGo.SetActive(true);
}

//隐藏VR模式中的户型
VR_Room1.SetActive(false);
VR_Room2.SetActive(false);
    }
}
```

步骤 03 删除物体 AR Port 中的 "View Trigger" 脚本，为其添加刚才新建的脚本 "ToMRView
Trigger"，并设置脚本的属性，如图 11-68 所示。

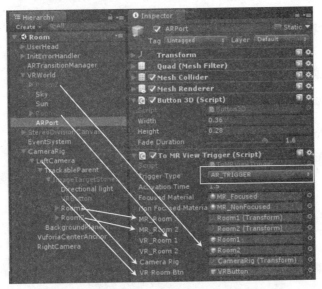

图 11-68 添加 "ToMRViewTrigger" 脚本组件

步骤 04 注册 AR Port 视选按钮。在层级面板中找到物体 GazeRay，设置其 Gaze Ray 的 View
Triggers 数组，将 AR Port 添加到数组中，如图 11-69 所示。

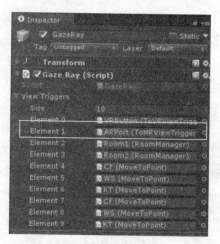

图 11-69　添加到视选

步骤 05　制作验证。

① 运行程序，进入 VR 模式。

② 在 VR 模式中看向地面时，显示 AR Port 视选按钮。

③ 触发 AR Port 视选按钮后，切换到 MR 模式。

④ MR 模式中的户型均处于初始化状态。

⑤ 再次进入 VR 模式时，所有点位视选按钮均处于显示状态。

11.4.9　项目发布

在本节中将学习如何发布 Gear VR 的程序。

步骤 01　发布设置。

① 勾选 "Multithreaded Rendering" 多线程渲染选项与 "Virtual Reality Supported" VR 模式，
如图 11-70 所示。

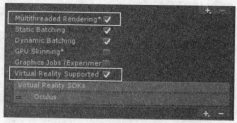

图 11-70　选择多线程渲染与 VR 模式

② 设置 Bundle Identifier，如图 11-71 所示。

图 11-71　设置包名

③ 设置应用的 Logo、公司名称与产品名，如图 11-72 所示。

图 11-72 设置公司名、应用名及应用图标

步骤 02 导入 Oculus 的签名文件。

① 在 Project 面板的 Plugins/Android 文件夹中创建一个名为 "assets" 的文件夹（文件夹名称必须为 assets）。

② 将 11.2 节中从 Oculus 官方网站下载的签名文件放入 assets 文件夹中。

步骤 03 打开 Build Settings 页面，将 Room 场景添加到 "Scenes In Build" 栏中，单击发布或者发布运行。

将 APK 程序安装到手机后，打开应用程序会发现提示信息，如图 11-73 所示。

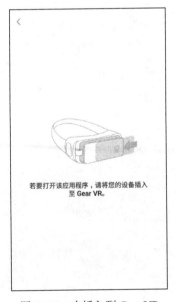

图 11-73 未插入到 Gear VR

此时，可以将手机插入 Gear VR 中以打开应用程序。若在调试阶段，每次戴头盔不太方便，则可以打开 Gear VR 的开发者模式，直接运行程序。打开方式如下：

① 打开名为 Gear VR Service 的应用程序。

② 单击右上角的更多按钮。

③ 连续单击版本中的 "VR Service Version" 按钮 6~8 次，如图 11-74 所示。

④ 单击结束之后，就会看到 Gear VR 开发者模式，如图 11-75 所示。

图 11-74　VR Service Version　　　　图 11-75　进入开发者模式

步骤 04 启用开发模式，再次打开我们发布的应用程序，此时就可以不用插入 Gear VR 而直接运行了。